U0315788

钢的物理冶金

钛微合金化高强钢

Physical Metallurgy: Ti-microalloyed High Strength Steel

李烈军　霍向东　高吉祥　彭政务　陈松军　著

北　京

冶 金 工 业 出 版 社

2022

内 容 提 要

本书介绍了作者团队从事钛微合金化高强钢的物理冶金所取得的研究进展，主要通过现场实验、实验室中试尤其是热模拟实验，针对析出、再结晶和相变及其相互关系进行控轧控冷工艺研究，相关研究成果基本阐明了钛微合金高强钢的物理冶金特征及钢中纳米碳化物的析出规律，为钛微合金化技术在热轧和冷轧带钢、中厚板、建筑钢筋等领域的推广应用提供理论依据。

本书可为从事先进钢铁材料研发的工程技术人员提供借鉴启迪，也可供从事钢铁材料科研、生产、管理、教学人员阅读参考。

图书在版编目（CIP）数据

钛微合金化高强钢/李烈军等著 . —北京：冶金工业出版社，2022.12
ISBN 978-7-5024-9136-9

Ⅰ.①钛…　Ⅱ.①李…　Ⅲ.①钛合金—高强度钢—研究　Ⅳ.
①TG142.33

中国版本图书馆 CIP 数据核字（2022）第 062075 号

钛微合金化高强钢

出版发行	冶金工业出版社	**电　话**	（010）64027926
地　址	北京市东城区嵩祝院北巷 39 号	**邮　编**	100009
网　址	www. mip1953. com	**电子信箱**	service@ mip1953. com

责任编辑　刘小峰　美术编辑　彭子赫　版式设计　郑小利
责任校对　李　娜　责任印制　禹　蕊
北京捷迅佳彩印刷有限公司印刷
2022 年 12 月第 1 版，2022 年 12 月第 1 次印刷
710mm×1000mm　1/16；15.75 印张；304 千字；237 页
定价 120.00 元

投稿电话　（010）64027932　投稿信箱　tougao@cnmip. com. cn
营销中心电话　（010）64044283
冶金工业出版社天猫旗舰店　yjgycbs. tmall. com
（本书如有印装质量问题，本社营销中心负责退换）

李烈军，华南理工大学教授、博士生导师。国务院政府特殊津贴专家。兼任广东博士创新发展促进会会长、粤港澳大湾区金属新材料产业联盟理事长、广州工程师学会执行会长等职务。

从事钢铁新材料的研发及产业化工作 30 余年，并先后在两家大型企业从事生产管理、技术研发和科技管理工作 20 余年，取得了一系列具有重要影响的创新性成果，为我国钢铁新材料事业发展做出了重要贡献。15 项成果获国家和省部级科学技术奖，获授权发明专利 25 件，发表论文 252 篇。

从 2004 年起进行钛微合金化高强钢的研发及其物理冶金研究，到华南理工大学工作后继续开展钛微合金化高强钢研究，指导博士后高吉祥、博士生彭政务和陈松军等人开展了原创性研究工作并取得了重要进展，为钛微合金化技术在热轧和冷轧带钢、中厚板、建筑钢筋等生产领域的推广应用提供了理论依据。

霍向东，江苏大学教授、博士生导师。兼任中国金属学会冶金过程物理化学分会委员，广东博士创新发展促进会理事、文化与教育专业委员会主任，中国冶金作协常务理事。

主要从事物理冶金研究和新型钢铁材料研发。曾在济南钢铁集团有多年的工作经历，在北京科技大学材料科学与工程学院获得博士学位后，先后在上海大学、华南理工大学进行博士后研究。参与"973"项目"新一代钢铁材料的重大基础研究"，阐明了 CSP 生产低碳钢中纳米硫化物的固态析出机制。从 2004 年起针对纳米碳化物的析出规律和沉淀强化进行钛微合金化技术的研究，在低成本高性能钢的研究领域取得进展。获省部级奖励 6 项，在国内外期刊发表学术论文 70 余篇，与李烈军共同出版学术专著和教育专著各 1 部。

前　言

«««

　　作为重要的微合金化元素，钛在 20 世纪 20 年代首先在焊接生产中得到应用，但直到进入 21 世纪，由于化学冶金技术的进步，为稳定提高钛铁回收率创造了条件，钛微合金化高强钢的研究和开发才引起广泛的关注。本书主要总结了我们针对纳米碳化物析出进行的钛微合金化高强钢的物理冶金研究成果。

　　本书所涉及的研究工作起源于 2004 年在广钢集团珠钢 CSP 生产线上的新产品研发，由时任广钢集团珠钢副总经理、总工程师、广钢集团 CSP 研究所所长的毛新平院士主持和推动。我当时担任广钢集团技术研发中心主任、广钢集团 CSP 研究所副所长，霍向东于 2004 年 3 月北京科技大学博士毕业后，进入广钢集团博士后科研工作站，高吉祥于 2004 年 7 月华南理工大学研究生毕业后，进入广钢集团 CSP 研究所，后来成长为 CSP 研究所室主任。

　　在珠钢 CSP 生产线上开发钛微合金化高强钢的同时，我们也在发现并解决生产中的一些物理冶金学问题。后来我们先后调至高校，在教书育人的同时，继续进行钢的物理冶金研究，在高强钛微合金化技术领域取得了进展。例如，阐明钛微合金化高强钢的强化机理，纳米碳化物析出的关键工艺环节，析出（形变诱导析出、相间析出和弥散析出）、再结晶与相变彼此之间的关系，等等。理论和实践紧密结合是我们的优势，科学研究立足于工程问题，更有利于促进我国钢铁科学技术的进步。

　　钢铁生产中除氧脱碳、去除杂质，去伪存真，是一个"致真"的过程。自珠钢 CSP 生产线研发新产品开始，将近 20 年后，从冶金工程师到高校教师的角色转变，更坚定了我们的追求。

"尽管中国古代对人类科技发展做出了很多重要贡献,但为什么科学和工业革命没有在近代的中国发生?"在寻求"李约瑟难题"答案的过程中,我们发现,"只知其然,不知其所以然"是其重要原因。因此,针对工艺、组织和性能的关系,牢牢抓住组织演变这一本质特征,成为"物理冶金研究"的关键。

书中许多创新性的成果是由我和霍向东教授指导华南理工大学和江苏大学的研究生完成的,广东技术师范大学高吉祥教授(曾在华南理工大学进行博士后研究)做了大量具体的工作。彭政务博士和陈松军博士完成的部分独创性工作为本书出版做出重要贡献。

本书第1章概述了钛微合金化高强钢的作用特点、历史现状、最新进展及"钢的物理冶金"的研究方法;第2章概括了广钢集团珠钢CSP的研发实践及相关研究成果,这成为后续工作的研究基础;第3章通过实验室TMCP工艺研究明确了轧后等温(或卷取)是纳米碳化物析出的关键工艺环节,并开始进行再结晶和相变的热模拟研究;第4~8章主要针对纳米碳化物析出进行钛微合金化高强钢物理冶金特征的热模拟研究,包括纳米碳化物等温析出动力学的室温(或等温)压缩的研究方法、应变诱导析出和相变动力学研究、钢中元素对相变的影响、纳米碳化物析出的临界冷却速度($0.5℃/s$)、TEM和APT表征以及等温过程中相变和析出的耦合关系模型,等等;第9章展望了钛微合金化技术在热轧、冷轧、中厚板、建筑钢筋等生产领域的应用前景和发展趋势。

感谢吕盛夏硕士、董峰硕士、侯亮硕士、夏继年硕士、何康硕士、陈翔硕士、方梦龙硕士、鲜康硕士、吕志伟硕士等,他们的工作在书中都有所体现。

要特别感谢毛新平院士的开拓性工作以及引领、指导和帮助。感谢广钢集团CSP研究所的全体同仁,这本书记载着那些被炉火映红的岁月。

科学研究来源于生产实践,研究成果应用于现场生产,本书是理论和实践"知行合一"的体现。而"致真"既是目的，又是方法。因此，这本书是科研育人结出的硕果，也是"知行合一，致真立人"教育理念的集中体现！

　　本书按照时间顺序讲述了作者团队从 2004 年开始进行的工作。尽管钛微合金化高强钢的研究解决了许多钢铁生产中的物理冶金学问题，研究成果也在丰富着物理冶金学的理论，但本人深知水平有限，加之时间仓促，书中不妥之处，恳请专家、学者不吝赐教，也希望读者予以批评指正。

李烈军

2022 年 3 月

目　　录

1 绪 论

1.1 钢的物理冶金概述

1.1.1 物理冶金学的概念

物理冶金学与金属学相对应，是广义冶金学的重要分支学科。

英文"Metallurgy"一词系指有关金属的工艺技术和科学，包括冶炼、提纯、合金化、成型、处理以及结构、组分和性能。Chemical Metallurgy 系指这门科学中有关从矿石中提取金属及提纯部分，而 Physical Metallurgy 则以研究金属组织结构性能为主。德文和俄文中分别有不同的词对应着 Chemical Metallurgy 和 Physical Metallurgy，过去分别称为冶金学和金属学。我国在 1978 年制定科学规划时曾经有关业务部门研究，把冶金学、金属学这两个名词按照我国过去习惯和德文、俄文的用法分别用于相应于 Chemical Metallurgy 和 Physical Metallurgy 的内容，并写入了全国科学规划纲要[1]。

因此，英文"Physical Metallurgy"可以翻译成"物理冶金学"，也可以翻译为"金属学"，我国一般称为"金属学"。由于钢铁生产铸坯凝固前后是截然不同而又相互联系的两个过程，而"金属学"的叫法较宽泛且无法体现钢铁生产的过程，因此许多从事钢铁组织和性能研究的科技工作者，更愿意使用"物理冶金学"这种叫法，关于"物理冶金"的科研论文更是屡见不鲜。

冶金学是一门研究如何经济地从矿石或其他原料中提取金属或金属化合物，并用一定加工方法制成具有一定性能的金属材料的科学。它包含化学冶金（又称为提取冶金）、物理冶金和机械冶金（又称为力学冶金）三个分支学科。图 1-1 中给出了冶金学中分支学科的相互关系，三者互相衔接、紧密联系，形成了一个闭路循环。

物理冶金学是广义冶金学的重要分支学科，研究的主要内容是化学冶金的产品经再加工和热处理产生的金属及合金的组织、结构的变化，以及由此而造成的金属材料的机械性能、物理性能、化学性能、工艺性能的变化。可见，物理冶金学的研究内容主要包括工艺、组织和性能这三个方面。

1.1.2 物理冶金的发展过程

1.1.2.1 冶金的历史

毛泽东同志在《贺新郎·读史》一词中回顾了人类发展的历史："人猿相揖

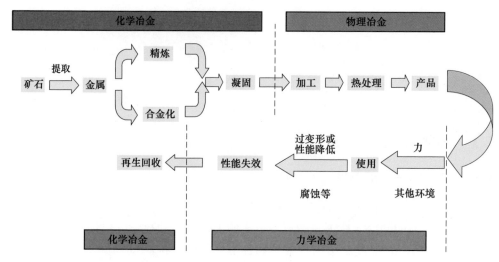

图 1-1　冶金学中三个分支学科之间的关系

别。只几个石头磨过，小儿时节。铜铁炉中翻火焰，为问何时猜得？不过几千寒热。"

　　在人类冶金史上，炼铜是迈出的第一步。世界最早的铜器出土于公元前3800年的伊朗 Yahya 地区。从那时算起来，人类冶金的历史的确有几千年了。人类使用铁至少有五千年的历史，铁的熔炼大约在公元前 2800 年出现。

　　中国最晚于公元前 5 世纪初（春秋战国时期）获得液态生铁，比欧洲早了一千年。公元前 5 世纪我国发明将脆硬白口铸铁经退火转变为脱碳铸铁、韧性铸铁。以生铁为原料的制钢技术不断发展，如铸铁脱碳钢、炒钢、灌钢等。明代初期，在"灌钢法"基础上优化出"生铁淋口"法，而后再由苏州冶铁工匠提升为"苏钢法"。中国在 17 世纪以前，至少有 10 项钢铁技术居世界领先地位。

　　但是在 16 世纪后，冶金技术同物理、化学、力学的最新成就结合，在西方逐渐发展成为"冶金学"。

　　"尽管中国古代对人类科技发展做出了很多重要贡献，但为什么科学和工业革命没有在近代的中国发生？"这个问题被称为李约瑟难题，是由英国学者李约瑟（1900~1995 年）在其编著的《中国科学技术史》中正式提出的。同样，为什么中国古代有着灿烂辉煌的冶金技术，现代钢铁工业却起源于西方？

　　"铁碳相图"是物理冶金学的重要理论基础，如图 1-2 所示。上述中国古代的冶金技术都可以在铁碳相图中找到依据。

　　人类最早使用的铁器都是将铁矿（氧化铁）还原成炉渣和固态纯铁的混合物（称为块炼法），然后经锻造，排除大部分半固半液态的炉渣后而制成的。用这种方法得到的是含碳很低的熟铁。

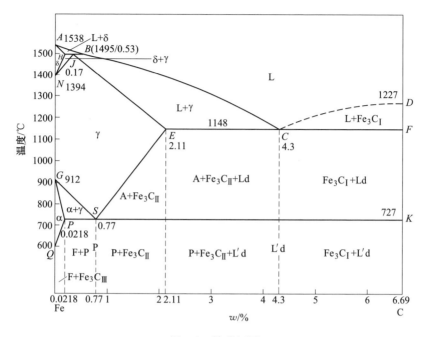

图 1-2 铁碳相图

中国的冶铁竖炉温度可达 1200℃，由于被木炭还原的固态铁渗碳后熔化温度降低，碳含量 4.3% 的共晶温度只有 1146℃，因此可以获得液态生铁。而欧洲使用生铁则在公元 14~15 世纪以后，应该是冶炼温度不够高的缘故。

块炼铁在反复加热锻打的过程中，因与炭火接触，碳渗入钢中，使之增碳变硬，形成渗碳钢；将低硅白口铁的铸件放入氧化气氛的退火炉中进行脱碳处理，就是铸铁脱碳钢的生产原理；炒钢过程中增加空气中的氧与生铁的接触，使生铁中的碳氧化，类似于转炉炼钢"吹氧脱碳"的原理。

虽然中国古代工匠掌握了如上所述的冶金技术，却并不理解其中包含的冶金原理；而现代的冶金学家却可以利用自己掌握的冶金学原理，不断推进冶金技术的进步。"只知其然，不知其所以然"，不重视把握规律、进行机理性的研究，是近代中国钢铁工业落后的重要原因，也是近代中国科学技术落后的重要原因。物理冶金的发展也说明了这一点。

中国在公元一二世纪，就出现了反复叠打以改善钢材性能的工艺，被称为"百炼钢"；至迟在公元前 3 世纪已在刀剑制作中应用淬火技术，公元 2 世纪末，已掌握了水质与淬硬的关系。

"百炼钢"通过反复叠打细化组织、均匀成分，减少夹杂物并使之细化，这是其改善钢材性能的机理；而刀剑在淬火过程中过冷奥氏体发生相变，转变成硬度很高的马氏体组织，水质和淬硬的关系可以归结为冷却速率对相变组织的影响。虽然中国古代的冶金技术中也包含了物理冶金的基本原理，但是作为广义冶金学的分支学科，物理冶金学同样也是在西方发展起来的。

1.1.2.2 物理冶金学诞生和微观分析方法

物理冶金学是由金相学直接演变而来的。18 世纪中叶，由于转炉及平炉炼钢新方法相继问世，钢铁价格显著下降，产量猛增。同时铁路的兴建需要大量铁轨，铁轨断裂事故也屡见不鲜。生产实际的需要促进了对钢铁的断口、低倍及内部显微组织结构的研究。而晶体学在这个时期也有了长足的进展，这为研究矿物与金属的内部组织结构奠定了理论基础。到了 19 世纪末，"金相"这一名词也就获得了新的意义，并与金属、合金的显微组织结构结下了不解之缘，金相显微镜也就成为研究金属内部组织结构的重要工具。

通过显微镜观察，英国人 Sorby 基本上弄清楚钢铁的显微组织和热处理过程中的相变，他的杰出工作使其成为国际公认的金相学的奠基者和创建人[2]。金相学发展到 20 世纪初已经基本成熟，在这一过程中，德国人 Martens 和法国人 Osmond 起到了关键作用。

自 1912 年 X 射线衍射诞生后很快被用来从各个方面研究金相学问题，对所有已知的合金相和许多中间合金相测定单位晶胞的工作，进展迅速。此外，X 射线衍射被用来研究单晶体的范性形变、金属的冷加工和多晶体的织构，取得显著进展。到 20 世纪 40 年代 X 射线金相学这门分支学科可以说基本成熟了[3]。

光学显微镜的极限分辨本领受到可见光波长的限制，为改善显微镜的分辨率，只有减小波长，这促使人们开发比光学显微镜具有更高分辨本领的电子（把它作为照明光源）显微镜。1931 年德国科学家 Ruska 和 Knoll 等研制出第一台电子显微镜（TEM），1970 年日本学者首次用透射电镜直接观察到重金属金的原子近程有序排列，实现了人类两千年来直接观察原子的夙愿。电子衍射和波谱仪、能谱仪等的应用，使透射电子显微镜同时具备形貌观察、微区分析、选区衍射、高分辨率电子显微像等强大功能。

扫描电镜中加速了的电子束直径被会聚成 10nm 以下，并以一定速度在块状试样表面扫描，探测器接收试样中被激发出的各种信息（如二次电子、背散射电子等），用以调制同步扫描的阴极射线示波器（CRT），从而在 CRT 上得到相关的扫描像。自从 1965 年英国剑桥仪器公司生产第一台商品扫描电镜以来，分辨率不断提高，目前已很接近于透射电镜水平，而且大多数扫描电镜都能同 X 射线波谱仪、X 射线能谱仪和自动图像分析仪等组合，使得它成为一种对表面微观世界能够进行全面分析的多功能的电子光学仪器。

20 世纪 80 年代电子背散射衍射（EBSD）技术问世，并在 90 年代初开始实现商用化的微观分析新技术。与传统的分析技术相比，EBSD 有几大优点：（1）

将显微组织与结晶学之间直接联系起来；（2）能快速和准确地得到晶体空间组元的大量信息；（3）能以比较广泛的范围选择任意视野。通过安装 EBSD 附件的扫描电子显微镜，可以对块状样品进行亚微米级的晶体结构分析，使显微组织形貌观察、微区化学成分分析及晶体学数据分析相互联系起来，拓展了扫描电子显微镜的功能及应用。

三维原子探针采用了局部电极原子探针断层分析技术，是一种高性能原子级别空间分辨率的测量和分析方法。它可对各种单质或化合物材料的样品表面、界面等复杂结构通过对不同元素原子逐个进行分析，重构出纳米空间内不同元素原子的三维分布图形，并给出精准的元素空间含量分析。

金相学的诞生是为了满足组织研究的实际需要，而物理冶金学的发展可以说就是对微观组织研究逐渐深入的过程。

1.1.3 钢铁生产的物理冶金问题

钢铁生产中的物理冶金问题就是工艺、组织和性能的关系问题。正是对组织深入地研究揭示了各种表象背后的机理，并推动着工艺技术的进步和先进材料的发展。而钢铁生产中的组织演变主要包括再结晶、相变和析出三个过程。再结晶是在同类组织之中发生的变化；相变是不同组织的转变过程；析出贯穿于钢材的冷却过程，随着温度降低，溶质原子的溶解度逐渐下降，就会形成钢中的第二相。下面以再结晶为例，说明钢铁生产中的组织演变过程。

采用传统的冷装工艺，在热轧过程中，奥氏体的变形和再结晶行为如图 1-3 所示。热轧前铸坯再加热产生粗化的奥氏体晶粒（a），随后轧制过程的目的是为了在 $\gamma \rightarrow \alpha$ 相变前通过和热变形有关的再结晶过程得到细化的奥氏体组织（g）。在热变形的过程中，伴随着位错密度增加产生加工硬化（b），当位错密度达到一个临界值，在变形过程中新晶粒动态形核强烈降低位错密度（c），产生了包含低数量缺陷的组织（d）。如果变形条件不同，动态再结晶没有发生（e），变形结束后在一定的孕育期内发生静态的新晶粒形核（f）。根据再结晶发生在热变形过程中或热变形后，它被描述为动态再结晶或静态再结晶[4]。再结晶动力学依赖于不同钢的内在因素（如化学成分、晶粒尺寸、沉淀形态等），另外还取决于轧制温度、变形量、变形速率等外部条件。

上述是对轧制过程变形和再结晶行为的直观认识，具体到某个钢种，如何进行组织演变的深入研究呢？

许多数学模型被发展起来用于预测热轧生产中钢的显微组织变化。研究表明[5]，尽管这些模型的形式各不相同，但对热变形后晶粒尺寸的预测都是较为准确的。但是，数学模型存在着局限性。首先，计算结果必须要通过实际生产进行

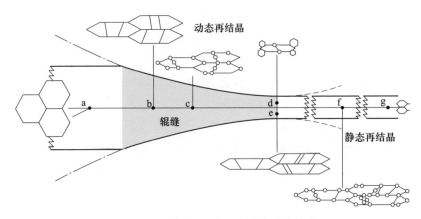

图 1-3 钢在热轧过程中奥氏体的再结晶过程

验证；其次，钢铁生产的复杂性、钢材品种的多样性，决定了数学模型需要不断完善。

我们曾经对 CSP 生产线热连轧过程的轧卡件进行了研究。将一块轧制过程中的轧件停止轧制，并冷却到室温，这样就得到经不同轧制道次、不同变形量条件下的轧件，试样从连铸坯和每一道次轧后的轧件的边部切取，试样编号如图 1-4 所示。但是不同道次的轧卡试样冷却路径不同，并且未保留高温奥氏体组织状态，观察到的只是发生相变后的室温组织，因此结合 Sellars 提出的数学模型[6]分析了 CSP 生产线热连轧过程中低碳钢奥氏体的变形与再结晶行为，得到了较为满意的结果。

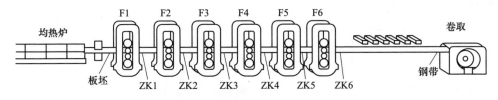

图 1-4 CSP 生产线和轧卡件取样示意图

另外，我们在 CSP 线现场生产低碳钢 ZJ330 的过程中，对厚度为 2mm 和 4mm 的钢板采用不同的冷却方式、不同的终轧和卷取温度，连续进行了多组实验，测定了钢板在层流冷却阶段的冷却速率变化，分析了工艺参数对奥氏体相变后的成品组织以及力学性能的影响。

毋庸置疑，这种方法绝对是准确可靠的，但经常在生产现场进行类似实验是不现实的。即使在实验室进行中试，也必须要考虑成本，不可能进行大量的轧钢实验。

利用材料物理模拟技术，采用微小试样进行大量重复性实验，建立数学模型并指导实际生产工艺的制定，这不但能节约大量人力和物力，还可以通过模拟技术研究那些无法采用直接实验进行研究的复杂问题。得益于模拟技术简便灵活性、性价比高等优点，材料的物理模拟研究方法受到广泛关注，应用范围迅速扩大。

1.1.4 物理冶金的热模拟研究方法

1.1.4.1 变形奥氏体的再结晶

热塑性加工变形过程是加工硬化和回复、再结晶软化过程的矛盾统一。在奥氏体的热轧过程中，随着变形量的增加位错密度增大，然而加工硬化过程也会发生一定程度的回复，当位错密度增加到某一数值时，变形过程中会出现再结晶。如图 1-5 所示，变形过程中的回复和再结晶分别被称为动态回复和动态再结晶。另外，在热加工的间隙时间里或加工后的缓冷过程中奥氏体组织会继续发生变化，力图消除加工硬化，使金属组织结构达到稳定状态，称为静态回复和静态再结晶。

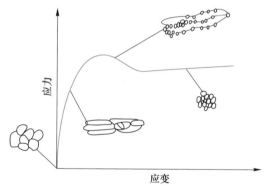

图 1-5　奥氏体热加工真应力-真应变曲线与材料结构变化示意图

在热模拟实验机上进行单道次压缩实验，可以研究变形温度、变形速率和变形程度等工艺参数对奥氏体动态再结晶及组织演变规律的影响。

在不同温度对试样施以两次变形来研究奥氏体静态再结晶。2%应变补偿法通常被应用于研究第一道次压缩后变形奥氏体的软化过程[7]，取真应变值为 2%的流动应力值为屈服应力。通过比较两次变形后的屈服应力变化可以获得静态再结晶软化率。图 1-6 显示了典型的两道次间断压缩的应力-应变曲线。软化率 X可以用式（1-1）表示：

$$X = \frac{\sigma_m - \sigma_{2,2\%}}{\sigma_m - \sigma_{1,2\%}} \tag{1-1}$$

式中，X 为所测得的软化率，也是静态再结晶分数；σ_m 为第一道次变形的峰值应力；$\sigma_{1,2\%}$，$\sigma_{2,2\%}$ 分别为第一道次和第二道次变形时的屈服应力。

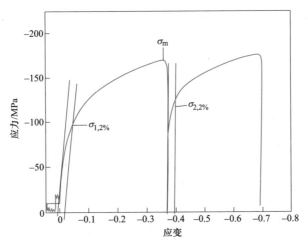

图 1-6 双道次压缩实验的应力-应变曲线

1.1.4.2 过冷奥氏体相变

在热模拟实验机上采用热膨胀法和金相法结合可以进行过冷奥氏体的相变规律研究，其原理是因为钢中不同的相具有不同的结构、不同的比容。奥氏体（每单位晶胞有四个原子的面心立方结构）的原子堆积的致密度比铁素体（每单位晶胞有两个原子的体心立方结构）要大得多，这种情况造成连续冷却的情况下奥氏体转变为铁素体时体积发生膨胀。由于物体热胀冷缩，奥氏体组织冷却时，钢的体积是收缩的，但当一旦发生 $\gamma \rightarrow \alpha$ 相变，热膨胀曲线在相变开始发生的温度处形成拐点，待奥氏体全部转变为铁素体后，膨胀曲线就会继续收缩。因此，膨胀曲线上就会出现两个拐点，可根据拐点确定 A_{r3} 和 A_{r1}。钢中各组织的比容关系是：奥氏体<铁素体<珠光体<贝氏体<马氏体。同理，可以测出奥氏体向贝氏体转变的开始点和结束点 B_s 和 B_f，以及向马氏体转变的开始点和结束点 M_s 和 M_f。

相变开始点和结束点的确定并没有统一的标准原则，一般有顶点法和切线法两种，如图 1-7 和图 1-8 所示。顶点法是取膨胀曲线上最明显的拐折点为临界点，该方法优点是拐点明显，容易确定，缺点是偏离真正的临界点；切线法取膨胀曲线直线部分的延长线与曲线部分的分离点作为临界点，优点是接近真实临界转变温度，但具有一定的随意性，需要多次测量取平均值降低人工误差。

在热模拟实验机上分别测定静态和动态 CCT 曲线，两者均在某一温度以不同冷却速率冷却到室温，结合金相组织观察，在热膨胀曲线上确定相变开始温度和结束温度，然后在温度-时间图中将不同冷却速率的相变温度连接起来绘制成连续冷却转变曲线。它们的不同之处在于动态 CCT 曲线在冷却前进行了变形，

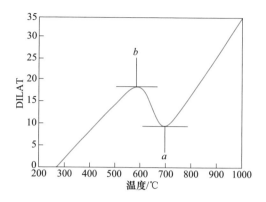

图 1-7　顶点法确定临界点

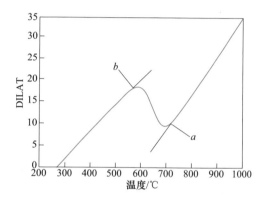

图 1-8　切线法确定临界点

以考察其对过冷奥氏体连续冷却相变的影响。

1.1.4.3　钢中第二相析出

A　双道次压缩实验

形变诱导析出，是指由于高温变形作用促使奥氏体中的合金元素以第二相的形式析出的过程。这些细小的第二相析出物能够抑制奥氏体再结晶，同时使晶粒内部保留应变能和变形结构。这将有效地提高相变过程中铁素体的形核率，细化晶粒。双道次压缩实验法，通常是研究变形奥氏体静态再结晶的有效手段，因为形变诱导析出与再结晶处于竞争关系，因此双道次压缩实验也适用于测定形变奥氏体形变诱导析出动力学。

B　应力松弛实验

应力松弛是指金属在恒定高温的承载状态下，总应变（弹性应变加塑性应变）保持不变，而应力随时间的延长逐渐降低的现象。应力松弛实验不仅可以用来研究变形奥氏体在变形后保温过程中的回复与再结晶，同时也是研究形变诱导析出过程的最简捷有效的方法之一，通过单一试样的测试即可获得析出开始点和结束点。

　　该方法的测试原理是析出物对位错运动造成的阻碍作用会反映在应力松弛曲线上。如图 1-9 所示，普碳钢的应力松弛曲线在热变形后由于回复和静态再结晶的软化作用呈现一个不断下降的趋势，并且这个趋势会一直保持下去。然而在钛微合金钢中，由于碳氮化物开始析出，位错的运动受到析出粒子的阻碍，应力下降的趋势变缓，在曲线上出现拐点；当析出粒子随时间的延长不断长大并粗化后，从而对位错运动的阻碍作用减弱，在应力松弛曲线上表现为第二个转折点，这两个转折点就被定义为析出开始点 P_s 和结束点 P_f。

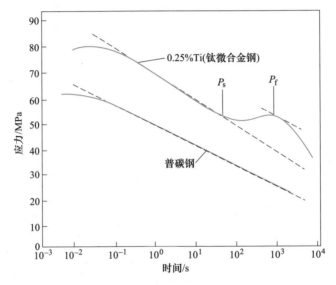

图 1-9　普碳钢与钛微合金钢的应力松弛曲线[8]

1.2　钛微合金化技术

1.2.1　微合金化元素在钢中的作用

　　微合金钢是在普通低碳钢或低合金钢的基础上添加微量合金元素（如铌、钒、钛等强碳氮化物形成元素，且添加量比钢中传统意义上的合金元素的含量小 1~2 个数量级），采用热机械处理（TMCP）技术，控制微合金元素在钢中的固溶与析出行为，进而提高钢的强韧性以及获得良好的成型性和焊接性等综合性能。

　　微合金化元素的作用不是靠改变钢的基体，而是通过与钢中 C、N 等元素的结合并在钢中析出第二相来改善钢的性能。下面分析钢中的微合金化元素主要发挥的作用。

1.2.1.1 细化晶粒

半个世纪以前，人们已经认识到细化晶粒可以同时提高钢材的强度和韧性，著名的 Hall-Petch 公式描述了晶粒平均直径和钢材屈服强度的关系。但是晶粒粗化是钢中常见的现象，抑制晶粒粗化的有效方式是阻止晶界迁移，两种重要的机制是第二相粒子钉扎或溶质拖曳。当晶界与第二相粒子相交时，晶界面积将减小，局部能量将降低；而当晶界离开第二相粒子进行迁移时则将使局部能量升高，由此导致第二相粒子对晶界的钉扎效应。Gladman 在 Zener 早期工作的基础上，得出了能够有效抵消奥氏体晶粒粗化驱动力的最大粒子尺寸 r_{crit}：

$$r_{crit} = \frac{6\overline{R}_0 f}{\pi}\left(\frac{3}{2} - \frac{2}{Z}\right)^{-1} \tag{1-2}$$

式中，$\overline{R}_0$ 为截角八面体（即 Kelvin 十四面体）晶粒的平均等效半径；Z 为用来表明基体晶粒尺寸不均匀度的项，Z 在 $\sqrt{2} \sim 2$ 之间；f 为微观结构中第二相粒子的体积分数。

微合金元素形成高度弥散的碳氮化物小颗粒，能在高温奥氏体化时显著提高对晶粒粗化的抵抗力。但在更高温度，由于第二相粒子固溶或粗化，对晶界的钉扎作用失效，奥氏体晶粒迅速长大。

1.2.1.2 抑制再结晶

当溶质原子偏聚在晶界上时，将会影响晶界的迁移速度。根据 Cahn 的理论，存在溶质元素偏聚的情况下晶粒长大或粗化速度 G 可以表示为：

$$G^2 = \frac{2\sigma V_M n/t}{\lambda' + \alpha C} \tag{1-3}$$

式中，σ 为单位体积的晶界能；V_M 为奥氏体的摩尔体积；n 为等温晶粒粗化定律指数；t 为粗化时间；λ' 为"纯"奥氏体晶界迁移率的倒数；α 为具有单位浓度溶质时晶界迁移率的倒数；C 为总的溶质浓度。

可以看出，随着溶质含量增加，晶粒粗化速度减慢。

普遍认为微合金元素抑制奥氏体再结晶的作用机理有两种：（1）碳氮化物在奥氏体晶界上析出；（2）溶质原子的拖曳作用。

由于在加热时固溶到基体中的微量溶质原子产生溶质拖曳作用[9]，因此阻碍再结晶发生。溶质原子和铁原子的尺寸差别、电子数差别影响到对再结晶的阻碍作用。随着再加热温度提高，固溶的微合金元素越多，再结晶终止的温度越高。文献[10]综述了关于阻碍再结晶的两种机制后，认为溶质拖曳起到主要作用。其主要理论根据是，发生变形的普碳钢的静态再结晶开始时间（R_S）远远短于微合金钢中第二相粒子开始析出时间（P_S），因此在普碳钢中添加的微合金元素不可能迅速形成大量的析出相来阻止再结晶。

另外一派观点认为，形变奥氏体内应变诱发微合金碳氮化物的析出相，钉扎在位错上阻碍回复所必需的位错移动，或钉扎在已回复的亚晶界处阻止界面的移动，从而抑制奥氏体的再结晶[11]。尽管溶解的 Nb 对再结晶动力学有一定影响，但是抑制再结晶的主要原因是 Nb(C,N) 析出。在热轧奥氏体中发生的形变诱导 Nb(C,N) 析出过程有两个阶段：（1）首先在奥氏体晶界上和变形带上析出；（2）在未再结晶奥氏体的基体上普遍析出。如果奥氏体再结晶先于沉淀发生，在再结晶基体上的析出相对缓慢[12]。在奥氏体基体上的 Nb(C,N) 析出通过阻碍再结晶对铁素体晶粒细化有贡献，但是没有沉淀强化的作用[13]。

在碳化物或碳氮化物析出温度以上开始轧制，由于形变诱导析出能够在奥氏体中得到弥散分布的第二相颗粒，因此通过控制奥氏体晶粒尺寸可以提高钢的强度。

1.2.1.3 沉淀强化

沉淀强化是钢中特别是微合金钢中常用的强化机制，第二相析出粒子散布在基体中，构成位错滑移的障碍，从而提高钢的强度。强度的提高取决于第二相粒子的强度、体积分数、间距、形状及分布等因素，同时取决于粒子与基体的错配度以及它们之间的相对位向。利用沉淀强化机制至少要考虑下面几个方面的因素：首先，其他条件相同的情况下，第二相粒子的体积分数 f 越大则强度越高；其次是应该获得尽可能高的弥散度；第三是第二相粒子对位错的阻力，大的错配度引起强的内应力场，对强化有利，界面能高或反向畴界能高，也对强化有利。

一般认为主要有三种沉淀强化机制：共格错配应变机制——Mott-Nabarro 理论；弥散相粒子切变机制——Kelly-Nicholson 理论；位错越过粒子机制——Orowan 理论[14]。

Orowan 理论适用于非共格的弥散相粒子，粒子与基体具有非共格的界面而且有足够的强度，在位错弯弓越过的过程中粒子既不切变也不断裂。在外力作用下位错线绕过第二相粒子继续运动并留下位错环，这类似于弗兰克-瑞德位错源的机制，位错环围绕着第二相粒子形成的应力场阻碍下一个位错的继续移动。Orowan 机制可以用图 1-10 来表示。

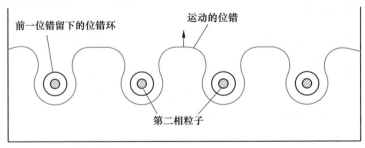

前一位错留下的位错环　　运动的位错

第二相粒子

图 1-10　位错经过第二相粒子运动的 Orowan 机制

应用 Orowan-Ashby 模型，可以使用如下关系式计算在低合金高强度钢中铌、钒碳化物的沉淀强化作用[15]：

$$\tau = \frac{1.2Gb}{2.36\pi L} \times \ln \frac{\overline{X}}{2b} \qquad (1\text{-}4)$$

式中，τ 为塑性变形的临界切变应力；G 为基体的切变模量；b 为伯格斯矢量；L 为弥散颗粒之间的距离；$\overline{X}$ 为弥散颗粒的平均直径。

由式（1-4）可见，粒子间的有效间距越小，强化效应越大。

国内外学者对于微合金钢中碳氮化物的沉淀强化作用进行了大量的研究，结果表明：沉淀强化的效果不仅与微合金化元素的种类及含量有关，而且与轧制工艺参数有密切关系。

1.2.2 微合金化元素钛的特点

微合金化元素具有如下特点：和碳、氮、氧、硫等元素发生交互作用，以第二相析出的方式分布在基体；可以通过热加工工艺和热处理控制溶解和析出反应。图 1-11 中给出了不同微合金化元素碳化物和氮化物的溶解度积，根据这些溶解度数据可以了解不同微合金化元素所起的作用。

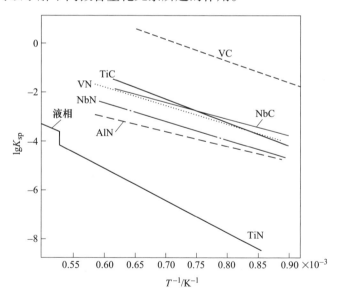

图 1-11　微合金化碳化物和氮化物的溶解度

Nb(C,N) 在低温奥氏体中是稳定的，但在高温奥氏体中将会溶解，例如轧前的再加热过程。在变形条件下，Nb(C,N) 很容易析出（应变诱导析出），这些粒子可以抑制晶粒长大，甚至可以抑制低温间歇变形过程中奥氏体的再结晶；

在随后的冷却过程中，变形奥氏体组织转变为细晶铁素体，从而使得这种控轧钢具有高的强度和韧性。在随后的冷却过程中，剩余的 Nb 以更加细小的粒子进一步析出，从而产生附加的沉淀强化作用。因此，Nb 常被用来提高再结晶温度，通过未再结晶区控制轧制细化晶粒。

在奥氏体中碳化钒的固溶度有一个显著特点，它比其他微合金化元素的碳化物和氮化物的固溶度高得多，甚至可以在低温奥氏体区充分溶解，而在轧后的铁素体中充分析出。在传统的轧制过程中，微合金化元素 V 起到适度高的沉淀强化和相对低的晶粒细化作用。

从图 1-11 中可以看出，钛的碳化物和氮化物的固溶度存在显著差异。钛能在高温形成相当稳定的 TiN，它在奥氏体中实际上是不溶解的，因此在热加工和焊接过程中可以有效阻止晶粒长大，要达到此目的只需加入微量的 Ti（约 0.01%）。如果 Ti 含量较高，过多的 Ti 会在较低的温度下以 TiC 的形式析出，起到析出强化作用。但由于钛的性质活泼，与氧、硫、氮、碳等元素同样有很强的亲和力，冶炼过程中难以保证钛的收得率，另外 TiC 析出过程对温度等因素敏感，很容易造成性能波动。因此，长期以来 TiC 的沉淀强化作用没有得到足够重视。

随着冶金技术的进步，采用洁净钢生产工艺和全过程保护浇铸，可保证低的 O、S、N 等杂质元素含量，钛铁的回收率问题得到有效解决。因此，这是采用钛微合金化技术生产高强钢的先决条件。

随着对钛微合金钢的物理冶金学特征的研究逐渐深入，认识到等温阶段是纳米碳化物析出的关键工艺环节，逐渐阐明了等温相变和等温析出、形变诱导析出和等温析出之间的关系。掌握了温度对纳米碳化物析出的影响规律，就可以有效解决钛微合金化高强钢的性能波动问题。

此外，采用钛微合金化技术，还可以改善焊接性能、提高成型性能。同铌铁、钒铁相比，钛铁价格便宜，钛微合金化高强钢有明显的成本优势。另外，我国钛资源非常丰富，发展钛微合金化高强钢可以产生巨大的经济效益和社会效益。

20 世纪 90 年代后期开始的细晶粒钢和超细晶粒钢[16] 研究取得了重要进展，但工业应用转化的瓶颈使热轧带钢的目标晶粒尺寸限制在 $3\sim5\mu m$ [17]。本书作者认为，正是由于晶粒细化受到的限制，使纳米碳化物的沉淀强化作用被再次关注。应用钛微合金化技术发展高强钢，减少钢材用量，符合"碳达峰碳中和"国家战略。

1.2.3　钛微合金化技术的发展历程

20 世纪 20 年代 Ti 作为微合金元素开始得到应用，初期主要利用形成热稳定性高的 TiN 粒子抑制焊接过程中奥氏体晶粒长大来改善钢材的组织和焊接性能。

1951~1953 年，Hall 和 Petch 发现钢的力学性能和晶粒尺寸关系，提出晶粒细化是同时提高强度和韧性的唯一手段[18,19]。60 年代，Davenport 等研究发现[20]，微合金钢中少量体积分数的细小纳米碳化物既能细化铁素体晶粒又能产生析出强化而提高强度，同时不会明显损害韧性。细晶强化和析出强化两种强化机制为含 Ti 微合金钢的开发提供了重要的理论依据。

1975 年第一届"Microalloying 75"会议[21]总结了过去微合金钢的研究成果，确立了微合金钢的地位和进一步发展的方向，为微合金钢的快速发展奠定了基础。此后，Ti 作为一种辅助微合金元素在多种复合微合金钢中开始得到更广泛的应用，发展出 V-Ti 复合微合金化技术和 Nb-Ti 复合微合金化技术。20 世纪 80 年代，控制轧制控制冷却技术的出现和运用对微合金化高强钢的发展起到关键性的作用。1995 年在美国匹兹堡召开的"Microalloying 95"会议全面总结了微合金钢在 1975~1995 年的进展，提出"微合金化技术"的新概念。2015 年在中国杭州召开的"Microalloying 2015"会议认为，要结合技术创新继续深入微合金化基础理论研究。

20 世纪 60 年代初，国外已经开始了钛微合金钢的研制和应用，主要开发的代表钢种有德国的 QstE 系列钢（钛含量≤0.16%）、日本新日铁的汽车大梁钢 NSH52T（钛为 0.08%~0.09%）、美国 Youngstown 生产的热轧带钢 YS-T50。我国钛微合金钢的研发与生产均起步得比较晚。

1957 年，鞍钢成功试制 St52 钢，开始了我国钛微合金钢的发展。同期，以刘嘉禾为首的一批冶金学专家率先研制成功了 15MnTi 钢，屈服强度达到了 390 MPa；也开发出了造船用 15MnTi 钢，开始了我国钛微合金钢的生产。随着轧制和冷却技术的提高，尤其是控轧控冷技术的引进，钛微合金钢开始得到了广泛应用。我国已能生产如下系列的钛微合金钢种：钛含量为 0.07%~0.20% 的汽车大梁用热轧钢板 06TiL、08TiL、10TiL（GB 3273）；钛含量为 0.02%~0.08% 的 Ⅳ 级钢筋 RL540、钛含量为 0.02%~0.05% 的 Ⅲ 级钢筋 RL400（GB 1499）；钛含量为 0.01%~0.05% 的耐候钢 09CuPTi，以及冷轧带肋钢筋 24MnTi（GB 13788）等。钛微合金钢的用途越来越广泛，品种越来越多，产量也在不断增加。

然而，这些钛微合金钢中，几乎都是 490MPa 以下级别的低强度钢。相比于铌、钒微合金化技术，钛微合金化技术的基础研究远远落后，生产中也多采用微钛处理或者钛元素辅助添加。

进入 21 世纪，基于冶炼技术和薄板坯连铸连轧技术的发展，相继开发出了屈服强度为 700MPa 级的高强钢，并且进一步研发出以 Ti 元素为主的 Ti-Mo 和 Ti-V-Mo 微合金化技术。

1.2.4 钛微合金化高强钢的研发

1.2.4.1 研发现状

发表在 2004 年第 11 期"ISIJ International"的文章报道：主要采用钛微合金

化技术，日本 JFE 公司以 0.04%C-1.5%Mn-0.2%Mo 为基础，开发了抗拉强度为 780MPa 级别的铁素体钢，屈服强度超过 700MPa，纳米尺度碳化物的沉淀强化效果达到 300MPa[22]，并把该钢种命名为"NANOHITEN"钢[23]。

几乎同时，广州珠江钢铁有限责任公司（以下简称珠钢）在国内第一条薄板坯连铸连轧生产线上进行钛微合金化高强钢的研发，批量生产了屈服强度超过 700MPa 的高强钢，并对其物理冶金学特征和强化机理进行了研究[24]。毛新平等[25]对钛微合金化高强钢的强化机制进行了定量分析，发现：晶粒细化和沉淀强化是钢中主要的强化机制，由纳米级 TiC 颗粒提供的沉淀强化效果达到 158MPa，而细晶强化的贡献超过 300MPa。

表 1-1 中对两种钛微合金化高强钢进行了对比。可以看出，两者都很好地利用了纳米级碳化物的沉淀强化作用。

表 1-1 珠钢[25] 和 JFE[22] 生产的钛微合金化高强钢的对比

钛微合金化高强钢	珠钢薄板坯连铸连轧	JFE 实验室工作和生产实验
用途	集装箱等商用耐候钢领域	车身和底盘的各类加强件，臂类和梁类零件，以及车架零件等
基本成分/%	0.05C-1.1Mn-0.12Ti	0.04C-1.5Mn-0.09Ti-0.2Mo
开发思路	单一钛微合金化技术，发挥"Mn、Ti 协同效应"	Ti-Mo 复合微合金化技术，降低相变温度阻止碳化物长大，Mo 阻止珠光体和渗碳体在晶界形成
生产工艺	CSP 工艺，均热、终轧和卷取温度分别为 1423K、1153K 和 873K	真空感应炉熔炼，加热、终轧和等温温度分别为 1523K、1173K 和 893K，轧后 10K/s 冷却
产品组织	准多边形铁素体	准多边形铁素体，没有观察到珠光体和渗碳体
晶粒尺寸	EBSD 分析，具有大角晶界晶粒的平均尺寸为 3.3μm	扫描电镜照片图像分析为 3.1μm
力学性能	屈服强度 730MPa，抗拉强度 805MPa，伸长率 26%	屈服强度 734MPa，抗拉强度 807MPa，伸长率 24%，扩孔率 120%，成型极限应变 1.55
沉淀强化	化学相分析得到质量分数和粒度分布，用 Gladman 公式定量计算沉淀强化 158MPa	（1）依据 Orowan 机制计算，纳米 TiC 析出物粒子的尺寸为 3nm；（2）由拉伸实验结果反推沉淀强化 300MPa
强化机理	细晶强化 303MPa，但沉淀强化增量是强度升高的主要因素	纳米碳化物的强化增量约为 300MPa，比普通沉淀强化高强钢高 2~4 倍

此外，采用钛微合金化技术生产 700MPa 级高强钢也相继见诸报道。在 Mittal 钢厂通过控制轧制的方法生产出屈服强度约 700MPa 的微合金管线钢[26]，组织主要是细晶粒的铁素体，钢中合金元素包括 Ti 0.035%~0.05%，Nb 0.08%~0.09%，Cr 0.3%~0.4%。Misra 等分析表明，高位错密度和细小析出物

是获得高强钢的主要因素。

Kim Y. W. 等[27]通过热机械处理（TMCP）工艺，开发出基本成分为 0.07%C-1.7%Mn-0.2%Ti-0.2%~0.3%Mo、屈服强度超过 800MPa 的高强钢，并把高强度归因于铁素体晶粒细化和沉淀强化的综合作用。Park D. B. 等[28]也采用 Ti-Mo 复合添加的方法进行钛微合金化高强钢的研究和开发。

东北大学的衣海龙等人在实验室中通过真空感应炉熔炼和控轧控冷的方法，开发出屈服强度超过 700MPa 的 Ti 微合金化高强钢，并把高强度归因于贝氏体的板条细化和 TiC 的沉淀强化[29]。北京科技大学的段修刚等人对 Ti-Mo 全铁素体基微合金高强钢中的纳米尺度析出相进行了研究[30]。

张可、孙新军、李昭东等[31]通过热模拟实验系统研究了终轧温度、冷却速率、卷取温度等工艺因素对高 Ti-V-Mo 高强钢组织的影响，并通过实验室轧钢实验，主要改变卷取温度，研究实际控制轧制和控制冷却工艺条件下 Ti-V-Mo 的复合析出行为及卷取温度对实验钢的组织和力学性能的影响，在实验室条件下成功开发出屈服强度 900~1000MPa 级超高强度热轧铁素体钢。为了提高低温卷取热轧钢的强度或整卷组织与性能的均一性，还采用了回火热处理的方法。

综上所述，钛微合金化高强钢的研发分别采用了单一钛微合金化技术、Ti-Mo 复合微合金化技术和 Ti-Nb 复合微合金化技术，并且一般采用了较高的 Mn 含量。其中，以 Ti-Mo 复合微合金化技术的应用最为普遍，或者在此基础上再添加其他合金元素。

毛新平等在《钛微合金钢》[32]一书中回顾了钛微合金化技术的发展历程，阐述了钛微合金钢的化学和物理冶金原理，以及钛微合金钢的生产技术和产品开发与应用等方面所做的工作。

1.2.4.2 纳米碳化物研究

在高强钛微合金钢的研究中，纳米（Ti，Mo）C 比 TiC 粒子的析出行为和作用受到更为广泛的关注。杨哲人等采用高分辨透射电子显微镜（HRTEM）系统地研究了 Ti/Mo 钢中纳米碳化物的晶体结构、析出机制及其与铁素体的取向关系，以及等温和冷却对碳化物析出的影响[33-36]。程磊等[37,38]研究了 Ti-Mo 钢中组织、析出物和机械性能的关系，以及铁素体中等温 1h 纳米（Ti，Mo）C 的粗化行为。

Gong P. 等[39]研究了钒、钛微合金钢在 630℃ 和 650℃ 保温 90min 的相间析出行为，结果发现：Mo 的加入显著抑制了 $\gamma \rightarrow \alpha$ 相变动力学，导致了析出物体积分数增加，但对粒子尺寸的影响不明显。Chen 等[40]用显微硬度和透射电镜研究了含钛钢和 Ti-Mo 钢在不同冷却速率下纳米碳化物的析出行为，结果发现：（Ti，Mo）C 具有更好的热力学稳定性，同 TiC 相比长大速度更为缓慢，对硬度有更大的贡献。上述研究表明，高强钛微合金钢中 Mo 的添加能够增加纳米碳化物的体积分数或是抑制碳化物长大，起到更加显著的沉淀强化效果。

Ilana Timokhina 等[41,42]采用透射电子显微术（TEM）、三维原子探针（APT）和小角中子散射（SANS）等手段研究了 Ti-Mo 钢中碳化物在相间析出的原子团聚行为。发现碳化物析出开始于数个原子层厚的呈盘状、且与铁素体基体完全共格的溶质团簇，这种团簇是一种没有任何规则的原子排列，并且具有一定的晶体学的结构。在 650℃等温 1h 后，析出碳化物中 Ti 和 Mo 元素的原子平均比为 2.0±1.3,微合金溶质原子和 C 元素的原子平均比为 0.9±0.37。

Dhara 等[43]进一步利用三位原子探针技术结合小角中子散射对成分为 0.04C-0.12Ti-0.22Mo(wt. %) 的钢中等温析出特征进行了对比研究，结果表明：在等温初期，钢中溶质原子分别形成 Ti-C 和 Mo-C 两种溶质团簇，这种溶质团簇对钢的性能几乎没有影响。随后的等温过程中，溶质团簇通过 Ti-C 和 Mo-C 团簇之间的势能相互作用而形成一种初期的亚稳态的碳化物，溶质元素的原子比 C/(Ti + Mo) 在 0.2~1 之间。粒子尺寸大于 3nm 后，碳化物具有稳定的化学计量比，其中，Ti/Mo 原子比为 1.7~2.5，C/(Ti+Mo) 原子比约为 0.55。

1.3 作者团队的研究进展

1.3.1 与时俱进的物理冶金学

"Microalloying 75" 国际会议于 1975 年在美国纽约召开，在物理冶金学发展史上具有里程碑的意义。在将近半个世纪后的今天，包括微合金化技术在内的物理冶金学已不再是科学研究的主流热点。但是，由于当时受实验条件的限制，相关研究还不够深入，有关机理性的问题并没有完全解释清楚。另外，物理冶金学的诞生和发展都是由于生产实际需要的推动，在其经典著作产生的年代还没有现代钢铁生产的概念。因此，物理冶金学也要与时俱进，才能不断满足钢铁等行业日新月异的发展需要，而先进的实验技术和分析手段为其提供了保障。

20 世纪 50 年代，Hall 和 Petch 对晶粒尺寸与力学性能的基本关系进行了非常重要的研究；60 年代初 Woodhead 和 Morrison 等人在沉淀强化理论上取得突破。作为钢中最主要的两种强化机制，沉淀强化和晶粒细化强化为微合金化技术的应用提供了重要的理论依据。由于细晶强化是同时提高强度和韧性的唯一手段，20 世纪 90 年代后期在世界范围内开展了细晶粒钢和超细晶粒钢[16]的研究。但由于工业应用转化的瓶颈使细晶强化的效果受到限制，进入 21 世纪以来，以纳米碳化物沉淀强化为主要特征的钛微合金化技术重新受到青睐，而钛微合金化高强钢的生产和研究也被广泛关注。

尽管钛早在 20 世纪 20 年代就已得到应用，但长期以来，仅是采用微钛处理提高钢的焊接性能，或是作为辅助添加的微合金元素。尽管纳米 TiC 有显著的沉淀强化作用，但是钛铁的回收率低和含钛钢性能不稳定的问题制约了钛微合金化技术的推广应用。随着冶金技术的进步，钢中的杂质元素可以控制在较低的含量水平，钛铁的回收率得到保证。Nb(C，N) 主要在轧制过程奥氏体中形变诱导析出，VC 主要在铁素体中弥散析出，而 TiC 主要在 $\gamma \rightarrow \alpha$ 相变过程中析出，因此对温度和冷却速率异常敏感。另外在对纳米 TiC 析出的研究中，时间是个重要的、容易被忽略的因素，需要引起关注。

通过作者团队近 20 年的研究，对钛微合金钢中纳米碳化物的析出机理的认识逐渐深入，在实验室成果和实践经验的推动下，不仅开发出钛微合金化高强钢，而且确定了等温或卷取工艺是纳米碳化物析出的关键环节。在此基础上，研究了纳米碳化物等温析出动力学，结合 $\gamma \rightarrow \alpha$ 相变动力学和应变诱导析出动力学，借助于显微硬度和 SEM、TEM、APT 等先进的微观分析手段，进行了形变诱导析出和等温析出、等温相变和等温析出的耦合关系研究。这不仅是钛微合金化技术推广的需要，也丰富了物理冶金学的理论，具有较为重要的科学意义。

1.3.2 钛微合金化高强钢研究的关键节点

作者团队的工作开始于 2004 年在珠钢 CSP 生产线上进行的钛微合金化高强耐候钢研发。从 2011 年起，以实验室 TMCP 工艺研究结果为基础，主要在 Gleeble-3800 热模拟实验机上针对纳米碳化物析出进行钛微合金化高强钢的物理冶金特征研究。期间根据钢种成分又可划分为三个阶段：（1）延续 ZJ700W 的成分设计，进行单一钛微合金化高强钢的研究；（2）延续 ZJ700W 的成分设计，进行 C-Mn 钢和钛微合金化高强钢的对比研究；（3）以不含 Cu、Cr、Ni 的 C-Mn 钢为基础，添加 Ti 和 Mo，进行低碳 Ti/Ti-Mo 钢的对比研究。

近 20 年来，对钛微合金钢的研究是逐渐深入、知行合一的过程，也是一以贯之、不可分割的过程。可以说，没有一项工作是没有必要的。下面仅是根据时间顺序列出八个比较重要的研究进展：

（1）通过钛微合金化高强耐候钢 ZJ700W 和普通集装箱钢 SPA-H 的对比研究，定量阐明了高强钢的强化机理，计算了钢中纳米碳化物的沉淀强化效果约为 158MPa，尽管高强耐候钢中细晶强化的效果超过 300MPa，但是纳米碳化物的沉淀强化从无到有，提高屈服强度的效果更为显著。

（2）实验室 TMCP 工艺研究发现，与轧后直接空冷相比，仅通过在 600℃ 等温 1h 钛微合金钢的强度就可提高约 200Pa。这证实了 CSP 生产中起沉淀强化作用的纳米碳化物主要是在卷取过程中析出的，明确了卷取（或等温）是生产钛微合金化高强钢的关键工艺环节。

（3）通过测定不同等温条件下的试样在室温下的压缩屈服强度增量，发现了一种在热模拟机上测定 $\gamma \rightarrow \alpha$ 相变及其后等温过程中碳化物析出动力学的新方法。这是一项创新性的工作，不但解决了研究相变过程中纳米碳化物等温析出动力学的难题，而且提供了一种研究等温工艺对纳米碳化物析出及其沉淀强化效果影响规律的新方法。

（4）重新定义并分别采用显微硬度和等温压缩强度的方法分别实测了纳米碳化物的 P_s（析出开始时间）和 P_f（析出结束时间），做出了在 650~750℃ 等温过程中纳米碳化物的 PTT（析出-温度-时间）曲线。PTT 曲线为典型的"C"曲线，并且得到了鼻尖温度为 700℃ 的结论。

（5）测定了应变诱导析出 PTT 曲线、等温相变动力学 TTT 曲线和等温析出动力学 PTT 曲线，在此基础上讨论了等温相变过程中纳米碳化物的相间析出和弥散析出，以及等温析出和应变诱导析出的竞争关系和耦合作用。上述三条曲线也为实施控轧控冷工艺、生产钛微合金化高强钢提供了依据。

（6）作为奥氏体稳定元素，钛的加入降低了连续冷却相变的开始温度，推迟了等温相变的开始时间。尽管相关数据仍需要进一步验证，但毋庸置疑，其作用是显著的。形变诱导析出由于减少了固溶在钢中的钛含量，将会对钛微合金化高强钢的相变带来影响，这个结论已经得到初步证实。

（7）过冷奥氏体的连续冷却，当冷却速率为 0.5℃/s 时析出粒子具有最大的沉淀强化效果。继续增加冷却速率，纳米碳化物的析出过程受到抑制，难以发挥其沉淀强化作用。这为在中厚板和建筑钢筋等领域通过控制钢材轧后冷却速率进行钛微合金化高强钢的生产提供了依据。

（8）通过 TEM 和 APT 等先进分析手段研究了低碳 Ti-Mo 钢中纳米碳化物的形核、长大和粗化过程，基于奥氏体相变动力学曲线和等温析出 PTT 曲线，构建了 Ti 钢和 Ti-Mo 钢在 700℃ 等温过程中相变和析出的耦合关系模型；解释了在 $\gamma \rightarrow \alpha$ 相变过程中相间析出和弥散析出产生的原因，阐明了 Mo 元素的加入对相变过程和纳米碳化物析出状态的影响机理。

参 考 文 献

[1] 卡恩 R W. 物理金属学 [M]. 北京钢铁学院金属物理教研室，译. 北京：科学出版社，1984.

[2] 艾芙纳 S H. 物理冶金学导论 [M]. 中南矿冶学院，译. 北京：冶金工业出版社，1982.

[3] 郭可信. 金相学史话（5）：X 射线金相学 [J]. 材料科学与工程，2001，19（4）：3-8.

[4] Biegus C, Lotter U, Kasper R. Influence of thermomechanical treatment on the modification of austenite structure [J]. Steel Research, 1994, 65 (5): 173-177.

[5] Pietrzyk M, Kedzierski Z, Kusiak H, et al. Evolution of the microstructure in the hot rolling process [J]. Steel Research, 1993, 64 (11): 549-556.

[6] Sellars C M. Modeling microstructural development during hot rolling [J]. Mater. Sci. Technol., 1990, 6: 1072-1081.

[7] Fernández A I, López B, RodríGuez-Ibabe J M. Relationship between the austenite recrystallized fraction and the softening measured from the interrupted torsion test technique [J]. Scripta Materialia, 1999, 40: 543-549.

[8] Park J S, Ha Y S, Lee S J, et al. Dissolution and precipitation kinetics of Nb (C, N) in austenite of a low-carbon Nb-microalloyed steel [J]. Metallurgical & Materials Transactions A, 2009, 40 (3): 560-568.

[9] Luton M J, Dorvel R, Petkovic R A. Interaction between deformation, recrystallization and precipitation in niobium steels [J]. Metall. Trans. A, 1980, 11A (3): 411-420.

[10] Kozasu I, Shimizu T, Kubota H. Recrystallization of austenite of Si-Mn steels with minor alloying elements after hot rolling [J]. Transactions ISIJ, 1971, 11: 367-375.

[11] Chilton J M, Roberts M J. Microalloying effects in hot-rolled low-carbon steels finished at high temperature [J]. Metall. Trans. A, 1980, 11A (10): 1711-1721.

[12] Hansen S S, Vandersande J B, Cohen M. Niobium carbonitride precipitation and austenite recrystallization in hot-rolled microalloyed steels [J]. Metall. Trans. A, 1980, 11A (3): 387-402.

[13] Sekine H, Maruyama T. Retardation of recrystallization of austenite during hot-rolling in Nb-containing low-carbon steels [J]. Transactions ISIJ, 1976, 16: 427-436.

[14] Orowan E. Dislocations in Metals [M]. AIME Publication, 1954.

[15] Honeycombe R W K, Medallist R F M. Transformation from austenite in alloy steels [J]. Metall. Trans. A, 1976, 7A (6): 915-936.

[16] 国家自然科学基金委员会工程与材料科学部. 学科发展战略报告 (2006~2010 年) —— 金属材料科学 [M]. 北京: 科学出版社, 2006: 12.

[17] Maki T. Formation of ultrafine-grained structures by various thermomechnical processing in steel [C]. 新一代钢铁材料研讨会 (中国金属学会), 北京, 2001.

[18] Hall O E. Proc. Phys. Soc. Lond., 1951, B64: 747-753.

[19] Petch N J. The cleavage strength of polycrystals [J]. J Iron Steel Inst., 1953, 174 (1): 25-28.

[20] Davenport A T, Brossard L C, Miner R E. Precipitation in microalloyed strength low-alloy steels [J]. JOM, 1975, 27 (6): 21-27.

[21] Gladman T, Dulieu D, Mcivor I D. Structure-property relationships in high-strength microalloyed steels [C]. Microalloying 75, Union Carbide Corp., New York, 1975: 32-55.

[22] Funakawa Y, Shiozaki T, Tomita K. Development of high strength hot-rolled sheet steel consisting of ferrite and nanometer-sized carbides [J]. ISIJ International, 2004, 44 (11): 1945-1951.

[23] Seto K, Funakawa Y, Kaneko S. Hot rolled high strength steels for suspension and chassis parts "NANOHITEN" and "BHT® Steel" [J]. JFE Technical Report, 2007 (10): 19-25.

[24] 毛新平, 孙新军, 康永林, 等. 薄板坯连铸连轧 Ti 微合金化钢的物理冶金学特征 [J]. 金属学报, 2006, 42 (10): 1091-1095.

[25] Mao Xinping, Huo Xiangdong, Sun Xinjun, et al. Strengthening mechanisms of a new 700MPa

hot rolled Ti-microalloyed steel produced by compact strip production [J]. Journal of Materials Processing Technology, 2010, 210: 1660-1666.

[26] Shanmugam S, Ramisetti N K, Misra R D, et al. Microstructure and high strength-toughness combination of a new 700MPa Nb-microalloyed pipeline steel [J]. Materials Science and Engineering, 2008, 478 A: 26-37.

[27] Kim Y W, Song S W, Seo S J, et al. Development of Ti and Mo micro-alloyed hot-rolled high strength sheet steel by controlling thermomechanical controlled processing schedule [J]. Mater. Sci. Eng. A, 2013, 565: 430-438.

[28] Park D B, Huh M Y, Shim J H, et al. Strengthening mechanism of hot rolled Ti and Nb microalloyed HSLA steels containing Mo and W with various coiling temperature [J]. Mater. Sci. Eng. A, 2013, 560: 528-534.

[29] Yi H L, Du L X, Wang G D, et al. Development of a hot-rolled low carbon steel with high yield strength [J]. ISIJ International, 2006, 46 (5): 754-758.

[30] 段修刚, 蔡庆伍, 武会宾, 等. 铁素体基 Ti-Mo 微合金钢超细碳化物析出规律 [J]. 北京科技大学学报, 2012, 34 (6): 644-650.

[31] Zhang Ke, Li Zhaodong, Sun Xinjun, et al. Development of Ti-V-Mo complex microalloyed hot-rolled 900-MPa-grade high-strength steel [J]. Acta Metall. Sin. (Engl. Lett.), 2015, 28 (5): 641-648.

[32] 毛新平, 等. 钛微合金钢 [M]. 北京: 冶金工业出版社, 2016.

[33] Wang T P, Kao F H, Wang S H, et al. Isothermal treatment influence on nanometer-size carbide precipitation of titanium-bearing low carbon steel [J]. Materials Letters, 2011, 65 (2): 396-399.

[34] Yen H W, Huang C Y, Yang J R. Characterization of interphase-precipitated nanometer-sized carbides in a Ti-Mo-bearing steel [J]. Scripta Materialia, 2009, 61 (6): 616-619.

[35] Yen H W, Chen P Y, Huang C Y, et al. Interphase precipitation of nanometer-sized carbides in a titanium-molybdenum-bearing low-carbon steel [J]. Acta Materialia, 2011, 59 (16): 6264-6274.

[36] Yen H W, Chen C Y, Wang T Y, et al. Orientation relationship transition of nanometre sized interphase precipitated TiC carbides in Ti bearing steel [J]. Materials Science and Technology, 2010, 26 (4): 421-430.

[37] Cheng Lei, Cai Qingwu, Xie Baosheng, et al. Relationships among microstructure, precipitation and mechanical properties in different depths of Ti-Mo low carbon low alloy steel plate [J]. Materials Science & Engineering A, 2016, 651: 185-191.

[38] Cheng Lei, Cai Qingwu, Yu Wei, et al. Coarsening of nanoscale (Ti,Mo)C precipitates in different ferritic matrixes [J]. Materials Characterization, 2018, 142: 195-202.

[39] Gong P, Liu X G, Rijkenberg A, et al. The effect of molybdenum on interphase precipitation and microstructures in microalloyed steels containing titanium and vanadium [J]. Acta Materialia, 2018, 161: 374-387.

[40] Chen C Y, Yen H W, Kao F H, et al. Precipitation hardening of high-strength low-alloy steels

by nanometer-sized carbides [J]. Materials Science and Engineering A, 2009, 499: 162-166.

[41] Ilana Timokhina , Michael K Miller , Wang Jiangting, et al. On the Ti-Mo-Fe-C atomic clustering during interphase precipitation in the Ti-Mo steel studied by advanced microscopic techniques [J]. Materials and Design, 2016, 111: 222-229.

[42] Subrata Mukherjee, Ilana Timokhina, Chen Zhu, et al. Clustering and precipitation processes in a ferritic titanium-molybdenum microalloyed steel [J]. Journal of Alloys and Compounds, 2017, 690: 621-632.

[43] Dhara S, Marceau R K W, Wood K, et al. Precipitation and clustering in a Ti-Mo steel investigated using atom probe tomography and small-angle neutron scattering [J]. Materials Science & Engineering A, 2018, 718: 74-86.

2 珠钢 CSP 生产钛微合金化高强钢的实践及相关研究

在广州珠江钢铁有限责任公司（珠钢）CSP 生产线上开发钛微合金化高强钢首先是出于降低生产成本的需要，而当时冶金技术的进步为其创造了条件，因为钛铁回收率低的问题得到了有效解决。此外，采用钛微合金化技术还有诸多优势，例如：可以改善钢板的成型和焊接性能，可以利用我国丰富的钛资源，等等。

20 世纪 90 年代后期开始的细晶粒钢和超细晶粒钢的研究取得重要进展，但工业应用转化的瓶颈使热轧带钢的目标晶粒尺寸限制在 3~5μm。作者认为，正是由于晶粒细化受到的限制，才使得以纳米碳化物的沉淀强化为主要特征的钛微合金化技术受到青睐。

作为国内第一条薄板坯连铸连轧生产线，珠钢从 2004 年就开始进行钛微合金化高强钢的研发。这是一项具有开创性的工作，取得了许多突破性进展，在钛微合金化技术的发展过程中具有里程碑的意义[1-6]。2007~2011 年珠钢和江苏大学合作进行了"钛微合金化高强耐候钢中析出物及沉淀强化研究"[7-13]和"钛微合金化冷轧高强钢的基础研究"[14-16]，这些工作一起为后续深入研究打下了基础。

2.1 钛微合金化高强耐候钢的研发实践

2.1.1 珠钢 CSP 生产线介绍

20 世纪 80 年代末随着美国产业结构的调整，短流程钢铁生产工艺得到迅猛发展，其标志是美国 Nucor 钢铁公司 1989 年建成投产的世界第一条电炉—薄板坯连铸连轧生产线 EAF—LF—CSP（紧凑式带钢生产"Compact Strip Production"的缩写）。CSP 工艺技术能特别经济地生产热轧带钢，经济效益高，投资费用和生产成本比采用传统工艺的设备低得多。自此之后，CSP 生产工艺在世界各地得到广泛推广。

珠钢是我国第一个采用这种具有 20 世纪 90 年代先进水平的薄板坯连铸连轧新工艺、新技术的钢厂，也是国内第一座（唯一一座）采用短流程工艺生产热轧薄板的企业。珠钢以废钢、生铁和直接还原铁为主要原料，一期设计能力年产80 万吨热轧钢卷，二期生产能力达到 180 万吨，产品宽度 1000~1380mm，厚度1.2~12.7mm。

　　珠钢采用电炉—精炼—连铸—热轧四位一体的短流程生产工艺，具有工艺新、自动化程度高、管理现代化的特点。

　　珠钢生产线主体设备包括：150t 超高功率电炉（EAF）2 座、150t 钢包精炼炉（LF）2 座、真空处理炉（VOD）1 座、CSP 铸机 2 机 2 流、辊底式均热炉 2 座和 6 机架 CSP 精轧机以及地下卷取机 2 座。其工艺流程见图 2-1，主要设备及技术参数见表 2-1。

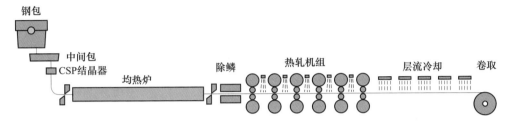

图 2-1　珠钢 CSP 工艺设备布置简图

表 2-1　珠钢 CSP 主要设备及技术参数

炼钢车间	节能型超高功率电炉	150t×2
	电炉冶炼周期	平均 60min
	钢包精炼炉	150t×2
	真空处理炉 VOD	1
CSP 铸机	流数	2
	类型	立弯式
	结晶器长度	1100mm
	铸坯厚度	45～60mm
	铸坯宽度	1000～1380mm
	拉坯速度	2.8～6.5m/min
	引锭杆	刚性引锭杆
	拉矫机	三辊拉矫装置
	出坯温度	900～1050℃
辊底炉	炉体长度	192m
	加热方式	轻柴油
	缓冲时间	10～20min
CSP 精轧机	除鳞方式	高压水除鳞
	精轧机架	6 机架 CVC
	轧制力	最大 3500t
	带钢厚度	1.2～12.7mm

CSP 精轧机	带钢宽度	1000~1380mm
	钢卷外径	1000~1950mm
	钢卷内径	760mm
	带卷冷却方式	层流冷却

CSP 工艺和传统冷装工艺相比有很大的差别[17,18]：薄板坯的凝固和冷却速率比传统厚板坯的快 10 倍以上；连轧前铸坯直接进行均热，而没有经过 γ→α 相变和 α→γ 逆相变；此外还有许多其他的工艺特点，如表 2-2[19] 和图 2-2[20] 所示。

表 2-2　传统冷装工艺和薄板坯连铸连轧工艺对比

工　艺	传统板坯（250mm）	薄板坯（50mm）
完全凝固时间/min	10~15	1
冷却速率（1560~1400℃）/℃·s^{-1}	0.15	2
轧制前是否发生相变	是	否
总变形/%	99	95
总应变量	4.6	3.0
最大轧制速度/m·s^{-1}	20	10

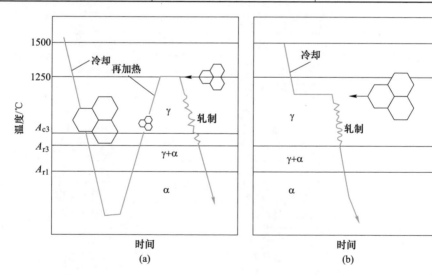

图 2-2　传统冷装工艺（a）和 CSP 工艺（b）的热机械历史对比

2.1.2 珠钢 CSP 产品定位和钛微合金化高强耐候钢的成分设计

珠钢 CSP 生产线确定了耐候、高强、薄规格的产品定位，这是由如下几方面特点决定的：

（1）EAF—CSP 产品的组织、性能特点。和传统流程相比，同类钢种的组织细化，强度偏高。

（2）原材料特点。电炉以废钢为原料，钢中残余元素 Cu、P、Cr、Ni 含量高，N 含量高。

（3）区域性市场特点。珠三角经济活跃、制造业发达，对汽车板、集装箱板、气瓶板、管线钢等的需求旺盛。

（4）工艺设备特点。薄板坯厚度薄，使带钢厚度受到限制。

2002 年之前，珠钢主要进行薄板坯连铸连轧工艺基础及低碳钢的性能特征研究，开发了低碳普板、集装箱板、气瓶板、汽车板、花纹板等钢种。2002 年之后，开始进行薄板坯连铸连轧工艺条件下微合金化技术的应用研究，其中钛微合金化高强耐候钢成为研发重点。

鉴于 CSP 工艺产品组织性能的特点，以及当时珠钢生产普通集装箱板的具体实践，确定了成分设计的基本原则：

（1）高强度耐候钢是指 $\sigma_s \geqslant 400$MPa 的耐候钢，这类钢在特种集装箱及高速火车车厢的制造上有着广阔的应用前景。除了要求较高的强度级别外，同时要求有很好的耐蚀性、成型性和焊接性能。经过盐雾实验和周期浸润实验的检测表明，珠钢生产的集装箱板耐腐蚀性能良好。当时珠钢大量热轧产品被做成集装箱，实际应用过程表明耐候性能良好。为了避开包晶反应，集装箱板采用了低碳的成分设计，在制箱过程中表明，焊接性能和成型性能良好。因此高强度耐候钢的开发以 Cu-P-Cr-Ni 普通集装箱板为设计基础，既能使其耐候性能基本得到保证，又能充分利用废钢中的 Cu、Cr、Ni 等合金元素，降低成本，提高新产品的竞争力。同时还可以借鉴珠钢生产普通集装箱板的操作经验，使高强耐候钢更易产业化，产生更大的经济效益和社会效益。

（2）采用微合金化技术。通过充分发挥 CSP 工艺产品晶粒细小、强度偏高的特点，珠钢生产的普通集装箱板的屈服强度平均已达到 400MPa。但是要实现生产高强耐候钢的目标，仅通过晶粒细化尚有较大差距，因此考虑采用微合金化技术。

Nb、V、Ti 是钢中常用的微合金添加元素。含铌钢主要通过未再结晶控轧细化晶粒，细化晶粒是同时提高强度和改善韧性的唯一手段，但是在薄板坯连铸连轧条件下含 Nb 钢容易出现混晶问题；钢中加入钒主要是因为 VN 在低温析出起到沉淀强化作用，V 也是再结晶控轧的理想合金元素，但沉淀强化在提高强度的同时损害了钢材的韧性。传统流程生产中钛的加入也可显著提高钢的强度，但 Ti 易氧化的特点使得炼钢过程中钛铁的回收率低，产品的性能不稳定，因此 Ti 在板带材生产中的应用不如 Nb 和 V 广泛，可见每一种微合金添加元素既有优势也有不利方面。

（3）高强耐候钢的开发最终采用了 Ti 微合金化的技术路线，主要为了利用 TiC 的沉淀强化效果，还考虑到以下因素：

1）生产成本。由于珠钢采用电炉—CSP 工艺，居高不下的废钢价格和高电耗压缩了企业的利润空间，因此降低成本并提高产品的附加值对于珠钢的生存和发展尤为重要。在当时的合金市场上，铌铁、钒铁的价格比钛铁贵 10 倍以上，而且还有上升的趋势。另外，我国氧化钛的资源非常丰富，储量为 6.289 亿吨，几乎占世界总储量的 45.58%，因此开发钛微合金化高强耐候钢不仅是珠钢生存和发展的需要，而且可以利用我国丰富的钛资源，促进国民经济发展。

2）改善焊接性能。少量 Ti（约 0.015%）加入钢中，会在铸坯的凝固和随后的冷却过程中析出性质十分稳定的 TiN 粒子，这些析出物在随后的热机械处理过程中很难被改变，甚至在焊接时 HAZ（热影响区）的粗晶区，这些粒子几乎都不会溶解，可起到限制奥氏体晶粒粗化并细化相变组织的作用，并且阻止焊接热影响区晶粒长大，起到改善韧性的作用。

3）提高成型性能。钢中的自由氮降低了钢的成型性能，AlN 形成温度较低，难以起到完全固定 N 的作用。由于 Ti 和 N 亲和力很大，可以有效固定 N，因此微 Ti 处理可以改善钢的冷弯性能。

4）随着冶金技术的进步，钢中的杂质元素可以控制在较低的含量水平，钛铁的回收率得到保证。珠钢采用的洁净钢生产工艺和全过程保护浇铸，可保证低的 O、S、N，有利于钛铁回收率的提高和稳定，这是可以采用钛微合金化技术生产高强钢的根本保证。

5）薄板坯连铸连轧的工艺特点有助于改善带钢通板性能不均的问题。传统工艺中，由于温降导致轧件不同部位的温度不同，影响到微合金碳氮化物的析出行为，造成带钢头部和尾部的组织和性能差异；而采用 CSP 工艺，铸坯头部进入轧机，尾部仍在加热炉中保温，避免了对微合金碳氮化物析出的影响，带钢性能的稳定性有保证。

综合以上的因素，高强度耐候钢的成分设计以珠钢 Cu-P-Cr-Ni 普通集装箱板为基础，选择钛微合金化的技术途径。

2.1.3　钛微合金化高强耐候钢的研发过程

珠钢从 2004 年开始进行钛微合金化高强耐候钢的研发，依据强度级别，高强耐候钢的开发历程可以被划分为三个阶段。

2.1.3.1　450MPa 级高强耐候钢的开发

根据用户（深圳中集）的需求，首先进行了屈服强度 $\sigma_s \geqslant 450$MPa 集装箱用钢的研发。根据合金设计原理，并考虑到已有的集装箱板生产工艺，决定采用钛微合金化技术生产高强耐候钢。在成分设计上的考虑：一是要避开碳含量的包晶区（C 0.08%～0.16%），二是要严格控制 O、N、S 含量，三是选择合适的 Ti 含量。

根据热力学分析，如果钢中全部氮（约 0.007%，即 70ppm）都形成 TiN，将消耗掉 0.024%Ti。尽管钢中 O、S 含量控制得较低，但不可避免会同 Ti 发生反应。因此，为保证 TiC 在钢中的沉淀强化效果，钢中的 Ti 含量至少要在 0.04% 以上。

在试生产后，对 450MPa 级高强耐候钢的化学成分、物理性能、力学性能、成型性能、显微组织以及耐候性能进行了测定和分析，得到的结论如下：

（1）在普通集装板的基础上调整钢中 Ti 含量，生产出了 $\sigma_s \geqslant 450\text{MPa}$、$\sigma_b \geqslant 550\text{MPa}$、$\delta \geqslant 26\%$ 的高强度耐候钢。高强度耐候钢的显微组织由铁素体和珠光体组成，且晶粒较为细小，铁素体平均晶粒尺寸约为 5μm。

（2）高强度耐候钢具有较好的成型性能，$d=a$ 和 $d=0$ 时的冷弯测试全部合格；高强度耐候钢具有较好的低温韧性，在 -60℃ 时，其冲击韧性仍高达 109.4J/cm²，韧脆转变温度在 -70℃ 以下。

（3）试制的高强度耐候钢具有较好的耐候性能，失重率为 1.268g/(m²·h)，其耐候性能与其他牌号的耐候钢基本相同。

2.1.3.2　450～650MPa 级高强耐候钢的开发

采用薄板坯连铸连轧技术生产钛微合金化钢，在国内外尚属首次，没有成功的范例可以借鉴。珠钢在开发 450MPa 级高强耐候钢的过程中，对其组织和性能进行了深入分析；通过微观分析手段和化学相分析的实验方法对钢中的析出物进行了研究；结合热力学计算和动力学分析，对 Ti 的化合物在 CSP 生产中的析出过程以及作用机理形成了系统认识。450MPa 级高强耐候钢的开发成功，促使产品开发工作深入进行，珠钢把目标确定为开发屈服强度级别为 450～650MPa 的高强耐候钢系列。

普通集装箱板的屈服强度在 400MPa，因此需要提高屈服强度 50～250MPa，增加钢中 Ti 含量成为提供这一强度增量的首选。前期工作表明：当 Ti 含量超过 0.4wt.% 后，继续增加钢中 Ti 含量对细晶强化几乎没有贡献。因此，充分利用 TiC 的沉淀强化作用是开发更高强度级别高强耐候钢的关键。

由普通集装箱板的化学成分，根据公式计算其液相线温度和固相线温度分别为 1524℃ 和 1494℃，中间包钢水的过热度为 20～30℃，上台温度在 1580℃ 左右。而液态钢水中 TiN 的溶度积公式为：

$$\lg([\text{Ti}]_L[\text{N}]_L) = 5.90 - 16586/T \tag{2-1}$$

根据公式（2-1）和上述四个温度做出液态钢水中 TiN 的热力学稳定性图，如图 2-3 所示。

热力学计算表明：当 Ti 含量超过 0.12wt.%，TiN 就可能在钢包中形成。钢

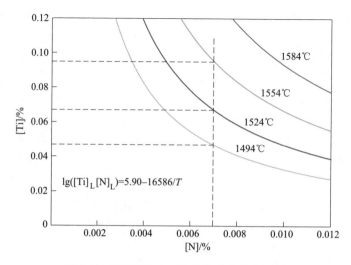

图 2-3 液态钢水中 TiN 的热力学稳定性图

液在钢包中停留的时间较长，液相中原子扩散能力很强，TiN 颗粒极易长大，消耗了钢中的 Ti，减少了元素 Ti 在钢中的有利作用。另外，Ti 含量过高会带来工艺上的问题，例如：在钢液中产生 Ti_2O_3 夹杂物，增加了钢水的黏度，加大了连铸时拉漏的危险。因此高强耐候钢中 Ti 含量的控制范围应为 0.04% ~ 0.12%。450 ~ 650MPa 级高强耐候钢的化学成分见表 2-3。采用合理的轧制和冷却工艺参数，当 Ti 含量超过 0.10% 后，高强钢的屈服强度已可以达到 650MPa。

表 2-3 珠钢 450 ~ 650MPa 级高强耐候钢的成分 （%）

C	Si	Mn	P	S	Cu	Ni	Cr	Ti	Al(s)	Al(t)
≤0.06	0.35 ~ 0.42	0.40 ~ 0.50	<0.07 ~ 0.10	≤0.005	0.25 ~ 0.29	0.18 ~ 0.22	0.40 ~ 0.45	0.04 ~ 0.12	0.020 ~ 0.030	0.025 ~ 0.035

在这一阶段，钛微合金化高强耐候钢已成为珠钢的系列产品，对高强钢的组织和性能继续进行分析，重点对钢中的纳米尺寸析出物进行研究，并定性讨论了高强钢的强化机理。得到的主要结论如下：

（1）高强耐候钢以 Cu-P-Cr-Ni 普通集装箱板为设计基础，采用钛微合金化的技术路线，并且严格控制钢中 O 和 S 的含量。在热力学计算的基础上，确定钢中 Ti 含量的控制范围应为 0.04% ~ 0.12%。

（2）钢中的 Ti 含量和成品厚度规格对带钢的强度影响显著，Ti 含量越高、带钢越薄，屈服强度越高；但是 Ti 含量和厚度规格对成品组织的影响较小。和普通集装箱板相比，细晶强化不是高强耐候钢的强度提高的主要原因。

（3）连轧前 TiN 的析出过程已基本完成，薄板坯凝固和冷却速率快的特点使 TiN 析出物更加细小。大部分 TiC 在连轧温度范围内析出；在 γ→α 相变过程中，

TiC 发生相间析出；在 800℃时析出过程基本完成（注：后来的研究证明，当时的这种认识是偏颇的）。

（4）与普通集装箱板相比，高强耐候钢中 MC 相的质量分数和 MC 相中碳元素的含量明显提高，10nm 以下析出相的体积分数显著增加。正是由于这些细小的 TiC 析出物粒子的沉淀强化作用，显著提高了带钢的强度。

2.1.3.3 700MPa 级高强耐候钢的开发和研究

屈服强度超过 700MPa 的耐候钢需求迫切，当时这类产品基本依赖进口，如瑞典钢公司生产的 Domex 系列和 Corten 系列。正如上面的分析，钢中 Ti 含量存在上限，过多的钛含量（≥0.12%）将使 TiN 在钢中液析，不但会降低 Ti 在钢中的有利作用，甚至会恶化低温韧性。虽然在薄带钢中 Ti 含量提高可使屈服强度超过 700MPa，但力学性能不稳定，无法实现批量生产。因此为生产 700MPa 的钛微合金化高强耐候钢，也是出于改善钢材的塑、韧性考虑，对钢的化学成分进行了优化。

（1）增加钢中 Mn 含量。首先 Mn 在铁-碳相图上扩大奥氏体相区，降低 A_{r3} 温度，推迟 $\gamma \to \alpha$ 相变，细化铁素体晶粒，并有可能出现少量贝氏体组织。元素 Cr 也能提高钢的淬透性，显著推迟铁素体转变，一定程度上推迟贝氏体转变；并且元素 Mn、Cr 含量的增加通过降低 A_{r3} 温度对纳米尺寸 TiC 的析出产生影响。

（2）降低钢中的 P 含量。钢中的磷可以全部溶于铁素体中，起到强烈的固溶强化作用，但塑性、韧性则显著降低，这种脆化现象在低温时更为严重，故称为冷脆。因此，高强钢中磷元素的含量不宜过高。

表 2-4 和表 2-5 分别给出了厚度为 4mm 的普通集装箱板 SPA-H 和高强钢 ZJ700W 的化学成分和力学性能。高强钢的终轧温度和卷取温度分别为 880℃和 600℃，期间采用层流冷却。

表 2-4　普通集装箱板和高强钢的化学成分　　　　（%）

钢种	C	Si	Mn	P	S	Cu	Cr	Ni	Ti
SPA-H	0.05	0.25	0.40	0.010	0.001	0.25	0.40	0.16	0.016
ZJ700W	0.05	0.23	1.10	0.008	0.001	0.25	0.55	0.15	0.12

表 2-5　普通集装箱板和高强钢的力学性能

钢　种	屈服强度/MPa	抗拉强度/MPa	伸长率/%
SPA-H	450	530	28
ZJ700W	730	805	26

成分调整后，结合工艺控制，已经能够实现屈服强度 700MPa 级带钢 ZJ700W 的批量生产，而 ZJ700W 的组织形貌、钢中位错和析出物都和 450～

650MPa 级高强钢有所不同。因此，"钛微合金化高强耐候钢中析出物及沉淀强化研究"成为研究工作的重点。

2.2　钛微合金化高强耐候钢中析出物及沉淀强化研究

2.2.1　含钛钢中的析出物

元素 Ti 的性质活泼，具有形成氧化物、硫化物、氮化物和碳化物的强烈倾向。从图 2-4 中化合物的溶解度积看出，由于生成化合物的标准自由能不同，随着温度降低，析出的顺序依次为 $Ti_2O_3 \rightarrow TiN \rightarrow Ti_4C_2S_2 \rightarrow Ti(C,N) \rightarrow TiC$。钛和氧有着很强的亲和力，钢液必须用铝充分脱氧后，才能加入钛。形成氧化钛是不利的，由于氧化钛中消耗掉一定数量的钛，降低了随后钛的细化晶粒和沉淀强化的作用。MnS 的稳定性介于 $Ti_4C_2S_2$ 和 $Ti(C,N)$ 之间，因此钢中 Ti 先于 Mn 和 S 元素反应，减少了形成 $Ti(C,N)$ 或 TiC 的数量，而 TiC 有着明显的沉淀强化作用。因此只有严格控制钢中 O 和 S 的含量，才能充分发挥微合金元素 Ti 的作用。

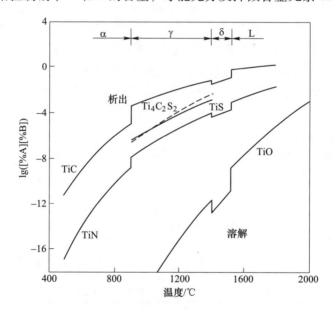

图 2-4　钛的化合物的溶解度积

钢液中形成的 Ti_2O_3 尺寸较大，对组织和性能无有益作用，并且基本被分离到渣中；由于采用洁净钢生产，高强钢中硫含量较低，$Ti_4C_2S_2$ 含量有限，因此只对钢中的碳氮化物进行重点分析。

在钛微合金钢中存在尺寸约 1μm 的立方析出物，如图 2-5 所示，能谱分析表明这类粒子为 TiN。这类粒子尺寸较大，是在液析或凝固过程中形成的，它们会损害钢的综合力学性能，尤其会严重恶化冲击韧性，因此需要严格进行控制。

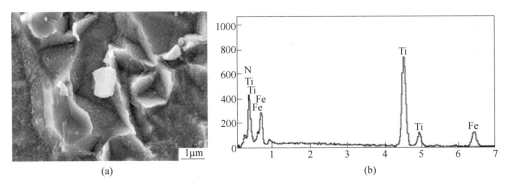

图 2-5 钛微合金钢中微米尺寸 TiN 粒子的扫描电镜照片（a）和能谱分析结果（b）

钛微合金钢的萃取复型试样中发现几十纳米的方形粒子，在图 2-6 中给出。EDS 分析表明这种粒子是 TiN，这类析出物应该是在凝固后冷却或在均热炉保温的奥氏体中形成的，可以起到阻止轧前奥氏体晶粒长大和细化焊接热影响区组织的作用。

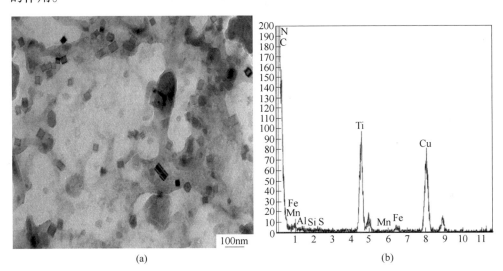

图 2-6 钛微合金钢中几十纳米的方形颗粒的 TEM 照片（a）和能谱分析结果（b）

在高强钢中发现许多直径为数十纳米的球形粒子，如图 2-7 所示，这些粒子在钢中并非均匀分布，而有的具有明显的壳层结构。从析出物的形貌、分布和尺寸判断，这类析出物是连轧过程中形变诱导析出的 TiC 粒子。

在高强钢中还存在大量弥散分布的纳米尺寸析出物，如图 2-8（a）所示。从图 2-8（b）中发现许多纳米尺寸析出物分布在位错线上，沉淀强化的本质在于纳米析出物和位错的相互作用，析出粒子钉扎位错，阻碍位错移动，将产生可观

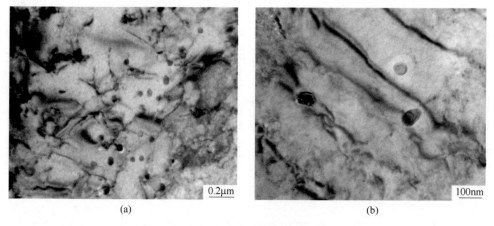

(a) 　　　　　　　　　　　　　　(b)

图 2-7　钛微合金钢中数十纳米球形析出物的透射电镜照片

（图（b）为放大图）

的沉淀强化效果。这类析出物或是在相变过程中发生相间析出，或是在铁素体中由于固溶度降低弥散析出，或许两者兼而有之。

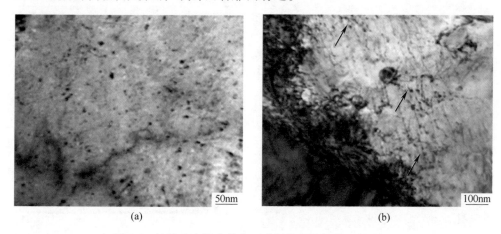

(a) 　　　　　　　　　　　　　　(b)

图 2-8　钛微合金钢中纳米尺寸析出物的透射电镜照片

（a）弥散分布；（b）位错线上分布

2.2.2　碳化钛的沉淀强化效果

对表 2-4 中的高强钢 ZJ700W 和普通集装箱板 SPA-H 中的析出物进行了对比研究。

物理化学相分析的方法被用来研究 ZJ700W 和 SPA-H 中的析出物。ZJ700W 中主要包括 Fe_3C、$Ti(C,N)$ 和 TiC，SPA-H 中的析出相主要有 Fe_3C 和 TiN。这是由于 TiN 的析出温度远远高于 TiC，TiN 的理想化学配比是 3.4，电炉钢中的氮含量约为 0.007% (70ppm)，TiN 析出已把 SPA-H 钢中的钛元素耗尽。钢中 MX 相（M=Ti，Mo，Cr 且 X=C，N）的不同元素的质量分数和原子分数在表 2-6 中给出。SPA-H 中 MX 相总量只有 0.0169wt.%，而且其中碳含量为零；但在 ZJ700W 中相应的数据分别为 0.0793wt.% 和 0.0103wt.%。

表 2-6　实验钢 MX 相中元素的质量分数和原子分数

元素	Ti	Mo	Cr	C	N	合计
钢种	MX 相中元素的质量分数/%					
SPA-H	0.0121	0.0005	0.0005	—	0.0038	0.0169
ZJ700W	0.0589	0.0009	0.0030	0.0103	0.0062	0.0793
钢种	MX 相中元素的原子分数/%					
SPA-H	46.88	0.97	1.78	—	50.37	100
ZJ700W	47.33	0.36	2.22	33.04	17.05	100

用 X 射线小角衍射的方法研究了粒度范围为 1～300nm 的 MX 相析出物，这些粒子的尺寸分布在图 2-9 中给出。ZJ700W 中尺寸小于 10nm 析出物的质量分数占总 MX 相的 33.7%，SPA-H 中相应的数据仅为 6%。

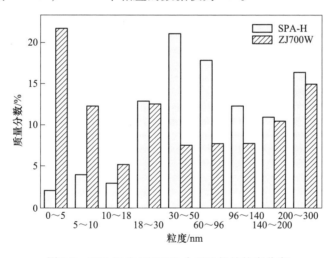

图 2-9　SPA-H 和 ZJ700W 中 MX 相的粒度分布

沉淀强化的本质在于第二相粒子对位错运动的阻碍作用，沉淀强化至少存在着几种机制，位错绕过第二相颗粒并留下环绕颗粒的位错环的 Orowan 机制被广泛采用。Gladman 采用 Ashby-Orowan 机制计算 HSLA 钢中纳米尺寸析出物的沉淀强化效果[21]。

$$\sigma_p(\text{MPa}) = \frac{5.9\sqrt{f}}{\bar{x}} \times \ln\left(\frac{\bar{x}}{2.5 \times 10^{-4}}\right) \qquad (2\text{-}2)$$

式中，f 为析出物的体积分数；$\bar{x}$ 为粒子的平均直径，mm。

从式（2-2）看出：沉淀强化效果大致与第二相颗粒的尺寸成反比，与第二相的体积分数的 1/2 次方成正比。为了提高 TiC 的体积分数，合理设计了钢中 Ti 和 C 的含量，严格控制 N 和 S 的含量；并采用适当的冷却速率和卷取温度，抑制 Ti 元素在钢中固溶。为了减小 TiC 的尺寸，首先避免 TiC 从奥氏体中析出，因为高温条件下 Ti 元素的扩散速度快；其次降低 $\gamma \rightarrow \alpha$ 相变温度，提高 TiC 的析出驱动力并抑制析出物粒子长大。通过以上措施，得到 ZJ700W 中 MC 相的质量分数为 0.0793%，10nm 以下的粒子占总 MC 相质量分数的 33.7%。

TiC 的理论密度是 4.944g/cm³，如果不同粒度范围的析出物的质量分数是 M，这些粒子的体积分数可由下式计算。

$$f = 0.0793\% \times M \times \frac{7.8}{4.944} \qquad (2\text{-}3)$$

根据表 2-7 中的数据计算，ZJ700W 中尺寸为 1~5nm 析出物产生的沉淀强化效果为 80.15MPa。这里，平均粒子尺寸 $\bar{x}$ 按 3nm 计算，它们的质量分数为 $M = 0.0793\% \times 21.4\% = 0.017\%$。

ZJ700W 中不同粒度范围的析出物的体积分数和沉淀强化效果的计算结果在表 2-7 中给出，计算出 ZJ700W 总的沉淀强化作用为 158Pa。用同样方法计算 SPA-H 中析出物的沉淀强化效果为 41MPa。和普通集装箱板相比，高强钢的沉淀强化增量为 117MPa。

表 2-7 在 1~300nm 范围 MC 相析出物的粒度分布

尺寸/nm	频率/%	含量（质量分数）/%	累计含量（质量分数）/%	钢中的体积分数/%	$\Delta\sigma_{\text{pi}}$/MPa
1~5	5.38	21.5	21.5	2.69×10^{-2}	80.15
5~10	2.44	12.2	33.7	1.53×10^{-2}	33.10
10~18	0.67	5.3	39.1	0.66×10^{-2}	13.78
18~36	0.69	12.5	51.5	1.56×10^{-2}	12.78
36~60	0.31	7.5	59.1	0.94×10^{-2}	6.26
60~96	0.22	7.8	66.9	0.98×10^{-2}	4.30
96~140	0.18	7.7	74.6	0.96×10^{-2}	3.02
140~200	0.17	10.5	85.1	1.31×10^{-2}	2.59
200~300	0.15	14.9	100.0	1.86×10^{-2}	2.22

JFE 开发的"NANOHITEN"钢中纳米尺度碳化物的沉淀强化效果达到300MPa[22]，其研究人员是从实测的屈服强度反推和 Ashby-Orowan 机制直接计算两种方法得出这一结论。但是，这两种方法都值得商榷：（1）第一种方法由实测的屈服强度减去其他强化机制的贡献，存在没有考虑位错强化的疏漏；（2）在采用 Ashby-Orowan 机制计算时，把所有的碳化物尺寸都假定为 3nm 处理也是不恰当的。

对钛微合金化高强钢的化学相分析表明，碳化物在较宽的粒度范围内都有分布。显然 JFE 的研究人员高估了纳米尺寸碳化物的沉淀强化效果。尽管还无法确切知道纳米尺寸碳化物可以达到的最大沉淀强化效果，但根据 Gladman 公式，通过对化学成分和生产工艺的控制可以逐渐接近这一目标。

2.2.3 700MPa 级高强耐候钢强化机理的定量研究

众所周知，低碳钢和低 C-Mn 钢中主要的强化机制包括固溶强化 σ_s，位错强化 σ_d，细晶强化 σ_g 和沉淀强化 σ_p。因此，屈服强度可以用下面的等式来表示：

$$\sigma = \sigma_0 + \sigma_s + \sigma_d + \sigma_g + \sigma_p \tag{2-4}$$

式中，σ_0 为晶格摩擦力，数值为 48MPa。

上面已计算出，ZJ700W 中纳米 TiC 的沉淀强化效果为 158MPa。

2.2.3.1 细晶强化

由于薄板坯连铸连轧的道次变形量大，能够保证在高温阶段发生奥氏体的再结晶，而在奥氏体的未再结晶区形成相当程度的应变累积。另外，通过合理的成分设计和轧后层流冷却，抑制铁素体在高温形成，把 $\gamma \to \alpha$ 相变移向低温。最终得到图 2-10 所示的细晶粒组织。可以看出：高强钢的组织主要由准多边形铁素体构成，晶粒大小不均匀且十分细小，明显有被拉长的痕迹，带钢厚度对成品晶粒尺寸有较为明显的影响。

EBSD 分析表明，4mm 厚带钢中大角度晶界的平均晶粒尺寸为 3.3μm。图 2-11 的 TEM 照片给出了 ZJ700W 的微观组织形貌，可以看到：实验钢的晶粒尺寸细小，晶粒内的位错密度较高，形成位错网络，并有位错缠结现象。

Hall-Petch 公式被用来描述晶粒尺寸和细晶强化效果间的关系。

$$\sigma_g = k_y d^{-\frac{1}{2}} \tag{2-5}$$

式中，d 为铁素体平均晶粒直径，mm；k_y 为常数，高强度低合金钢中取 17.4N/mm$^{3/2}$。

按照式（2-5），计算得到 ZJ700W 钢中的细晶强化效果为 303MPa。

2.2.3.2 固溶强化

固溶强化效果和固溶体中各元素含量之间的关系可以定量表示为：

$$\sigma_s = 4570[C] + 4570[N] + 37[Mn] + 83[Si] + \\ 470[P] + 38[Cu] + 80[Ti] + 0[Ni] - 30[Cr] \tag{2-6}$$

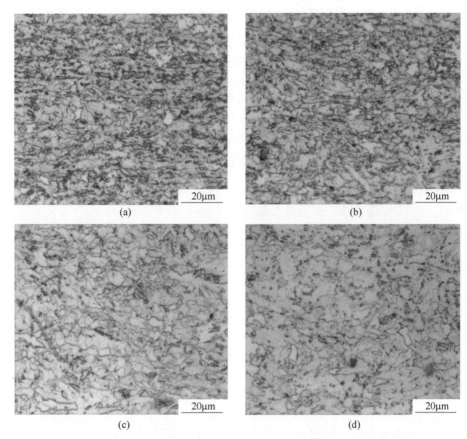

图 2-10   不同厚度高强钢 ZJ700W 的金相组织照片

（a）3mm；（b）4mm；（c）5mm；（d）6mm

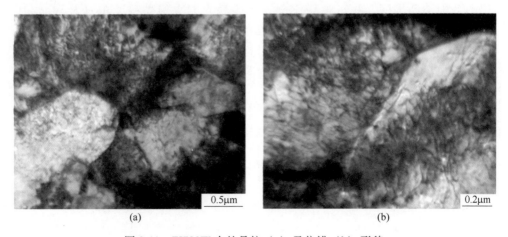

图 2-11   ZJ700W 中的晶粒（a）及位错（b）形貌

由式（2-6）看出，置换固溶强化的效果较弱，合金元素的添加只能产生很小的沉淀强化效果；尽管间隙固溶强化的效果显著，但 C、N 原子均受到钢中固溶量的限制，所起的作用很小。因此，根据公式计算 ZJ700W 钢中的固溶强化效果为 117MPa。

2.2.3.3 位错强化和亚晶强化

滑移位错运动时，邻近的其他位错将与之产生各种交互作用，使其运动受阻而产生强化，称为位错强化。高强热轧钢带内存在大量的亚晶界，将产生亚晶强化。亚晶强化本质上也是位错强化，因为亚晶界是由位错排列而成的，因此可近似按照位错强化理论来处理。位错强化效果可以由下式进行估算[23]：

$$\sigma_d = \alpha G b \rho^{\frac{1}{2}} \tag{2-7}$$

式中，α 为和晶体结构有关的常数，$\alpha = 0.38$；G 为切变模量，$G = 8.3 \times 10^4 MPa$；b 为位错的伯格斯矢量，取 0.248nm；ρ 为单位为 $1cm^{-2}$ 的位错密度。

至今尚无较为准确可靠的方法对位错密度直接进行测定。但位错强化效果和位错密度可用如下方法进行估算：由拉伸实验得到的屈服强度减去晶格摩擦强度、固溶强化、细晶强化和沉淀强化效果，计算出实验钢的位错强化效果约为 104MPa。

ZJ700W 钢的固溶强化、细晶强化、位错强化和沉淀强化分别为 117MPa、303MPa、104MPa、158MPa。尽管沉淀强化的绝对值小于细晶强化，但是和普通集装箱板 SPA-H 相比，其沉淀强化增量为 117MPa，成为 ZJ700W 强度提高的最主要因素。

2.3 钛微合金化冷轧高强钢的再结晶规律研究

以珠钢 CSP 工艺生产的钛微合金高强耐候钢为基板，经过酸洗、轧制和退火等工序，生产冷轧高强钢，这类研究在国内外鲜有报道，该工作具有创新性，没有成熟的经验或资料可以借鉴。结果发现，按照常规的冷轧、退火工艺生产的钛微合金化冷轧高强钢性能达不到要求，因此由企业提供热轧基板、冷轧硬板、退火后板材，在江苏大学进行综合组织和性能测试，并在此基础上进行冷轧钢再结晶行为的研究。

2.3.1 钛微合金化冷轧高强钢的组织演变

选择厚度为 2.5mm 的热轧板作为冷轧基板，在后续的冷轧工序中，轧到厚度约为 1.2mm，其化学成分见表 2-8。热轧板的屈服强度、抗拉强度和伸长率分别为 620MPa、670MPa 和 29%。

表 2-8　冷轧基板的化学成分　　　　（%）

C	Si	Mn	S	P	Cu	Ni	Cr	As	Sn	Ti
0.05	0.07	0.8	0.004	0.011	0.25	0.19	0.41	0.02	0.02	0.1

　　热轧板的主要组织特征为等轴状的铁素体晶粒，晶粒很细，平均尺寸小于 5μm。在随后的冷轧过程中，显微组织沿轧制方向拉长，沿轧向的纤维状组织非常明显，横向稍次，而表面晶粒只发生轻微变形。

　　再结晶热处理是将冷塑性变形的金属加热到再结晶温度以上、A_{c1} 以下，经保温后冷却的工艺。再结晶热处理的关键是确定再结晶温度。现场生产采用全氢罩式退火炉，经过装炉、升温、保温、降温和出炉等工序，对各种规格的冷轧硬板进行再结晶退火。由于工厂没有生产钛微合金化冷轧高强钢的经验，采用如下方法确定再结晶退火温度。

　　苏联学者博奇瓦尔指出，对于比较纯的工业用金属，再结晶温度 T_R 与熔点 T_M 间存在一定的关系，即：

$$T_R = (0.3 \sim 0.4)T_M \tag{2-8}$$

　　由于所研究的钢种属于低碳钢，因此如果能确定该钢种的 T_M，则可以由式（2-8）近似计算出该钢种的再结晶温度。而 T_M 可以通过下式近似计算：

$$T_M = 1536 - (415.3[C\%] + 12.3[Si\%] + 6.8[Mn\%] + 124.5[P\%] +$$
$$183.9[S\%] + 4.3[Ni\%] + 1.4[Cr\%] + 4.1[Al\%]) \tag{2-9}$$

　　依据钛微合金化高强钢的化学成分，由式（2-9）计算，所得到的该钢种的熔点温度 T_M 约为 1506℃，因此再结晶温度应在 450~600℃ 之间。而根据一般生产冷轧微合金钢的经验，冷轧微合金钢生产中硬度-退火时间的关系如图 2-12 所示，现场选择 630℃ 作为退火温度。

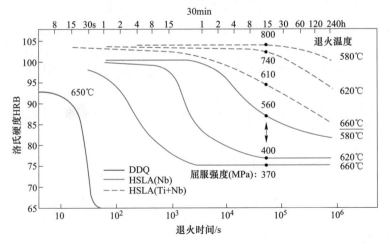

图 2-12　冷轧微合金钢生产中硬度-退火时间的关系

现场冷轧退火板的金相组织照片在图 2-13 中给出。可以看出：冷轧退火后的轧向组织的变形程度减轻，但仍为纤维状组织，出现了少量的细小等轴晶粒；退火后横向组织的变化规律与轧向类似，但继承了冷轧硬板的变形状态，晶粒变形程度仍然稍轻；板材退火后表面晶粒粗大，没有变形的痕迹，晶粒呈明显的等轴状，大小并不均匀。这说明经过 630℃ 的罩式炉退火，现场生产的钛微合金化冷轧高强钢并没有完成再结晶过程。

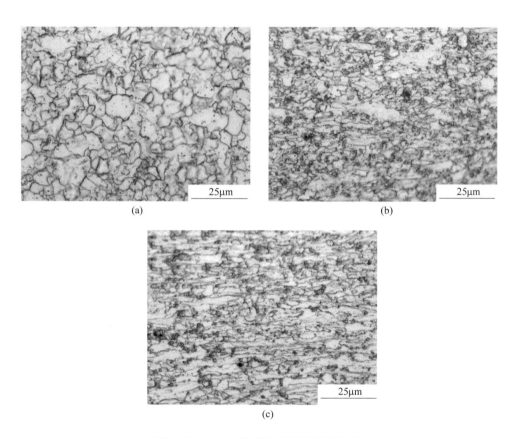

图 2-13　1.2mm 冷轧退火板的微观组织

（a）表面；（b）横向；（c）轧向

2.3.2　钛微合金化冷轧高强钢的再结晶温度研究

经过对工厂生产的钛微合金化冷轧高强钢的组织、性能的观察与测试，可以发现：在该工艺下生产的冷轧板，还存在相当程度的纤维组织，再结晶并未完成，只是发生了一定程度的回复，成型性能较差、冲压性能不高。因此，有必要对该钢种的再结晶温度进行研究。

采用线切割在冷轧硬板切取 20 个 φ20mm×25mm 的试样,其长度为轧制方向,在通以惰性气体保护的箱式电阻炉中进行热处理实验。采用 0.5h 等温法测定再结晶温度。

具体退火过程为:将炉温从室温升到 500~880℃,每隔 20℃ 处理一个试样,等温时间为 0.5h,试样出炉后均淬水。将所得到的热处理后的试样表面磨光,利用 HV-1000 显微硬度计测定各试样硬度,每个试样测量 5 个点,取硬度平均值;再利用 Origin 软件绘制试样硬度随温度的变化曲线,如图 2-14 所示。

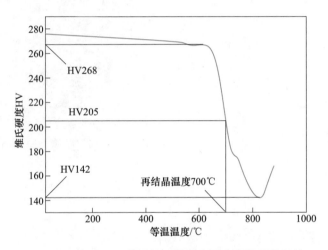

图 2-14　采用 0.5h 等温法试样硬度随温度的变化规律

等温温度低于 640℃,不同变形量试样的硬度存在一定程度的波动,但硬度并未出现明显下降的趋势。这表明此阶段只发生点缺陷和位错的运动,属于回复过程,再结晶并未开始。

等温温度高于 640℃,硬度迅速降低,直到 840℃,硬度下降到最低点。即从 640℃ 开始发生再结晶,随着退火温度的升高,再结晶量不断增加,导致硬度下降,直至完全再结晶,这个阶段为再结晶过程。因变形而产生的高密度位错出现束集、回复再结晶及晶粒长大现象,抵消了应变硬化作用,因而导致硬度降低。

根据 0.5h 等温法对再结晶温度的定义,将硬度下降 50% 的温度 700℃ 作为再结晶温度。

对显微组织观察,可以验证通过硬度测定的再结晶温度的准确性。由于轧向组织在冷轧变形过程中的变形最为明显,被不同程度地拉长,在此仅对轧向组织进行观察,如图 2-15 所示。

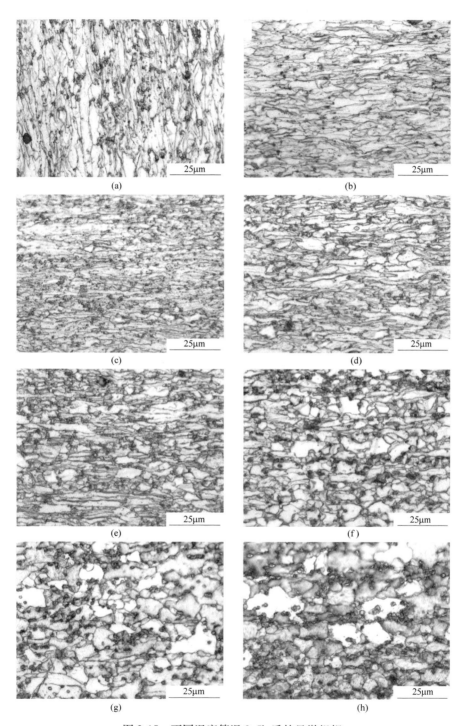

图 2-15　不同温度等温 0.5h 后的显微组织

（a）冷轧态；（b）500℃；（c）640℃；（d）680℃；（e）720℃；（f）760℃；（g）800℃；（h）840℃

由图 2-15 可以看出：

（1）在 640℃以下，试样组织还是冷轧变形后的纤维状组织，没有发现再结晶后的晶粒，属于回复过程。此阶段随着温度的升高依次发生点缺陷、位错运动，以及亚晶长大和多边化等过程，硬度也不会有大的变化。

（2）当温度升高到 640℃时，在纤维状变形晶粒晶界处出现了少量的等轴晶粒，即再结晶开始发生，硬度也开始明显下降；温度继续升高，再结晶晶粒进一步增多增大，纤维状组织有所改善，其晶粒长宽比降低，硬度也随之降低。

（3）温度达到 720℃时，再结晶量已经超过 50%，再结晶晶粒占据主导地位，基本上包围了原来纤维状变形晶粒；温度达到 840℃，基本上看不到纤维状变形晶粒，并且它们为长大甚至粗化的再结晶晶粒，此时再结晶已经完成，硬度也降到了最低值。

2.3.3　钛微合金化冷轧高强钢的再结晶动力学研究

为了掌握冷硬板在退火过程中的回复、再结晶规律，研究了在等温退火条件下，随着退火时间的延长，其组织与硬度的变化，即测定等温再结晶动力学曲线。为了形成对比，在此分别进行两组实验室模拟等温退火实验，等温温度分别为现场退火温度（630℃）和实验室测得的再结晶温度（710℃），保温时间为 1~25h。每隔 1h 分别取出一个试样，淬入水中。测量每组试样的维氏硬度，并进行组织观察。

试样在 630℃退火不同时间后的维氏硬度在图 2-16 中给出，可以看出：（1）随着退火时间的延长，试样的硬度呈现下降的趋势，虽然经 25h 处理的试样比冷硬板的硬度下降 HV100，但随时间延长硬度呈现反复的波动；（2）0.5h 等温法中，在 840℃硬度达到最低（HV142），而在 630℃退火 25h 后硬度仍比此值高 HV25，并且

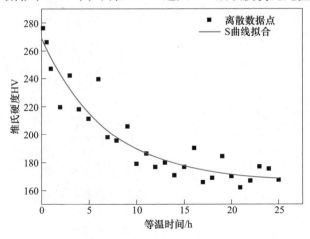

图 2-16　试样在 630℃退火不同时间的硬度 S 曲线拟合

退火 10h 后硬度已经降低到 HV179。这说明退火时间从 10~25h 硬度几乎没有变化，因此可以得出结论，当退火温度比较低时，即使时间再长也难以完成再结晶。

　　冷硬板试样在 630℃退火 1~25h 后的金相组织照片如图 2-17 所示，可以看出：随着退火时间的延长，纤维状组织的长宽比有所改善，组织中出现很多细小晶粒，但是由于退火温度较低，晶核没有最终长大，也没有形成等轴状的铁素体组织，退火时间达到 20h 以上，同冷硬板组织相比仍没有明显改善，说明退火温度的选择偏低。

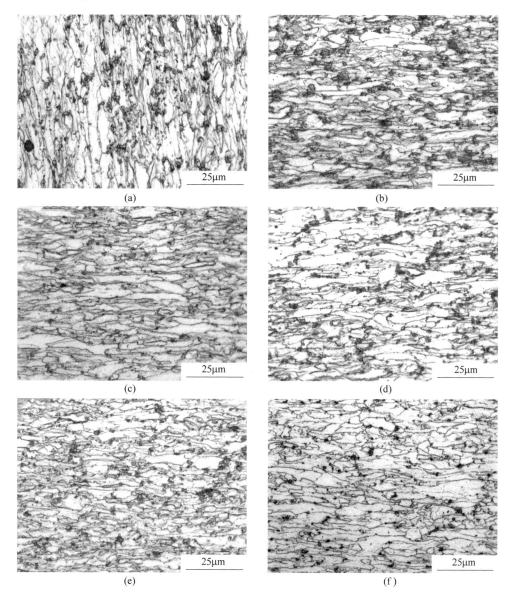

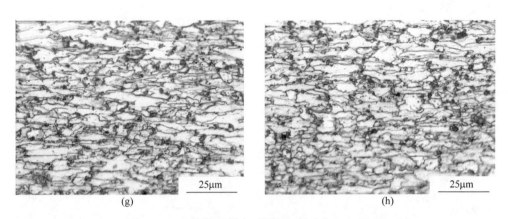

(g)　　　　　　　　　　　　　　　　　(h)

图 2-17　630℃等温退火不同时间的金相组织照片

（a）冷轧态；（b）0.5h；（c）1h；（d）5h；（e）10h；（f）15h；（g）20h；（h）25h

　　试样在 710℃退火不同时间后的维氏硬度如图 2-18 所示，可以看到：（1）等温退火 0.5h，软化速度很快，硬度值下降了将近 HV100，说明在此温度下，立刻就开始了再结晶；（2）随着退火时间的延长，试样的硬度下降明显，硬度波动比较小，等温退火 10h 以后，硬度已经下降到 HV140 左右，趋于在 0.5h 等温法中，在 840℃时的硬度值；（3）随着等温时间的延长，硬度值仍然有继续下降的趋势，等温退火 20h 以后，硬度下降到 HV130 左右，并且趋于稳定。这说明：710℃等温退火已经发生了再结晶，并且硬度下降比较平稳，等温退火 20h 左右，再结晶基本完成，达到了退火的目的。

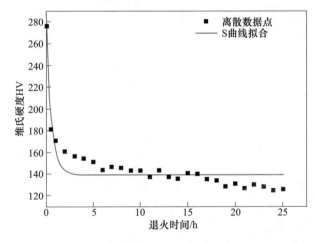

图 2-18　试样在 710℃退火不同时间的硬度 S 曲线拟合

　　在此 710℃下等温 2h 的硬度已经下降到 HV160，比在 630℃等温 25h 的硬度值 HV170 还低；其后，随着等温时间的延长，硬度缓慢回落，并趋于稳定，即使保温25h，硬度值也仅下降到了HV130左右，这可以用再结晶以后，晶粒长大导致的硬度下降来解释。

　　冷硬板试样在710℃退火1~25h后的金相组织照片，如图2-19所示。可以看出：从冷轧态到等温1h，钢中组织仍以拉长的纤维状组织为主，不过晶粒的长宽比有所改善，而从硬度变化的结果来看，硬度在这段时间内下降很快，如果是仅发生回复，只会发生位错运动，仍然存在较高的位错密度，硬度值不会下降如此之大，所以在此温度下等温，一开始就发生了再结晶；等温退火5h以后，纤

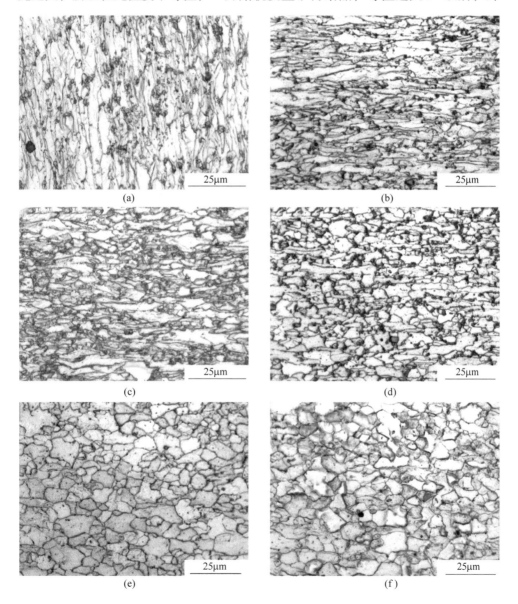

(a)　　　　　　　　　　　　　　(b)

(c)　　　　　　　　　　　　　　(d)

(e)　　　　　　　　　　　　　　(f)

(g)　　　　　　　　　　　　　　　　　(h)

图 2-19　710℃等温退火不同时间的金相组织照片

(a) 冷轧态；(b) 0.5h；(c) 1h；(d) 5h；(e) 10h；(f) 15h；(g) 20h；(h) 25h

维状组织显著改善，晶粒基本上为等轴状，从硬度值的变化来看变化不大，可以认为再结晶基本完成；随着等温时间的延长，晶粒趋于均匀化，并有小幅长大的迹象，但由于等温温度不高，晶粒长大程度有限，硬度值也趋于稳定。

2.3.4　钛微合金化冷轧高强钢再结晶行为的影响因素

有关以 CSP 工艺热轧板为基板，冷轧后采用 0.5h 等温法进行再结晶温度研究已有报道[24,25]。值得注意的是：文献中钢种的化学成分见表 2-9，与 Ti 微合金化冷轧高强钢相比，除 Ti 元素外，基本化学成分类似；虽然冷轧板的生产工艺和再结晶温度的测量方法都基本相同，但是文献中所测钢种的再结晶温度为 550℃左右，比钛微合金化冷轧高强钢的再结晶温度低约 150℃。

表 2-9　文献所述冷轧板主要化学成分　（%）

C	Si	Mn	Al	P	S	Ni	Cr	Cu
0.040	0.010	0.210	0.041	0.003	0.003	0.010	0.020	0.040

近来，不少文献报道了有关冷轧和随后的退火工艺，以及对含 Ti 钢的组织和性能的影响。Shi 等[26]通过对含钛 IF 钢在连续退火和罩式退火中的析出物进行研究，发现：在这两种退火条件下，TiC 粒子的平均尺寸显著增加，而 TiN、TiS 和 $Ti_4C_2S_2$ 的析出物粒子基本保持不变。

通过透射电子显微镜（TEM）的观察，在冷硬板和经 0.5h 等温法退火后的试样中，均发现了很多尺寸为几百纳米的方形粒子，其形貌如图 2-20 所示。通过 EDS 能谱表明，这些粒子是 TiN，这些粒子的尺寸在各阶段中基本保持不变。由于 TiN 是在较高的温度下形成的，不溶于铁素体和奥氏体，并且 TiN 粒子较硬，不易产生变形，因此冷轧硬板经 880℃退火后，其形貌和尺寸均无明显差别。

 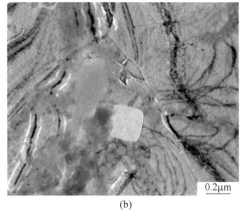

(a)   (b)

图 2-20　钢中方形粒子的 TEM 形貌

（a）冷轧硬板；（b）经 880℃退火

　　从图 2-20（a）中还可以发现经过冷轧，冷轧硬板中的位错相比于热轧板显著增加，而随着退火温度的升高，位错明显减少，直到经 880℃退火，位错减少到了较低值，回复到了平衡状态，这可以从图 2-20（b）中确认。由于 TiC 粒子是在较低温度下形成的，随着退火温度的升高，TiC 粒子有可能重溶或者长大。图 2-21 所示为钢中纳米级 TiC 粒子在不同阶段的变化情况，可以发现，随着退火温度的升高，TiC 粒子的平均尺寸在逐渐增加，而数量却逐渐减少，与此同时，位错也在不断减少。

 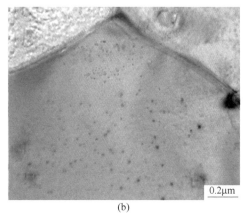

(a)   (b)

图 2-21　纳米级 TiC 粒子在不同阶段的变化

（a）冷轧硬板；（b）经 880℃退火

　　在较低的温度退火时，纳米级 TiC 粒子阻碍位错的运动，并延迟新晶粒的形成，这可以从图 2-21（a）中看出，纳米级粒子钉扎住了位错运动。再结晶过程明显被推迟，因此相比于不含钛的低碳钢，含钛钢有较高的再结晶温度。Choi 等通过对两种含钛超低碳钢的研究表明[27]，同钛含量低的钢相比，钛含量高的钢具有更高的再结晶温度。Ooi 等指出[28]：在连续退火过程中，细小的析出物 TiC 能够延迟再结晶进程，并且阻碍再结晶晶粒的长大，而 TiN 却不会影响退火过程中的再结晶行为。随着退火温度的升高，根据 Ostwald 熟化原理，析出物粒子将会粗化，就不会再对位错运动产生影响[29]，便发生再结晶过程，产生包含很少位错的新晶粒并长大，形成均匀的等轴晶粒，完成再结晶。

2.4 小结

本章介绍了珠钢薄板坯连铸连轧生产线的主要设备、技术参数、工艺特点和产品定位。鉴于 CSP 工艺产品组织性能的特点，以及珠钢生产普通集装箱板的具体实践，确定了钛微合金化高强耐候钢的成分设计原则和生产技术路线。依据强度级别，将高强耐候钢的研发历程划分为 450MPa 级、450～650MPa 级和 700MPa 级三个阶段。

钛和氧有着很强的亲和力，钢液必须用铝充分脱氧后，才能加入钛；由于采用洁净钢生产高强钢中硫含量较低，$Ti_4C_2S_2$ 含量有限；对于微米尺寸液析 TiN 应该严格控制；几十纳米方形 TiN 粒子能够阻止轧前奥氏体晶粒长大。形变诱导 TiC 析出物的尺寸为几十纳米；在相变过程中发生 TiC 相间析出，或在铁素体中由于固溶度降低 TiC 弥散析出。

化学相分析和 X 射线小角衍射表明：ZJ700W 中 MX 相的质量分数为 0.0793%，其中小于 10nm 析出物占 33.7%；而 SPA-H 中相应的数据分别为 0.0169% 和 6%。计算表明：和普通集装箱板相比，高强钢的沉淀强化增量为 117MPa。

ZJ700W 带钢的细晶强化效果超过 300MPa，是钢中最主要的强化机制，沉淀强化和固溶强化效果分别为 158MPa 和 117MPa，根据实验结果估算位错强化效果约为 104MPa。但是纳米碳化物提高屈服强度的效果最为显著。

现场冷轧退火板的轧向组织的变形程度减轻，但仍为纤维状组织，说明经过 630℃ 的罩式炉退火，钛微合金化冷轧高强钢并没有完成再结晶过程。采用 0.5h 等温法，将硬度下降 50% 的温度 700℃ 作为再结晶温度。再结晶动力学研究表明：同 630℃ 相比，在 710℃ 等温退火 20h 左右，再结晶基本完成，达到了退火的目的。纳米碳化物钉扎住位错，阻碍再结晶进行，是钛微合金化冷轧高强钢再结晶温度升高的主要原因。

参 考 文 献

［1］李烈军. Ti 微合金化高强钢的冶炼工艺及强化机理研究［D］. 上海：上海大学，2005.

［2］Huo Xiangdong, Mao Xinping, Li Liejun, et al. Strengthening mechanism of Ti micro-alloyed high strength steels produced by thin slab casting and rolling［J］. Iron & Steel, 2005, 40：464.

［3］Mao Xinping, Huo Xiangdong, Liu Qingyou, et al. Research and application of microalloying technology based on thin slab casting and direct rolling process［J］. Iron & Steel, 2006, 41：109-118.

［4］霍向东. 薄板坯连铸连轧工艺下微合金钢的开发及钢中析出物研究［R］. 上海大学博士后出站报告，2006.

［5］霍向东，毛新平，李烈军，等. 薄板坯连铸连轧生产 Ti 微合金钢的强化机理［J］. 钢铁，2007，42（10）：64-67.

［6］高吉祥. 薄板坯连铸连轧超高强耐候钢的组织性能研究［D］. 广州：华南理工大学，2012.

［7］霍向东，毛新平，陈康敏，等. Ti 含量对热轧带钢组织和力学性能的影响［J］. 钢铁钒钛，2009，30（1）：23-28.

［8］Mao Xinping, Huo Xiangdong, Sun Xinjun, et al. Study on the Ti micro-alloyed ultra-high strength steel produced by thin slab casting and direct rolling［J］. Journal of Iron and Steel Research International, 2009, 16（suppl. 1）：354-363.

［9］Mao Xinping, Huo Xiangdong, Sun Xinjun, et al. Strengthening mechanisms of a new 700MPa hot rolled Ti-microalloyed steel produced by compact strip production［J］. Journal of Materials Processing Technology, 2010, 210：1660-1666.

［10］霍向东，毛新平，杨青峰，等. CSP 热轧工艺对 Ti 微合金化钢组织和性能的影响［J］. 钢铁钒钛，2010，31（2）：26-31.

［11］Huo Xiangdong, Mao Xinping, Chai Yizhong. Microstructural evolution of ultrafine-grained steel during tandem rolling process［J］. Materials Science Forum, 2011, 667-669：415-420.

［12］霍向东，毛新平，吕盛夏，等. CSP 生产 Ti 微合金化高强钢中纳米碳化物［J］. 北京科技大学学报，2011，33（8）：941-946.

［13］Huo Xiangdong, Lv Shengxia, Mao Xinping, et al. Precipitation hardening of titanium carbides in Ti micro-alloyed ultra-high strength steel［J］. Advanced Materials Research, 2011, 284-286：1275-1278.

［14］吕盛夏，陈事，毛新平，等. Ti 微合金化冷轧高强钢的再结晶温度研究［J］. 钢铁钒钛，2011，32（2）：43-47.

［15］Huo Xiangdong, Mao Xinping, Lv Shengxia. Effect of annealing temperature on recrystallization behavior of cold rolled Ti-microalloyed steel［J］. Journal of Iron and Steel International, 2013, 20（9）：30-34.

［16］吕盛夏. Ti 微合金化冷轧高强钢的组织、性能及再结晶行为研究［D］. 镇江：江苏大学，2012.

［17］ Cobo S J, Sellars C M. Microstructural evolution of austenite under conditions simulating thin slab casting and hot direct rolling ［J］. Ironmak. Steelmak. , 2001, 28 (3)：230-236.

［18］ Priestner R, Zhou C. Simulation of microstructural evolution in Nb-Ti microalloyed steel during hot direct rolling ［J］. Ironmak. Steelmak. , 1995, 22 (4)：326-332.

［19］ Gadellaa I R F, Piet D I, Kreijger J, et al. Metallurgical aspects of thin slab casting and rolling of low carbon steels ［C］. MENEC Congress 94, Volume 1, Dusseldref, 1994.

［20］ 霍向东. 薄板坯连铸连轧低碳钢的晶粒细化和析出相研究 ［D］. 北京：北京科技大学, 2004.

［21］ Gladman T, Dulieu D, Mcivor I D. Structure-property relationships in high-strength microalloyed steels ［C］. MicroAlloying 75, 1975：32-55.

［22］ Funakawa Y, Shiozaki T, Tomita K. Development of high strength hot-rolled sheet steel consisting of ferrite and nanometer-sizedcarbides ［J］. ISIJ International, 2004, 44 (11)：1945-1951.

［23］ Ashby M F. Strengthening Methods in Crystals ［M］. London：Applied Science Publishers Ltd. , 1971.

［24］ 付际威, 古兵平, 单凯军, 等. 退火温度对 CSP 基板冷轧冲压板再结晶温度和组织的影响 ［J］. 材料热处理技术, 2008, 37 (8)：42-47.

［25］ 张黄强, 徐光, 张鑫强, 等. CSP 冷轧薄板再结晶实验研究 ［J］. 武汉科技大学 (自然科学版), 2007, 30 (6)：574-576.

［26］ Shi J, Wang X. Comparison of precipitate behaviors in ultra-low carbon, titanium-stabilized interstitial free steel sheets under different annealing processes ［J］. J. Mater. Eng. Perform. , 1999 (8)：641-648.

［27］ Choi J Y, Seong B S, Baik S C, et al. Precipitation and recrystallization behavior in extra low carbon steels ［J］. ISIJ International, 2002, 42 (8)：889-893.

［28］ Ooi S W, Fourlaris G. A comparative study of precipitation effects in Ti only Ti-V ultra low carbon (ULC) strip steels ［J］. Mater. Charact. , 2006, 56：214-226.

［29］ Funakawa Y, Seto K. Coarsening behavior of nanometer-sized carbides in hot-rolled high strength sheet steel ［J］. Mater. Sci. Forum, 2007, 539-543：4813-4818.

3 钛微合金化高强钢的控轧控冷工艺研究

<<<<<<<<<<<<<<<<<<<<<<<<<<<<<<<<<<<<<<<<<<<<<<<<<<<<<<<<<

可以说，在珠钢 CSP 线上开发钛微合金化高强钢的工作是具有开创性的。尽管微钛处理等技术早已得到应用，但利用纳米碳化钛的沉淀强化作用，进行如此深入、系统地研究和开发，至少在国内尚属首次。在此过程中，钛微合金化高强钢的物理冶金学特征初步阐明，定量分析了高强钢的强化机理，尤其是纳米碳化物的强化增量，同时进行了钛微合金化冷轧高强钢的研究。

但是，纳米碳化物的沉淀强化效果同日本 JFE 的报道还存在较大差异。为实现纳米碳化物的析出控制，需要对其析出规律进行更加深入的研究。而 CSP 热连轧的生产方式，限制了控制轧制作用的充分发挥；带钢卷取后在空气中自然冷却，其中只有卷取温度是可以控制的工艺参数，并不是严格意义上的控制冷却。因此，进行实验室 TMCP 工艺的研究是十分必要的[1,2]。

总体说来，钛微合金化高强钢物理冶金的组织演变主要包括再结晶、相变和析出三个过程。由于固溶度减小，析出贯穿于温度降低的整个工艺流程，必然受到再结晶、相变过程的影响，并与它们发生相互作用[3-6]。因此，在本章中还对变形奥氏体的再结晶和过冷奥氏体的相变规律进行了实验室热模拟研究[7-9]。通过这一阶段的研究，对钛微合金化高强钢及钢中纳米碳化物的认识更加深入了[10,11]。

3.1 纳米碳化钛析出的关键工艺环节

在高强钢的生产过程中发现，卷取温度对高强钢的力学性能，尤其是屈服强度有着显著影响。因此在现场进行如下实验，其他的工艺参数不变，仅改变卷取温度，实验钢的力学性能在表 3-1 中给出。

表 3-1 实验钢的卷取温度和力学性能检验结果

代号	卷取温度/℃		横 向				−20℃冲击性能		
	设定值	实际值	屈服强度/MPa	抗拉强度/MPa	伸长率/%	屈强比	样厚/mm	冲击功/J	韧性断面/%
A	630	625	795	860	23.5	0.92	3.3	11.7	12
B	580	579 *	590	730	25	0.81	3.3	41	92

注：* 由于生产控制等原因，实际温度或许更低。

　　由表 3-1 可以看出，卷取温度对高强钢的力学性能有着显著影响。同 625℃卷取相比，579℃卷取的带钢屈服和抗拉强度分别降低 205MPa 和 130MPa；但韧性呈现相反的规律，卷取温度降低后 -20℃ 冲击功显著提高，而韧性断面面积也由 12% 增加到 92%。

　　图 3-1 和图 3-2 分别为沿轧向 1/2 厚度处的金相组织照片和扫描电镜照片。可以看到，在 625℃ 卷取，带钢组织主要由铁素体构成；温度降低后，带钢中贝氏体组织的特征明显，组织更为细小，并且出现了许多微米尺寸的析出物。从图 3-3 的透射电镜照片中可以看到卷取温度对晶粒尺寸的影响，并且卷取温度降低后，晶粒内部有更多的位错出现。

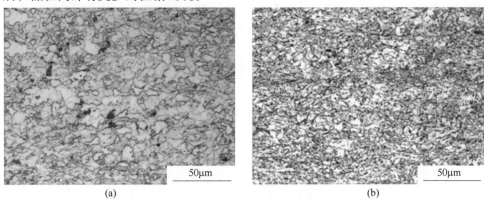

(a)　　　　　　　　　　　　　　(b)

图 3-1　不同卷取温度带钢的金相组织照片

(a) 625℃；(b) 579℃

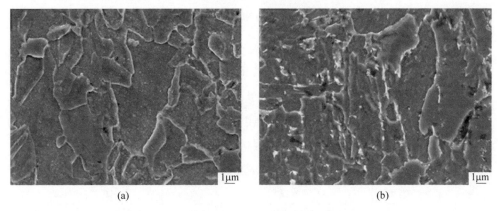

(a)　　　　　　　　　　　　　　(b)

图 3-2　不同卷取温度带钢的扫描电镜照片

(a) 625℃；(b) 579℃

　　在所有的强化方式中，细化晶粒是同时提高强度和改善韧性的唯一有效途径[12-14]。当钢材通过某一强化机制使屈服强度升高 1MPa 时，相应使钢材的冲击

图 3-3 不同卷取温度带钢的透射电镜照片

（a）625℃；（b）579℃

转折温度升高 m℃，则 m℃ 成为该强化机制的脆化矢量，其中细晶强化为 -0.66℃/MPa。同 625℃ 卷取的带钢相比，579℃ 卷取的带钢组织更为细小，这可以解释冲击功提高和韧性改善的原因；但屈服强度没有因为晶粒细化而提高，反而大幅度下降了，这必须在其他的强化机制中寻求解释。

从图 3-2 中看出，低温卷取的带钢组织中分布着几百纳米的白色粒子，而 625℃ 卷取后带钢组织较为干净，没有看到类似颗粒。将上述析出物粒子进一步放大，并用 X 射线能谱仪分析了其化学成分，如图 3-4 所示。这些粒子尺寸约为数百纳米，能谱分析表明它们有较高的碳含量。高强钢中的碳含量只有 0.05%，如果以这种形式析出，必然会降低纳米碳化物的沉淀强化效果。在透射电镜下可以更清楚地看到这类析出物的形貌，如图 3-5 所示。

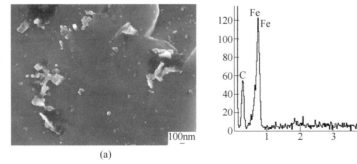 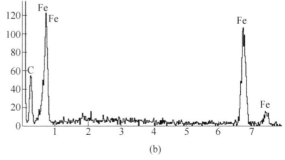

图 3-4 579℃ 卷取带钢组织中的析出物粒子（a）和能谱分析结果（b）

从图 3-6 的 TEM 照片中发现，625℃ 卷取的热轧带钢的铁素体基体中分布着

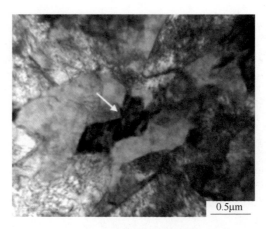

图 3-5 TEM 照片中析出物粒子的形貌

大量纳米尺寸的析出物，而 579℃卷取的带钢中这类析出物很少。这说明卷取温度降低后，抑制了碳原子以纳米碳化物的形式析出。

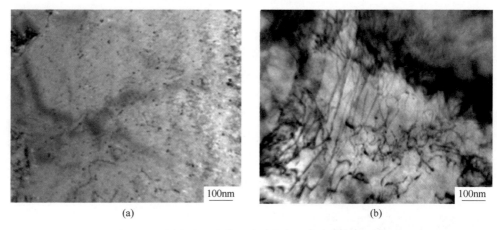

(a)   (b)

图 3-6 不同卷取温度带钢中纳米析出物的形貌和分布
(a) 625℃；(b) 579℃

　　沉淀强化损害材料的韧性，其脆化矢量为 0.26℃/MPa。625℃卷取的带钢中有大量纳米尺寸的析出物，显著提高了屈服强度，但损害了钢材的韧性。低温卷取抑制了纳米碳化物的析出[15,16]，降低了沉淀强化的脆化矢量，同时组织细化对韧性有利，因此钢材的韧性得到改善，但细晶强化远远抵消不了纳米碳化物的强度损失，所以屈服强度大幅下降。
　　可见卷取阶段是钛微合金化热轧高强钢生产的关键工艺环节，对纳米尺寸碳化物的析出产生显著影响，也会改变相变后的组织状态，从而影响带钢的力学性能[17]。

3.2 TMCP工艺对高强耐候钢组织和性能的影响

3.2.1 实验设计思路

珠钢CSP生产线的工艺流程请参见图2-1。液态钢水由中间包进入薄板坯结晶器,凝固成厚度为60mm的连铸坯,被切割成规定长度后,铸坯直接进入均热炉中,热连轧前在1150℃等温约20min。经过六机架精轧机铸坯被轧制成带钢,进入输出辊道层流冷却后卷取。钛微合金高强钢的终轧温度和卷取温度分别为880℃和600℃。

同中厚板生产相比较,热连轧和卷取是其典型的工艺特征[18,19]。由于热连轧的工艺特点,无法实现再结晶和未再结晶的分段控制;快速冷却卷取后钢卷的冷却速率相当于等温过程,相变在层流冷却和卷取过程中完成。中厚板生产中通过灵活控制轧制温度、变形量、变形速率、空延时间以及辊道上的待温时间,进行再结晶和未再结晶控制轧制;终冷后空气中的自然冷却和带钢卷取比较,对相变和析出发生显著影响。为此,在实验室设计了如图3-7所示的控轧控冷实验方案。

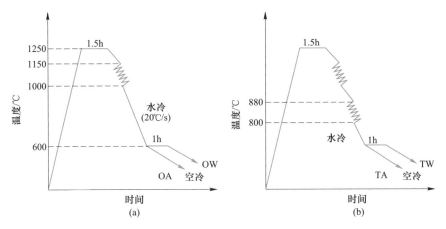

图3-7 实验室控制轧制和控制冷却工艺示意图
（a）一阶段轧制工艺；（b）两阶段轧制工艺

考虑到研究工作的连续性,依照高强钢ZJ700W的化学成分进行真空感应炉熔炼,钢水在真空中浇铸成锭,切成两块等尺寸150mm×150mm×200mm的铸坯,然后在实验室四辊可逆式轧机轧制成20mm的钢板。

铸坯首先在1200℃加热90min,进行固溶处理,随后空冷至1150℃开始轧制,采用11道次的变形控制。考虑到奥氏体再结晶和形变诱导析出过程,设计了两种轧制方案:（1）一阶段轧制。在1150~1030℃范围内完成11道次轧制。（2）两阶段轧制,铸坯首先在1150~1030℃经5道次轧制后成为75mm的中间坯,然后待温至900℃,完成6道次轧制成为20mm厚的钢板,终轧温度为

850℃。每一种轧制工艺后，钢板以 20℃/s 的冷却速率冷却到终冷温度 600℃，迅速切割成两块，一块直接空冷至室温，一块在马弗炉中于 600℃ 等温 60min，再冷却到室温。

按照表 3-2 中的工艺方案，这样就会得到四块不同控轧控冷工艺后的钢板。根据经验确定两阶段轧制工艺，1030℃ 以上肯定会发生再结晶，而待温至 900℃ 进行未再结晶区轧制。同一炉钢避免了化学成分差异，轧制后钢板切开后控制冷却，避免了轧制给冷却带来的影响。

表 3-2　实验室控轧控冷工艺方案

工艺参数		开轧温度/℃	终轧温度/℃	终冷温度/℃	工艺路线
ZJ700W		1150	880	600	热连轧 600℃ 卷取
实验钢	A	1139	1014	581	一阶段轧制后空冷
	B	1139	1014	581	一阶段轧制后等温
	C	1152	852	585	两阶段轧制后空冷
	D	1152	852	585	两阶段轧制后等温

3.2.2　实验结果

3.2.2.1　力学性能

实验钢的力学性能在表 3-3 中给出。可以看出，采用两阶段轧制工艺后等温处理的钢板 D 和 CSP 生产高强钢的力学性能最为接近。热连轧过程中尽管无法实现再结晶和未再结晶控轧，但由于轧制速度快，且添加了微合金化元素，轧制结束时奥氏体肯定处于未再结晶状态，相变后组织细化；而等温处理促进了纳米碳化物的析出。因此实验钢 D 的细晶强化和沉淀强化增量与 ZJ700W 相似。实验钢 A 只在高温再结晶轧制，组织粗大，且空冷抑制了纳米碳化物析出，因此强度最低。实验钢 C 组织细化，而沉淀强化不明显，因此韧性最高。另外和直接空冷的 A、C 钢对比，等温处理的钢 B、D 屈服强度分别高出 183MPa 和 211.4MPa，说明等温处理或卷取阶段在钛微合金化高强钢生产中所起的关键作用。

表 3-3　实验钢和 ZJ700W 的力学性能

力学性能		屈服强度/MPa	抗拉强度/MPa	屈强比	伸长率/%	冲击功/J			
						20℃	0℃	-20℃	-40℃
ZJ700W		730	805	0.91	26	—	—	15.7	—
实验钢	A	461.3	697.7	0.66	20.2	8.7	7.0	5.7	4.0
	B	644.3	791.3	0.81	21.8	3.7	4.0	3.0	2.7
	C	508.3	730.0	0.70	23.3	175.7	98.3	50.7	34.1
	D	719.7	808.0	0.89	23.5	28.4	21.7	11.7	4.9

3.2.2.2 显微组织

图 3-8 为 ZJ700W 中间厚度部位的组织，主要由准多边形铁素体组成，许多晶粒沿着轧制方向拉长。EBSD 分析表明，大角晶界的晶粒的平均尺寸为 3.3μm。实验钢的光学显微镜组织照片在图 3-9 给出，不同轧制工艺对其影响显著。同一阶段轧制（实验钢 A 和 B）相比，两阶段轧制（实验钢 C 和 D）显著得到细化，且晶粒尺寸和高强钢 ZJ700W 相差不大。实验钢 A 和 B 由粒状贝氏体和多边形铁素体组成，而 C 和 D 中主要是准多边形铁素体。注意到：终冷后的冷却方式对相变组织的影响不大，600℃等温和直接空冷比较其基体组织类似，晶粒只是稍微长大。

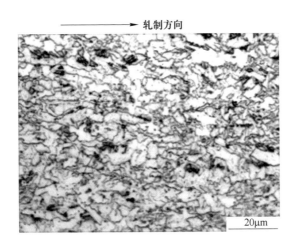

图 3-8 高强钢 ZJ700W 的光学显微镜照片

图 3-10 为实验钢的扫描电镜组织照片。在一阶段轧制的实验钢 A 和 B 中，M/A 岛的尺寸为几微米，在实验钢 C 和 D 中其尺寸则小得多。采取同样的轧制工艺后，与直接空冷相比，等温处理引起 M/A 岛数量减少、尺寸减小。

3.2.2.3 析出物

取两阶段轧制、水冷后分别直接空冷和 600℃等温 60min 的实验钢进行析出物的对比分析。实验钢 C 和 D 中析出物的形貌和能谱分析结果在图 3-11 和图 3-12 中给出。可以看出，同实验钢 C 相比，等温处理的 D 钢中铁素体基体上分布着更多的细小析出物，并且观察到相间析出的列状分布特征。这些细小球状析出物的大小为 3~6nm，平均阵列间距为 40nm 左右。根据图 3-11 中的能谱分析结果显示，所有的析出粒子都应该是 TiC。

在图 3-11 中还可以看到尺寸较大的析出物。实验钢中存在两种形态不同的纳米级 TiC 析出，较大的析出物（10~40nm）应该是热轧过程中应变诱导析出

——► 轧制方向

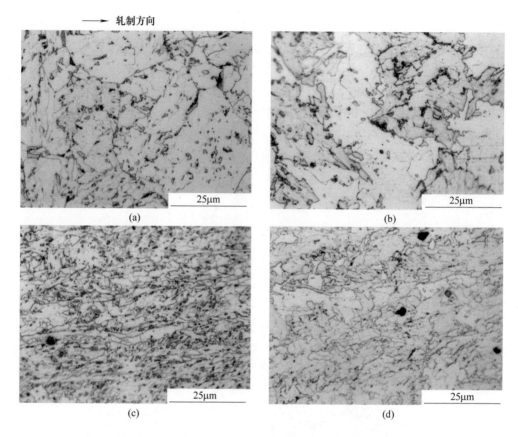

图 3-9 采用 TMCP 工艺得到的实验钢的光学显微镜照片
（a）实验钢 A；（b）实验钢 B；（c）实验钢 C；（d）实验钢 D

的，而细小的析出物（1~8nm）确定是在等温处理过程中析出的。可以看出，终冷后的等温处理对于纳米碳化物的析出起到关键作用，一阶段轧制的实验钢 A 和 B 也存在这种规律。

3.2.3 分析和讨论

由前面对高强钢 ZJ700W 的分析可知：沉淀强化和细晶强化提供了高强钢主要的强度增量，而纳米碳化物的沉淀强化效果更为显著。因此，主要从这两种强化机制讨论实验钢中强度和韧性的变化，见表 3-4。可以看出，等温处理显著提高屈服强度，这是通过促进纳米碳化物析出产生沉淀强化作用实现的；而两阶段轧制的实验钢明显韧性较好，这是通过未再结晶控轧细化相变后的铁素体晶粒实现的。未再结晶控制轧制是生产高强钢的必要工艺，否则韧性太差；而等温处理大幅度提高钢材的屈服强度，却损害了钢材的韧性。

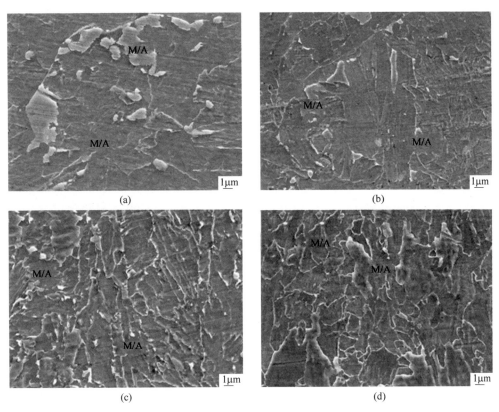

图 3-10 实验钢的扫描电镜照片

（a）实验钢 A；（b）实验钢 B；（c）实验钢 C；（d）实验钢 D

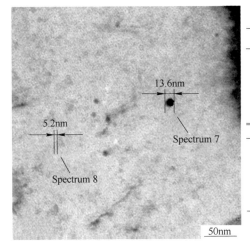

Spectrum 7	wt.%	at.%
C	11.248	36.855
Ti	5.040	4.141
Mn	0.883	0.633
Fe	82.827	58.369
Spectrum 8	wt.%	at.%
C	63.602	88.296
Ti	0.970	0.337
Si	2.672	1.586
Fe	32.754	9.779

图 3-11 实验钢 C 中析出的纳米 TiC 及其能谱分析结果

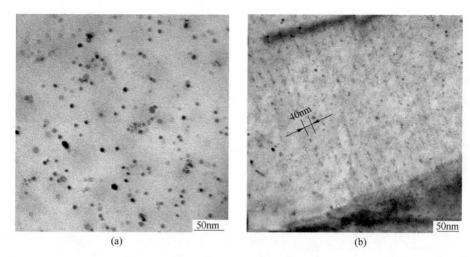

图 3-12 实验钢 D 中的纳米碳化物

（a）弥散分布；（b）列状析出

表 3-4 晶粒细化和析出物对实验钢强度和韧性的影响

项　目	ZJ700W	实验钢 D	实验钢 C	实验钢 B	实验钢 A
晶粒尺寸	细小	细小	细小	No	No
纳米 TiC 析出物	大量	大量	No	大量	No
屈服强度/MPa	730 (0)	719.7 (−10.3)	508.3 (−221.7)	644.3 (−85.7)	461.3 (−268.7)
冲击功（−20℃）/J	15.7 (0)	11.7 (−4)	50.7 (35)	3.0 (−12.7)	5.7 (−10)

通过实验室控制轧制和控制冷却实验，取得了预期的结果，证明了终冷后的等温处理是生产钛微合金化高强钢必不可少的工艺环节。在热轧带钢生产中，卷取工艺相当于等温处理；而轧后空冷抑制了纳米碳化物的析出。因此欲生产钛微合金化高强中厚板，必须进行轧后控制冷却工艺的深入研究。

600℃等温 60min 的工艺是根据经验制定的，需要对等温处理工艺进行深入研究，确定最佳的等温温度和时间，最大限度地促进纳米碳化物的析出。另外，轧制过程中的再结晶规律和形变诱导析出，以及相变规律，都需要研究并澄清。因此，在实验室进行了较为系统的热模拟研究。

3.3 变形奥氏体的动态再结晶规律研究

3.3.1 实验方案

如图 3-13 所示，将实验钢制备成 ϕ10mm×15mm 的小圆柱形试样，用于动态再结晶和静态再结晶的热模拟研究。

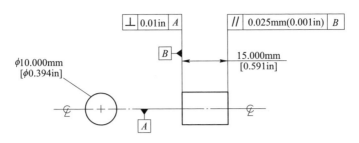

图 3-13 热模拟压缩试样规格示意图

为使合金元素能充分固溶及初始奥氏体晶粒充分均匀化,奥氏体化温度选择为 1200℃,保温时间为 5min。此条件下的奥氏体组织如图 3-14 所示,晶粒尺寸约为 99.5μm。变形温度分别设定为 850℃、900℃、950℃、1000℃、1050℃ 和 1000℃;分别选择 $0.025s^{-1}$、$0.05s^{-1}$、$0.1s^{-1}$ 和 $1s^{-1}$ 的变形速率,工程应变量为 50%。同时对应变速率为 $0.1s^{-1}$、变形温度为 1050℃ 的试样进行不同程度的变形,真应变分别为 0.1~1.2。在实验过程中采集真应变 ε 和真应力 σ 数据,绘制真应力-应变曲线。

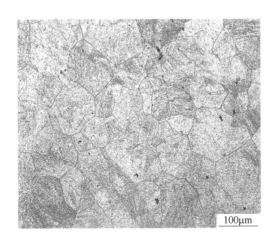

图 3-14 实验钢固溶条件下的原奥氏体晶粒

3.3.2 应力-应变曲线的影响因素

图 3-15 给出了应变速率为定值时,钛微合金钢在不同形变温度下的变形抗力曲线。从图中曲线走向可以发现,钛微合金钢的动态软化过程受到变形温度的显著影响,温度在 850~1100℃,应变速率在 $0.025 \sim 1.0s^{-1}$ 之间时,钛微合金钢的应力应变呈现两种形式,即动态回复型和动态再结晶型。

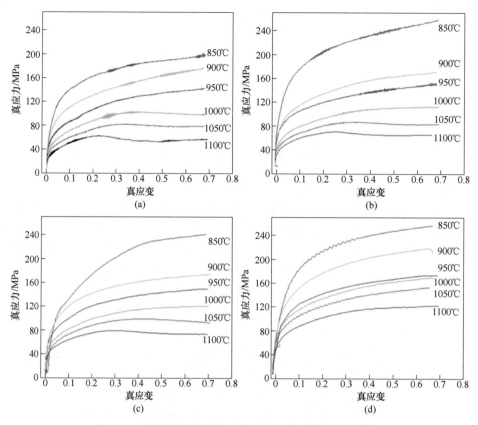

图 3-15 不同温度条件下，钛微合金钢的流变应力曲线

（a） $\dot{\varepsilon}=0.025s^{-1}$；（b） $\dot{\varepsilon}=0.05s^{-1}$；（c） $\dot{\varepsilon}=0.1s^{-1}$；（d） $\dot{\varepsilon}=1s^{-1}$

　　当应变速率为 $1s^{-1}$ 时，在所有实验温度下，变形抗力随变形程度的增加而持续增加或达到一个稳定状态不变，此时应力-应变曲线为动态回复型；当 $\dot{\varepsilon}=0.025s^{-1}$、$T>1000℃$ 或 $\dot{\varepsilon}=0.05s^{-1}$ 和 $0.1s^{-1}$、$T>1050℃$ 时，应力-应变曲线则为动态再结晶型。总的趋势是，温度越高、应变速率越低，越容易发生动态再结晶。

　　金属发生塑性变形时，金属内部会发生加工硬化和动态回复、再结晶软化的相互竞争过程，应变速率是影响变形抗力大小的重要因素。应变速率越大，缩短了软化过程发生和发展的时间，从而抑制和阻止了再结晶的发生，同样应变速率下，温度降低使动态再结晶变得困难，如图 3-16 所示。

3.3.3 变形工艺参数对奥氏体再结晶组织的影响

　　如图 3-17 所示为变形速率为 $1.0s^{-1}$、真应变为 0.7 时，不同变形温度下钛微合金钢的奥氏体动态再结晶的组织。观察奥氏体组织可以发现，随变形温度的升高，奥氏体晶粒发生了明显的变化，由粗大长条状变成均匀细小的等轴晶粒。1100℃时，奥氏体完全再结晶导致晶粒细小呈等轴状，此时，奥氏体的晶粒尺寸约为23μm。

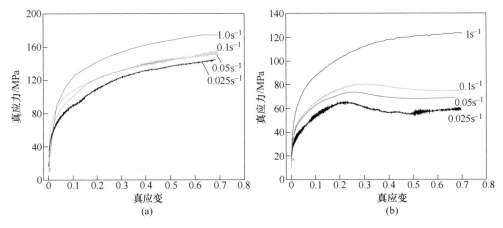

图 3-16　不同应变速率条件下钛微合金钢的流变-应力曲线

（a）$T=950℃$；（b）$T=1100℃$

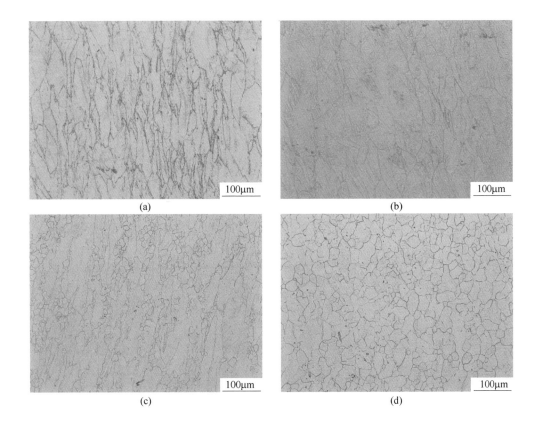

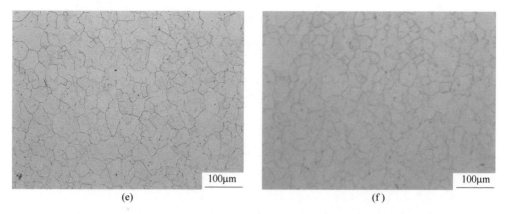

(e)   (f)

图 3-17   变形速率为 1.0s⁻¹时，温度对钛微合金钢奥氏体晶粒的影响

(a) 850℃；(b) 900℃；(c) 950℃；(d) 1000℃；(e) 1050℃；(f) 1100℃

如图 3-18 所示为变形速率为 0.1s⁻¹、真应变为 0.7 时，不同变形温度下钛微合金钢的奥氏体晶粒的形貌。随着变形温度升高，奥氏体组织状态变化有着与图 3-17 类似的规律。不同的是，在变形温度为 1050℃时，奥氏体已发生完全再结

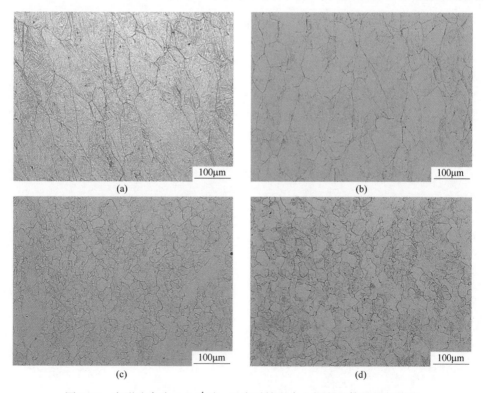

(a)   (b)

(c)   (d)

图 3-18   变形速率为 0.1s⁻¹时，温度对钛微合金钢奥氏体晶粒的影响

(a) 850℃；(b) 900℃；(c) 1050℃；(d) 1100℃

晶，晶粒显著细化，晶粒大小为 21.25μm；温度增到 1100℃时，等轴晶粒增多，晶粒均匀化程度增多，但晶粒略有增大，约为 22.10μm。这说明高温低应变速率有助于发生动态再结晶。

变形程度是影响奥氏体再结晶的重要因素之一[22-24]，为分析变形程度因素的影响，在温度为 1050℃、应变速率为 0.1s^{-1}的条件下，对试样进行了不同程度的压缩变形并淬火，抛磨后观察奥氏体晶粒，如图 3-19 所示。可以看到，在真应

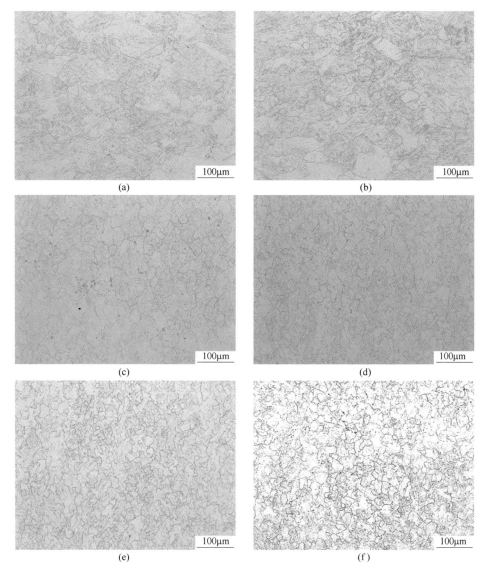

图 3-19　钛微合金钢动态再结晶组织转变过程

(a) ε=0.2；(b) ε=0.4；(c) ε=0.6；(d) ε=0.8；(e) ε=1.0；(f) ε=1.1

变较小的条件下（$\varepsilon=0.2$），奥氏体晶粒粗大且不均匀，部分晶粒沿变形方向拉长，晶粒大小约为 77.42μm；当真应变为 $\varepsilon=0.8$ 时，再结晶体积分数超过 85%，动态再结晶已经基本完成，等轴状晶粒约为 18.75μm；当真应变为 $\varepsilon=1.0$ 和 $\varepsilon=1.1$ 时，奥氏体晶粒成等轴状排列，晶粒大小更加均匀，晶粒约为 17.4μm，和真应变为 $\varepsilon=0.8$ 时相比，晶粒细化不明显。因此，对于变形温度为 1050℃、应变速率为 $0.1s^{-1}$，最适合晶粒细化的变形量为 0.8。

3.4 变形奥氏体的静态再结晶规律研究

3.4.1 实验方案

奥氏体静态再结晶研究方案如图 3-20 所示。在 1000℃、975℃、950℃、925℃、900℃进行双道次压缩变形，变形速率为 $1s^{-1}$，道次间隔时间从 5s 到 1000s 不等，最后将试样空冷到室温。从热模拟机的计算机系统中提取双道次变形实验的数据进行处理。为了分析实验样品中析出相的类型、形貌、尺寸及分布，重复上述热模拟实验，将样品在不同的道次间隔时间水淬。将制备好的薄膜样品在透射电镜下进行观察，并利用选区电子衍射和 EDS 对析出相进行分析。此外，利用 Digital Micrograph（DM）软件对析出相的 TEM 图进行分析处理。

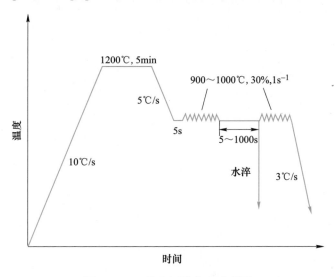

图 3-20   双道次压缩实验示意图

3.4.2 静态再结晶的软化率曲线

双道次实验的应力-应变曲线在图 3-21 给出。根据双道次实验的应力-应变曲线，计算出不同温度、不同间隔时间奥氏体的软化率，绘于图 3-22 中。可以

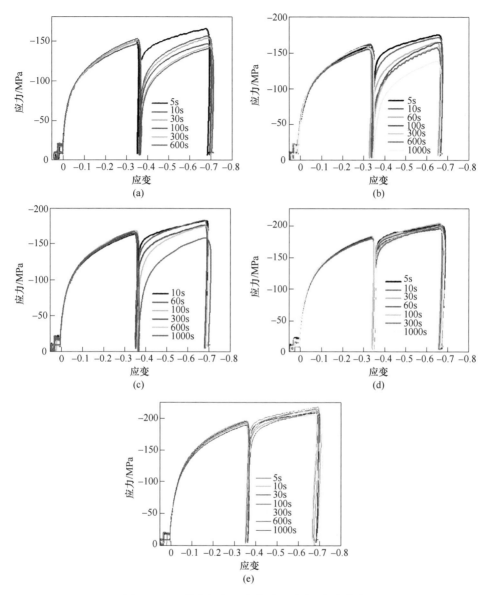

图 3-21 双道次间断压缩实验的应力-应变曲线

（a）1000℃，30%，1s^{-1}；（b）975℃，30%，1s^{-1}；（c）950℃，30%，1s^{-1}；
（d）925℃，30%，1s^{-1}；（e）900℃，30%，1s^{-1}

看出，在925℃以下，特别是900℃时的变形，即使保温时间为1000s，软化率也只略高于0.2。通常认为静态软化率 $X_s = 0.20$ 时开始发生再结晶，静态软化率 $X_s = 0.90$ 时完成再结晶。以常规的轧后间隔时间为标准可以判断实验钢的再结晶终止温度约为900℃。而此温度以下至 A_{r3} 即是所谓的"未再结晶区"。

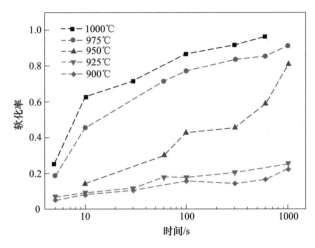

图 3-22   钛微合金钢奥氏体静态再结晶的软化率曲线

在较高温度时，随道次间隔时间的增加，静态软化率增加。由图 3-22 可知，在 1000℃时，保温 10s 软化率约为 0.65，而保温 100s 软化率约为 0.86，再结晶基本完成；然而，在 975℃以下时，随间隔时间的增加，软化率曲线上出现了一个平台，这主要是由于碳化物析出而引起的，细小的析出相在晶界和位错线上析出，阻止了位错和晶界的移动，从而阻止了再结晶的进行，甚至使静态再结晶完全中止，使软化率曲线上出现了平台。软化率曲线中平台的开始和结束的时间对应着形变诱导析出的开始和结束时间[25]。

3.4.3   形变诱导碳化钛析出

选择对应软化率曲线上出现平台时的试样进行 TEM 分析。如图 3-23 所示，在 925℃变形后保温 100s 的试样中发现一定量的析出粒子。通过对析出粒子进行 EDS 分析和选区电子衍射分析，确定其为具有面心立方结构的 TiC，晶格常数为 0.4328nm。可以看出，TiC 粒子主要呈现立方形或不规则形状，平均尺寸在 10nm 以上，在其他温度下通过 TEM 实验也获得类似的观察结果。这说明奥氏体静态再结晶软化率曲线平台产生是由于形变诱导 TiC 粒子析出引起的[26]。

从 950℃变形对应的奥氏体软化率曲线可以发现，析出平台对应的开始时间和结束时间分别为 106s 和 300s。分别将 950℃变形后等温保持不同时间（80s、200s、400s）的试样淬火，通过 TEM 研究形变诱导析出粒子在析出平台前、析出平台中及析出平台后的析出情况。从图 3-24 可以看出，在 950℃变形试样中的 TiC 析出粒子的数量随着等温保持时间的延长而增加。在等温 80s 时，对应析出的开始阶段，此时的析出相质点数量非常少；在等温 200s 后，试样中析出粒子的数量显著增加，粒子尺寸也有所增大；等温 400s 后，析出粒子明显粗化，由

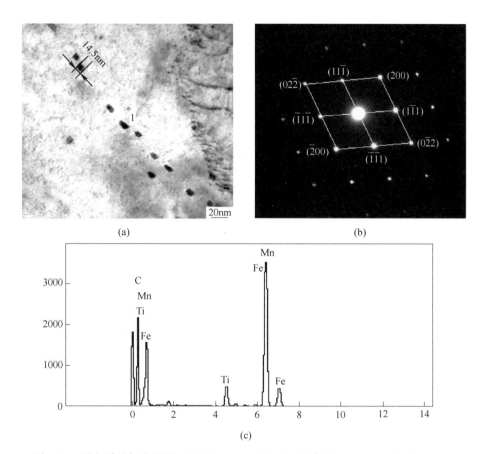

图 3-23 形变诱导析出相的 TEM 图（a）、选区电子衍射图（b）和 EDS 分析（c）

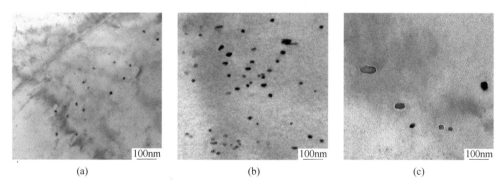

图 3-24 在 950℃ 等温不同时间时 TiC 析出相的析出情况

（a）80s；（b）200s；（c）400s

于失去钉扎作用，因而奥氏体静态再结晶软化率曲线在大约 300s 后开始急剧上升。

3.4.4 形变诱导析出动力学

根据奥氏体静态再结晶软化率曲线上的平台，确定形变诱导析出的开始和结束时间[27-29]。在图 3-25（a）中，软化率曲线中的拐点 P_s、P_f 点分别代表 TiC 析出的开始时间和终了时间。据此我们可以得到 TiC 形变诱导析出的 PTT 曲线，如图 3-25（b）所示。可以看出 PTT 曲线呈典型的"C"形，表明在一定的变形条件下，形变诱导析出具有一个最快的析出温度。在本实验条件下，PTT 曲线的鼻尖温度在 925℃ 左右，析出开始时间为 70s，析出完成时间为 208s。TiC 的析出是一个形核和长大的过程，受化学自由能和原子扩散激活能的共同作用。随着温度的下降，溶质原子的固溶度降低，析出相的化学驱动力增加，而析出相的扩散驱动力随温度下降而降低。因此，在某一中间温度下，析出驱动力达到最大值，故而 PTT 曲线图呈现"C"形。

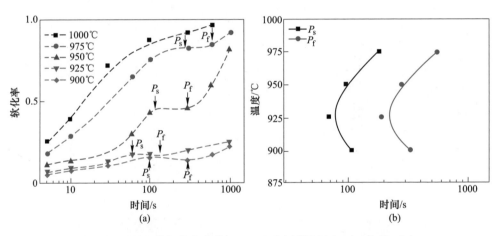

图 3-25 奥氏体软化率曲线（a）及形变诱导析出 PTT 曲线（b）

3.5 过冷奥氏体的连续冷却相变规律研究

3.5.1 试样加工及实验方案

静态 CCT 试样如图 3-26 所示。其中，倒角半径 0.25 ~ 0.40mm，粗糙度（R_a）0.4μm。

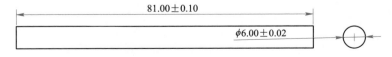

图 3-26 热模拟静态 CCT 试样规格示意图

动态 CCT 试样如图 3-27 所示。试样加工要求如下：（1）试样两端如因加工对中必要性要求容许有对中孔，但孔不能过深过大，最好能左右对称；（2）外端台阶处为试样夹持受力处，要求保证直角，宁可有凹槽，也不得留有倒角；（3）粗糙度要求：中心 ϕ6mm 阶梯段（R_a）<0.4μm，宽 2mm 的凸台外圆 $R_a \leqslant 1.6$μm，其余粗糙度 $R_a = 3.2$μm。

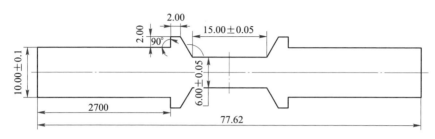

图 3-27　热模拟动态 CCT 试样规格示意图

为确定钛微合金钢在不同冷却速率下的相变温度和冷却速率对组织转变的影响规律，制定静态 CCT 和动态 CCT 实验方案，分别如图 3-28 和图 3-29 所示。根据相变温度以及相变组织绘制出静态和动态 CCT 曲线。

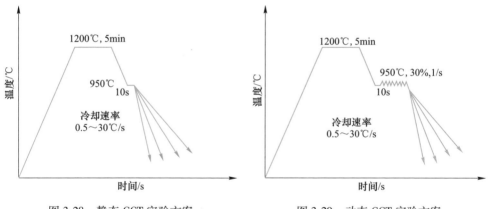

图 3-28　静态 CCT 实验方案　　　　　图 3-29　动态 CCT 实验方案

3.5.2　连续冷却转变曲线和相变组织

图 3-30 为钛微合金钢未经变形和变形 50% 的奥氏体连续冷却转变曲线。如图 3-30（a）所示，随着冷却速率的提高，过冷度不断增大，相变开始和结束温度逐渐降低，奥氏体的相变产物也随之发生变化。如图 3-31 所示，实验钢在冷却速率为 0.5~30℃/s 的范围内，未变形的奥氏体先后出现以下四种主要相变组织：高温相变产物等轴或多边形铁素体（F），中温相变产物粒状贝氏体（GB）、针状铁素体（AF）和板条贝氏体（LB）。实验钢在较慢的冷却速率下，仍会偏

离平衡转变条件下的相变温度，冷却速率为 0.5℃/s 时，就出现了粒状贝氏体，珠光体的转变被完全抑制。冷却速率提高到 5℃/s 之后，铁素体相变也基本被抑制了，相变组织以粒状贝氏体和针状铁素体为主；进一步提高冷却速率，相变组织主要向板条贝氏体转变。

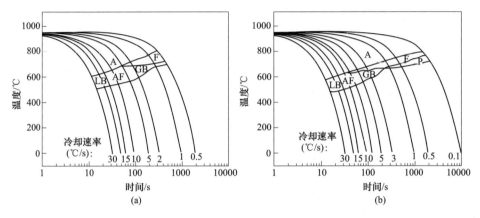

图 3-30   钛微合金钢奥氏体连续冷却转变曲线

（a）未变形；（b）变形 50%

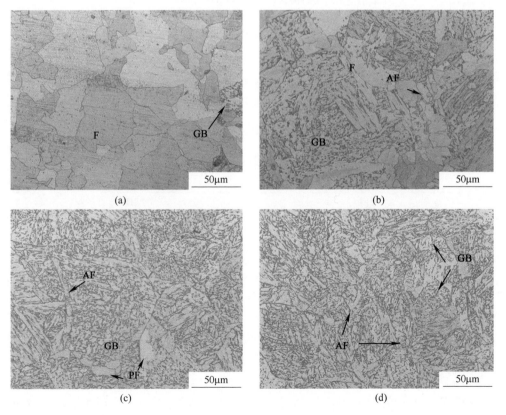

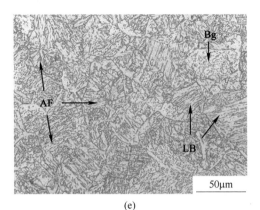

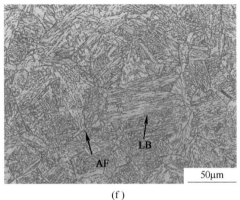

(e)　　　　　　　　　　　　　　　(f)

图 3-31　不同冷却速率下实验钢的金相组织

(a) 0.5℃/s；(b) 2℃/s；(c) 5℃/s；(d) 10℃/s；(e) 20℃/s；(f) 30℃/s

图 3-30（b）为钛微合金钢在 950℃变形 50%后，不同的冷却速率下得到奥氏体的连续冷却膨胀曲线。形变奥氏体不同冷却速率条件下的相变产物与未形变奥氏体的相变产物类似。但由于变形的引入，提高了碳的扩散速率，促进了珠光体转变，在低冷却速率条件下出现了珠光体组织（P）。由形变奥氏体 CCT 曲线可知，奥氏体变形后，随着冷却速率的增加，显微组织逐渐由铁素体和珠光体转变为粒状贝氏体和针状铁素体组织。如图 3-32 所示，冷却速率小于 1℃/s 时，有珠光体生成，随着冷却速率的提高，过冷度增大，珠光体相变受到抑制，其相变区域逐渐变少直至消失。冷却速率进一步提高到 1℃/s 之后，粒状贝氏体出现且相变区域逐渐加宽；而铁素体的相变区域也逐渐变窄。当冷却速率达到 10℃/s 时，铁素体的相变区域便完全消失了，此时相变组织为粒状贝氏体和针状铁素体。冷却速率再提高的条件下，相变组织则开始向板条贝氏体转变，组织多为针状铁素体和板条贝氏体。

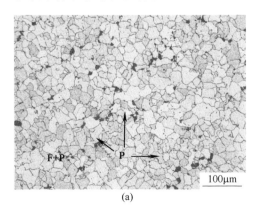

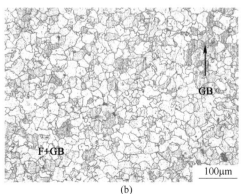

(a)　　　　　　　　　　　　　　　(b)

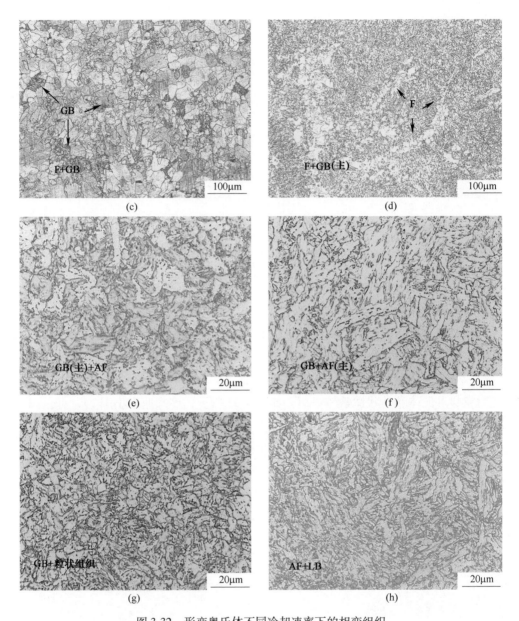

图 3-32   形变奥氏体不同冷却速率下的相变组织

(a) 0.1℃/s; (b) 1℃/s; (c) 3℃/s; (d) 5℃/s; (e) 10℃/s; (f) 15℃/s; (g) 20℃/s; (h) 30℃/s

　　图 3-33 为形变奥氏体冷却速率为 30℃/s 下室温组织的 SEM 照片。由图可知，针状铁素体和板条贝氏体的基体虽然同为板条状铁素体，但分布形态不同，针状铁素体一般在非金属夹杂物上形核并沿多个方向辐射生长，二维图像中呈辐射状或与其他片状铁素体成互锁状。而板条贝氏体中的铁素体片通常在晶界或亚

晶界上形核并向晶内单方向快速生长，直至贯穿晶粒或与其他方向的铁素体片相遇；而且，铁素体片上的残余组织则呈薄片状并趋于同向排列，在视觉上将铁素体分割成板条状。

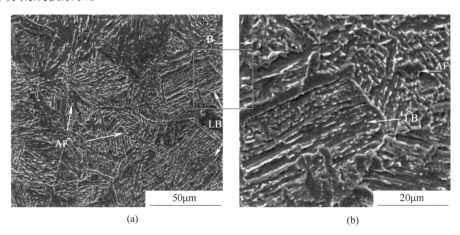

(a)   (b)

图 3-33 形变奥氏体冷却速率为 30℃/s 时的 SEM 形貌

（a）2000 倍；（b）5000 倍

3.5.3 形变奥氏体相变组织的力学性能

图 3-34~图 3-36 分别为形变奥氏体不同冷却速率条件下组织的强度、硬度和冲击韧性的变化曲线。可以看出，形变奥氏体连续冷却组织对应的流变屈服强度、硬度以及冲击功在总体上都随着冷却速率提高而增加。

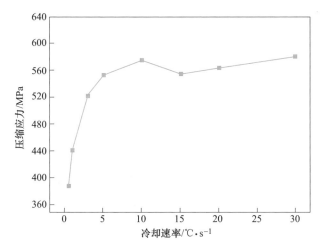

图 3-34 形变奥氏体不同冷却速率条件下压缩流变强度

（$R_{p0.2}$，约30℃）

在图 3-34 中，冷却速率 10℃/s 时压缩屈服强度达到峰值，此后随着冷却速率增加，强度先降低后升高，但总体没有显著变化。值得注意的是，在图 3-35 中的低冷却速率下（1℃/s）出现了一个硬度峰值，3℃/s 出现硬度低谷。同图 3-37 冲击断口相对照，在图 3-36 中低冷却速率时（<1℃/s）出现脆性区，随着冷却速率增加冲击韧性提高，冲击断口也由脆性、韧脆混合型向韧窝状转变。

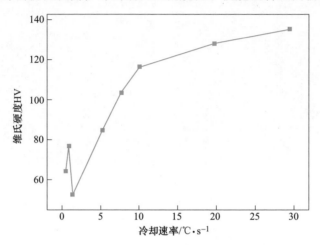

图 3-35　形变奥氏体不同冷却速率下的维氏硬度值

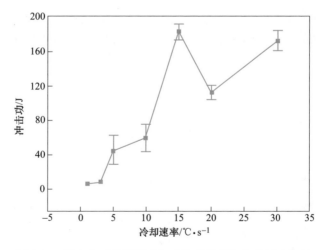

图 3-36　形变奥氏体不同冷却速率条件下组织的冲击韧性
（V 形槽，0℃）

计算晶粒细化对屈服强度的贡献通常采用 Hall-Petch 公式，可以表示为：

$$\sigma_g = k_y d^{-\frac{1}{2}} \tag{3-1}$$

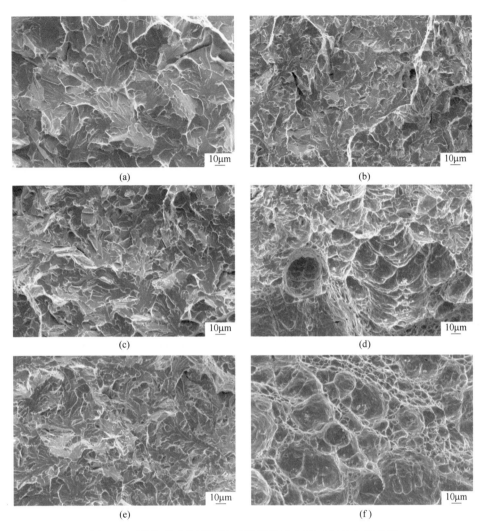

图 3-37　形变奥氏体不同冷却组织的冲击断口扫描电镜组织

(a) 1℃/s；(b) 5℃/s；(c) 10℃/s；(d) 15℃/s；(e) 20℃/s；(f) 30℃/s

对于铁素体-珠光体钢来说，d 为铁素体晶粒尺寸，mm；k_y 为常数，与激活滑移位错源所需的应力集中有关。

Petch 首先研究了晶粒细化对钢铁材料韧脆转变温度 T_C 的影响，得到了下述关系式：

$$T_C = A + B \ln D^{1/2} \tag{3-2}$$

式中，A，B 为常数且 B 一定是正值。

由式（3-2）可看出，随晶粒尺寸的减小，韧脆转变温度 T_C 将明显下降。

从式（3-1）和式（3-2）中，可以看出组织细化可以同时提高钢材的强度和韧性。随着冷却速率增加，钛微合金钢的组织细化，有效晶粒尺寸减小，因此屈服强度和冲击韧性呈现升高的趋势。但在 20℃/s 时下，出现相当数量的粒状组织，这类组织和基体性质不同，有利于裂纹扩展，严重损害了材料韧性，因此图 3-36 冲击功显著降低，图 3-37（e）中又出现脆性断口，但这类组织对强度没有明显影响。

对比图 3-35 和图 3-36，在低冷却速率时冲击功很低，接近于零，而硬度值出现了一个峰值和低谷。联系等温处理对纳米碳化物析出的显著作用，可以推测，硬度峰值的出现是由于纳米碳化物析出，而析出对冷却速率十分敏感，继续增加冷却速率，就会抑制纳米碳化物析出，出现硬度低谷。而在低冷却速率条件下，组织较为粗大，本来韧性较差，而第二相析出又损害了韧性，因此在低冷却速率时出现脆性区。

3.6 小结

在钛微合金化高强耐候钢的生产实践中发现，卷取阶段是关键的工艺环节，而作为非常重要的工艺参数，卷取温度显著影响着强度和韧性等力学性能。当卷取温度由正常状态的 625℃ 降低到 579℃ 时，尽管由于组织细化带来韧性的明显改善，也起到细晶强化的作用；但强度，尤其是屈服强度却大幅降低。分析表明，这是由于卷取温度降低抑制了钢中纳米碳化物析出。

为了明确卷取（或等温）对于纳米碳化物析出的关键作用，也是为了探索采用中厚板流程生产钛微合金化高强钢的可行性，进行了实验室 TMCP 工艺研究。经过一阶段（1014℃ 终轧）和两阶段（852℃ 终轧）轧制的两块轧件水冷至600℃，各自分为两块，一块直接空冷至室温，一块 600℃ 等温 1h、再空冷至室温，屈服强度分别为 461.3MPa、644.3MPa、508.3MPa、719.7MPa。同直接空冷相比，仅通过等温处理试样的强度就提高约 200Pa。研究表明，等温处理的钢板中存在大量 3~6nm 呈列状分布的析出物，能谱分析结果显示为 TiC。一阶段轧制的组织粗大，韧性很差；而由于纳米碳化物的沉淀强化损害了材料的韧性，采用同样轧制工艺的试样等温处理后冲击功更低。

同轧后冷却方式比，轧制方式对屈服强度的影响没有那么显著，但两阶段轧制明显改善了材料的韧性，因此进行了变形奥氏体的再结晶研究。结果表明，高变形温度和低应变速率有利于发生动态再结晶。双道次压缩的软化率曲线表明，实验钢的再结晶终止温度约为 900℃。软化率曲线上的平台由于形变诱导 TiC 析出产生。在形变诱导析出发生之前，软化率曲线逐渐上升；TiC 粒子析出抑制了静态再结晶，对应软化率曲线上的平台阶段；析出物长大和粗化后，钉扎作用减弱，静态再结晶继续发生，软化率曲线继续上升。根据奥氏体软化率曲线做出形变诱导析出 PTT 曲线，对应鼻尖温度在 925℃ 左右，析出开始时间为 70s，析出完成时间为 208s。

采用膨胀法和金相法结合研究了过冷奥氏体的相变规律。随着冷却速率增加，相变组织由铁素体（少量珠光体）向粒状贝氏体、针状铁素体转变，最后形成板条贝氏体。由于变形的引入，提高了碳的扩散速率，促进了珠光体转变，在低冷却速率条件下出现了珠光体组织（P）。

形变奥氏体连续冷却组织对应的流变屈服强度、硬度以及冲击功在总体上都随着冷却速率提高而增加，这是由于随冷却速率增加的组织细化，同时提高了钢材的强度和韧性。在20℃/s冷却速率下，出现相当数量的粒状组织，损害了材料韧性，因此在冲击功-冷却速率曲线上出现低谷。低冷却速率下（1℃/s）出现了一个硬度峰值，3℃/s出现硬度低谷，这是由于纳米碳化物析出对冷却速率极为敏感。而在低冷却速率条件下，组织较为粗大，本来韧性较差，而第二相析出又损害了韧性，因此在低冷却速率时出现明显的脆性区。

参 考 文 献

[1] 董锋. Ti微合金化高强钢的控轧控冷工艺研究 [D]. 镇江：江苏大学，2014.

[2] 侯亮. 钛微合金钢的组织演变规律和控轧控冷工艺研究 [D]. 镇江：江苏大学，2017.

[3] Zhang Z，Liu Y，Liang X，et al. The effect of Nb on recrystallization behavior of a Nb micro-alloyed steel [J]. Materials Science and Engineering：A，2008，474 (1-2)：254-260.

[4] Jung J G，Park J S，Kim J，et al. Carbide precipitation kinetics in austenite of a Nb-Ti-V micro-alloyed steel [J]. Materials Science and Engineering：A，2011，528 (16-17)：5529-5535.

[5] Gomez M，Rancel L，Escudero E，et al. Phase transformation under continuous cooling conditions in medium carbon microalloyed steels [J]. Journal of Materials Science & Technology，2014，30 (5)：511-516.

[6] Zhang Z，Sun X，Wang Z，et al. Carbide precipitation in austenite of Nb-Mo-bearing low-carbon steel during stress relaxation [J]. Materials Letters，2015，159：249-252.

[7] 彭政务. 钛微合金化热轧高强度钢板的强韧化机理研究 [D]. 广州：华南理工大学，2016.

[8] 陈松军. 钛微合金钢组织变化和析出物控制研究 [D]. 镇江：江苏大学，2016.

[9] 夏继年. 钛微合金钢中纳米碳化钛的析出控制研究 [D]. 镇江：江苏大学，2018.

[10] 霍向东，夏继年，李烈军，等. 钛微合金高强钢的研究与发展 [J]. 钢铁钒钛，2017，38 (4)：105-112.

[11] Huo Xiangdong，Xia Jinian，Li Liejun，et al. A review of research and development on titanium microalloyed high strength steels [J]. Mater. Res. Express，2018，5 (6)：062002.

[12] 高宽，王六定，朱明，等. 低合金超高强度贝氏体钢的晶粒细化与韧性提高 [J]. 金属学报，2007 (3)：315-320.

[13] Han Y，Shi J，Xu L，et al. Effect of hot rolling temperature on grain size and precipitation

hardening in a Ti-microalloyed low-carbon martensitic steel [J]. Materials Science and Engineering: A, 2012, 553: 192-199.

[14] Chen J, Lv M Y, Shuai T, et al. Influence of cooling paths on microstructural characteristics and precipitation behaviors in a low carbon V-Ti microalloyed steel [J]. Materials Science & Engineering A, 2014, 594: 389-393.

[15] 李小琳, 王昭东. 含 Nb-Ti 低碳微合金钢中纳米碳化物的相间析出行为 [J]. 金属学报, 2015, 51 (4): 417-424.

[16] 李小琳, 王昭东. 含 Nb-Ti 低碳微合金钢纳米碳化物析出行为 [J]. 东北大学学报 (自然科学版), 2015, 36 (12): 1701-1705.

[17] 霍向东, 毛新平, 董锋. 卷取温度对 Ti 微合金化高强钢力学性能的影响机理 [J]. 北京科技大学学报, 2013, 35 (11): 1472-1477.

[18] 魏大路. 热轧带钢卷取机的卷取过程研究及发展 [J]. 钢铁研究, 1993 (3): 7-12.

[19] 张云祥, 徐光, 赵刚, 等. CSP 与常规热轧工艺生产 Q345B 钢带的组织性能对比 [J]. 钢铁研究, 2007 (1): 30-32.

[20] Huo Xiangdong, Li Liejun, Peng Zhengwu, et al. Effects of TMCP schedule on precipitation, microstructure and properties of Ti-microalloyed high strength steel [J]. Journal of Iron and Steel Research International, 2016, 23 (6): 593-601.

[21] Peng Zhengwu, Li Liejun, Gao Jixiang, et al. Precipitation strengthening of titanium microalloyed high-strength steel plates with isothermal treatment [J]. Materials Science & Engineering A, 2016, 657: 413-421.

[22] Opiela M, Grajcar A. Hot deformation behavior and softening kinetics of Ti-V-B microalloyed steels [J]. Archives of Civil and Mechanical Engineering, 2012, 12 (3): 327-333.

[23] López-Chipres E, Mejía I, Maldonado C, et al. Hot flow behavior of boron microalloyed steels [J]. Materials Science and Engineering: A, 2008, 480 (1-2): 49-55.

[24] Kostryzhev A G, Al Shahrani A, Zhu C, et al. Effect of deformation temperature on niobium clustering, precipitation and austenite recrystallisation in a Nb-Ti microalloyed steel [J]. Materials Science and Engineering: A, 2013, 581: 16-25.

[25] 霍向东, 侯亮, 李烈军, 等. 钛微合金化高强钢的再结晶规律 [J]. 材料热处理学报, 2017, 38 (4): 119-124.

[26] Xia Jinian, Huo Xiangdong, Li Liejun, et al. Development of Ti microalloyed high strength steel plate by controlling thermo-mechanical control process schedule [J]. Materials Research Express, 2017, 4 (12): 126504.

[27] Crooks M J, Garratt-Reed A J, Vander Sande J B, et al. Precipitation and recrystallization in some vanadium and vanadium-niobium microalloyed steels [J]. Metallurgical Transactions A, 1981, 12 (12): 1999-2013.

[28] Kwon O, De Ardo A J. Interactions between recrystallization and precipitation in hot-deformed microalloyed steels [J]. Acta Metallurgica et Materialia, 1991, 39 (4): 529-538.

[29] Vervynckt S, Verbeken K, Thibaux P, et al. Recrystallization-precipitation interaction during austenite hot deformation of a Nb microalloyed steel [J]. Materials Science and Engineering: A, 2011, 528 (16-17): 5519-5528.

4 纳米碳化物等温析出 动力学的研究方法

<<<<<<<<<<<<<<<<<<<<<<<<<<<<<<<<<<<<<<<<<<<<<<<<<<<<<<<<<<<<<<<

既然起沉淀强化作用的纳米碳化物主要在过冷奥氏体的等温过程中析出，其等温析出动力学就是一个不容回避的问题。等温析出动力学阐明了析出与温度和时间的关系，一般用 PTT（析出-温度-时间）曲线来表示，这是控制钛微合金钢中纳米碳化物析出过程的依据。

但是过冷奥氏体等温析出动力学的研究是十分困难的，它不像形变诱导析出，是在奥氏体单相区进行的，而是伴随着过冷奥氏体的等温相变。本章在综述析出动力学研究方法的基础上，提出了一种在热模拟机上测定过冷奥氏体相变过程和铁素体中碳化物析出动力学的新方法。测定不同等温条件下的试样在室温下的压缩屈服强度增量，通过 TEM 分析等辅助手段，运用经典沉淀强化公式，计算不同屈服强度增量所对应的析出物体积分数，进而获得析出-温度-时间关系曲线（PTT 曲线）[1,2]。

这是一项创新性的工作，不但测定了纳米碳化物的析出动力学，而且在等温工艺和沉淀强化增量之间直接建立了联系。但是室温下的压缩屈服强度增量是析出和相变共同作用的结果，等温和随后冷却使相变过程变得更加复杂。改进的等温压缩虽然也无法排除等温相变对强度的影响，但是由于重新定义并实测了 P_s（析出开始时间）和 P_f（析出结束时间），做出了较为准确的 PTT 曲线[3,4]。尽管纳米碳化物等温析出动力学的研究方法还有待于进一步完善，但这是在钛微合金化高强钢的研究中迈出的关键一步。

4.1 析出动力学的研究方法

在微合金钢的热机械处理过程中，微合金元素如 Nb、V、Ti 的碳化物、氮化物、碳氮化物沉淀以及 AlN 等可以对再结晶和晶粒长大发生影响，从而显著地影响钢的性能，因此其析出动力学研究引起相当大的重视[5,6]。研究析出动力学的方法有应力弛豫法[7-10]、蠕变法、电子显微镜观察法[11-13]、热流变曲线法[14-17]、电阻测量法[18,19]、显微硬度法，化学及电化学萃取法等[20,21]。

电化学萃取通过电解并萃取钢中的析出相粒子，结合 X 射线衍射分析手段，可以获得析出相的完整信息，包括析出相的类型及结构式、析出相粒度分布和对应的质量分数等。但是，电化学萃取很难测定得到超细小的第二相和析出前期的不稳定相，并且萃取操作繁琐，耗时较长，因而通常仅作为析出动力学研究的辅助手段。

　　TEM 分析广泛应用于观察钢的超微结构，是必不可少的分析手段。透射薄膜试样可以直接观察得到析出相的形貌，同时确定其与铁基体、位错、晶界之间的作用关系。萃取复型试样可以分析析出粒子的分布、化学成分和结构。一级萃取复型的目的是将试样中的第二相（包括析出相、夹杂物等）萃取于复型样上，既可以将第二相粒子与基体形貌的关系显示出来，又可以对第二相进行成分和结构分析，从而将感兴趣对象的形貌、结构与成分进行综合研究。但是，单独采用 TEM 分析法测定析出动力学曲线存在制样繁琐、实验时间冗长，并且观察区域有局限性，存在较大样品误差。因此，TEM 分析法在钢的析出动力学研究中通常也仅作为辅助方法。

　　电阻率测量法也有用于测定析出相的溶解和析出动力学的报道，Park 等[18,22]运用该方法对 Nb-V-Ti 微合金钢的碳化物等温析出动力学进行了定量分析，测定温度范围为 850~1050℃。

　　电子显微术结合采用力学方法测定第二相的析出动力学曲线十分重要。首先，力学测试可以直接在析出发生的温度范围进行，因此适用于室温下不稳定相的研究。其次，力学测试是对整个试样的研究，而单独的电子显微术只能研究试样的很小一部分。第三，和其他实验方法相比，采用力学测试方法相对简单。

　　热压缩实验法也称为双道次压缩实验法，是通过测量高温奥氏体等温前后的流变压缩屈服应力来研究等温析出行为，通常应用于测定形变奥氏体应变诱导析出动力学，而 γ/α 双相区或铁素体区析出动力学研究方面的应用目前仍未见报道。

　　Michel 和 Jonas 使用热流变曲线法测定 AlN 的析出动力学曲线，在恒定应变速率条件下测定对应着峰值应力的应变。峰值应变对应变速率和温度很敏感，同时也反映变形中动态析出的发生过程[23]。但是它的缺点是在流变曲线上峰值应变测量困难，实验需要较长的时间。

　　应力弛豫法曾被用来研究金属和合金中位错的移动。Liu 和 Jonas[24]于 1988 年在 MTS（Material Testing System）电液伺服实验机上首次采用应力弛豫法测定了微合金钢中 Ti(C, N) 的析出动力学曲线。应力弛豫法仅用于奥氏体中的析出过程，蠕变测试法则同样适用于铁素体中的析出动力学[25]，在真应力-应变曲线上应力稳定的区域加工硬化近似为零，选择此时的应力为实验时施加的应力。概括地说，蠕变法是保持应力恒定，观察应变随时间的变化来测定析出动力学曲线；应力弛豫法是首先施加预应变，依据随后应力随时间的变化研究析出动力学。

党紫九等在 Gleeble-1500 热模拟实验机上首次采用应力弛豫法测定了超低碳贝氏体钢的析出动力学曲线[26]。实验关键是保证试样温度均匀，防止压头在试样长度方向温度发生变化。碳化钨是理想的压头材料，它有较高的高温硬度，并且导电和导热性较差，既能保证加热试样，又能减少热量损失。这种实验方法因其高效及高灵敏度成为研究析出的有效方法之一。

表 4-1 为钢中碳氮化物析出过程研究方法的对比情况。可以看出，每种方法有各自的优势、使用条件和适用范围。目前，大量的相关文献主要集中在奥氏体中碳氮化物的析出动力学研究，温度范围通常在 $800 \sim 1050℃$ 之间，而 $800℃$ 以下低温区的析出动力学的研究工作较少；进一步测定在 γ/α 相间析出或铁素体中析出动力学曲线的工作就更少了。然而，铁素体区析出相更弥散而细小，更能发挥出沉淀强化作用，因此，有必要寻找一种适用、高效而又可靠的方法，用来研究 $800℃$ 以下低温区析出相的动力学。

表 4-1　碳氮化物析出动力学研究方法的特点与对比

方法	设备	适用条件	测试效率	评　价
电化学萃取法	电解，XRD 等	适合所有条件，但不常用	耗时，复杂，繁琐	提供析出物完整信息，但无法测得超细粒子
透射电镜法	TEM	适合所有条件，但通常不单独使用	费时，样品制备困难	不可缺少的、经常使用的辅助方法，但样本误差大
电阻率法	Thermo-Z，电流电压表	应用于 800℃ 以上，偶尔使用	容易，但需要准备电阻样	需要确定析出体积分数和电阻之间的关系
热压缩实验法	Gleeble/Thermo-Z	应变诱导析出，800℃ 以上	简便，有一定试样量	铁素体中析出的应用还未见报道
应力松弛法	不明确	1000~700℃	高效、简便	Gleeble 实验机操作，较难确定析出开始点和结束点

4.2　等温析出动力学的室温压缩研究

4.2.1　实验方法

在 Gleeble3800 热模拟机上通过室温压缩实验来研究纳米碳化物的相间析出及在铁素体中的过饱和析出。为了抑制析出物在变形后的冷却过程析出，通常需要采取较快的冷却速率。而进行压缩试样配套的重载夹具冷却能力往往不能达到实验要求，为此必须添加一个冷却装置（吹气）提高冷却速率。热模拟实验在 Gleeble 3800 热模拟实验机上进行，工艺路线如图 4-1 所示。

将试样加热到 1200℃ 并且保温 5min 进行奥氏体化，以确保奥氏体中的钛元素充分溶解，同时避免奥氏体晶粒过度长大。奥氏体化后，将试样以 5℃/s 的速

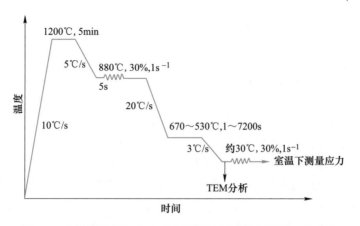

图 4-1 室温压缩研究过冷奥氏体等温析出动力学的工艺路线

率缓慢冷却至 880℃并保温 5s，然后进行连续变形，应变速率为 $1s^{-1}$，应变为 0.42。热变形后，将试样以 20℃/s 的冷却速率迅速冷却至不同的等温温度 （670℃，630℃，600℃，570℃和 530℃），并进行等温不同的时间（从 0~5400s 不等）。等温之后，将试样以 20℃/s 左右的冷却速率迅速冷却到 530℃，以避免 在冷却过程中继续析出，然后以 3℃/s 的冷却速率空冷至 30℃左右。对空冷到室 温的试样实施 $1s^{-1}$、30%的压缩变形，从而获得室温下的真应力-应变曲线，并 采用 2%的应变补偿法测量实验钢的压缩屈服强度。

　　对部分试样进行 TEM 分析，以作为对比研究。重复上述实验，将得到的空 冷试样沿中心位置横向切片，制成 TEM 薄箔样，使用 FEI Tecnai G2 F20 透射电 镜观察析出物和位错的结构。

4.2.2 不同等温条件下实验钢的屈服应力

　　根据由 Gleeble 采集系统得到的数据，绘制了试样在室温压缩变形时的真应 力-应变曲线，如图 4-2 所示。五组真应力-应变曲线分别对应五个不同的等温温 度（670℃，630℃，600℃，570℃和 530℃）和不同等温时间（0~5400s）。可以 看出：随着等温温度和时间的变化，屈服应力和峰值应力均对应着不同的值。

　　采用 2%应变补偿法测量图 4-2 中各曲线的屈服应力，测得的结果列于表 4-2 中；再根据表 4-2 的数据，绘制了不同等温温度下屈服应力随等温时间变化的曲 线，如图 4-3 所示。

　　在不同温度下的五条曲线都接近"S"形，除了 670℃等温对应的曲线之外， 其余曲线均存在屈服应力上升的现象。从 600℃等温时的曲线可以看到，等温时 间从 60s 增加到 3600s 时，屈服应力从 605MPa 增加到 719MPa。在 630℃和 570℃等温时的曲线也有相似结果。这些曲线均经历三个阶段：（1）形核-应力平

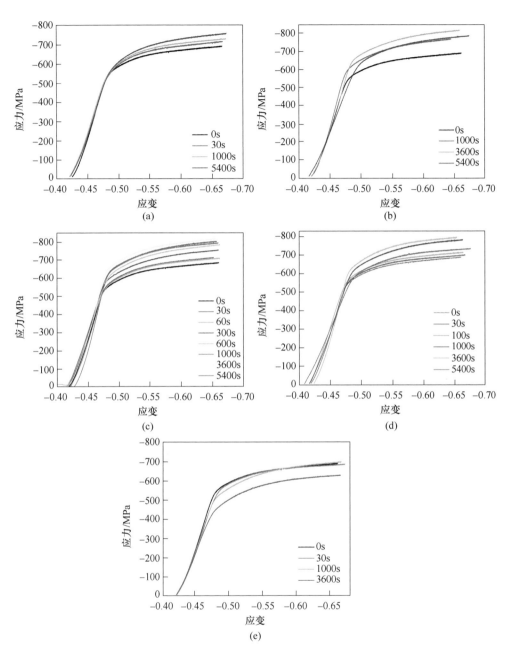

图 4-2 在不同等温温度下的真应力-应变曲线

(a) 530℃;(b) 570℃;(c) 600℃;(d) 630℃;(e) 670℃

台阶段;(2)长大-应力上升阶段;(3)粗化-应力下降阶段。可以预测到,530℃等温时的曲线随着等温时间的延长也将出现上述的三个阶段。

表 4-2   不同等温温度下不同等温时间的屈服应力值

等温时间/s	屈服应力/MPa[①]					屈服应力增量/MPa				
	530℃	570℃	600℃	630℃	670℃	530℃	570℃	600℃	630℃	670℃
0	605	605	605	605	605	0	0	0	0	0
30	605	608	608	609	608	0	3	3	4	3
60	606[②]	612	613	613	613	1[②]	7	8	8	8
300	608[②]	615	647	619	592	3[②]	10	42	14	−13
600	610[②]	634	683	650	587	5[②]	29	78	45	−18
1000	611	656	690	669	576	6	51	95	64	−29
3600	623	708	719	695	520	18	103	114	90	−85
5400	638	682	699	643	—	33	77	94	38	—

① 屈服应力的最小值作为屈服应力计算的参考值。

② 数据点由线性插值法求得。

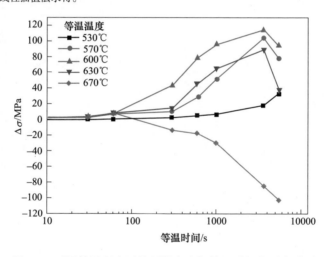

图 4-3   不同等温温度下的屈服应力与等温时间的对应关系

由此可见，屈服应力的变化和碳化物沉淀强化的效果均随等温温度和时间的变化而有规律地变化。因此，通过测定屈服应力的变化来研究碳化物的析出动力学是合理的。

4.2.3   TiC 等温析出行为与特征

图 4-4 为实验钢在 600℃ 分别等温 30s，300s，1000s 和 3600s 后的透射电镜形貌。可以看出，碳氮化物的析出量随等温保持时间延长而增加，并且可以分为四个不同的阶段：（1）形核阶段；（2）析出前期阶段；（3）快速长大阶段；（4）粗化初始阶段。

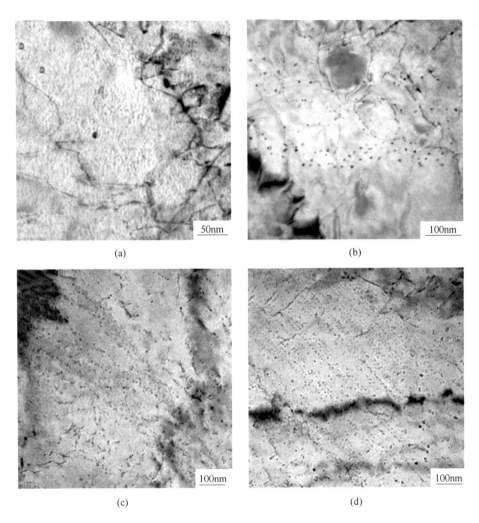

图 4-4 纳米 TiC 在 600℃等温保持不同时间的析出形貌

（a）30s；（b）300s；（c）1000s；（d）3600s

图 4-4（a）处于形核阶段，形核发生了，但由于晶核过于细小并未能观测得到。此外，图中虽然没有发现细小析出物（低于 3nm），但仍然可以发现相对大的析出物，这些都应该是在等温前已存在的第二相。这些析出物可阻止奥氏体晶粒的生长，但不能产生显著的沉淀强化作用。图 4-4（b）为析出前期阶段，可以看出，析出粒子沿亚晶界和位错分布。这意味着，析出物在这些形核功相对较低的晶格缺陷处优先形核。虽然对 TEM 试样的许多区域进行了观察，但均没有发现相间析出的特征。图 4-4（c）为试样在等温 1000s 后的透射电镜形貌，可以看出，在铁素体基体中细小析出物的数量同等温 300s 相比明显增多。通过比较

图4-4（b）和（c），可以看到这两个试样更为显著的区别是相间析出，即只有在等温1000s的试样中观测到相间析出粒子。这些球状析出物对应的尺寸为3~6nm，平均阵列间距约40nm。如图4-4（d）所示，等温3600s的试样在铁素体基体中的细小析出物数量最多，其屈服应力也有最大值，如图4-3所示。值得注意的是，3600s之后随等温时间的延长，一些析出粒子开始粗化，这与曲线最后部分屈服应力的快速下降是一致的。但是在进入粗化期之前，析出粒子的尺寸基本稳定在5.0~5.5nm之间。

图4-5分别为试样在530℃、570℃、630℃和670℃等温3600s时所得到的TEM照片。可以看到，在530℃等温3600s时试样才开始析出，对应的屈服强度增量为18MPa；TiC析出受扩散控制，钛、碳扩散的能力随温度下降而降低，导致析出被抑制。在570℃和630℃等温试样与600℃等温试样有类似的形貌特征，包括相间析出和粗化行为。此外，两种试样的平均晶粒尺寸分别为5.3nm和5.5nm。可见，在析出物没有进入粗化阶段前，随着温度从570℃上升到630℃，细小析出物的尺寸只是略有增加而基本保持不变。在Yen等[27]的工作中也观察到这样的现象。此外，Kim和Chen针对Ti-Mo微合金钢进行了类似的研究。Kim[28]将化学成分Fe-0.075C-1.7Mn-0.175Ni-0.16Cr-0.275Mo-0.17Ti-0.005N（wt.%）的钢在880℃进行轧制然后冷却至不同的卷取温度，分别是670℃、620℃和570℃，等温1h后随炉冷却至室温。结果表明，在620℃卷取的试样中存在最高体积分数的细小（Ti，Mo）C析出物，其对应的强度也是最高的，并且同样观测到了相间析出现象的存在。Chen[29]将化学成分为Fe-0.06C-1.5Mn-0.1-Si-0.2Ti-0.2Mo-0.004N-0.002S（wt.%）的钢在奥氏体化后快速冷却至等温温度625℃，并且分别等温5min和60min，然后水淬冷却到室温。研究结果表明，其实验钢也同样存在相间析出和一般析出两种不同形态的碳化物，同时获得了与本实验钢相似的强度等级。当等温温度达到670℃时，对应的图4-5（d）中可以观察到较大的析出物（20~40nm），由此也可以解释为什么图4-3中其屈服应力曲线不存在一个快速增长阶段就开始急剧下降。

综上所述，析出过程存在形核、长大和粗化三个阶段，同时，在整个析出过程中，回复和软化与沉淀强化相互作用。当在670℃甚至更高温度等温时，相比于碳化物的析出，加工硬化态的奥氏体或铁素体获得更好的软化条件。一旦试样优先软化，应力得到释放，位错重组或湮灭，碳化物析出被抑制。此时，在先前可能析出的少量粒子会迅速长大，但这些长大的粒子对位错起不到有效的钉扎效应。相反地，当等温温度控制在530~630℃之间的范围时，细小碳化物会优先沿晶界和位错析出，阻碍回复和软化。当等温时间延长到一定时间时，析出粒子开始粗化，强化效果开始减弱。由此可见，等温过程中析出和软化存在竞争关系，优先发生的顺序主要取决于等温温度和等温时间。

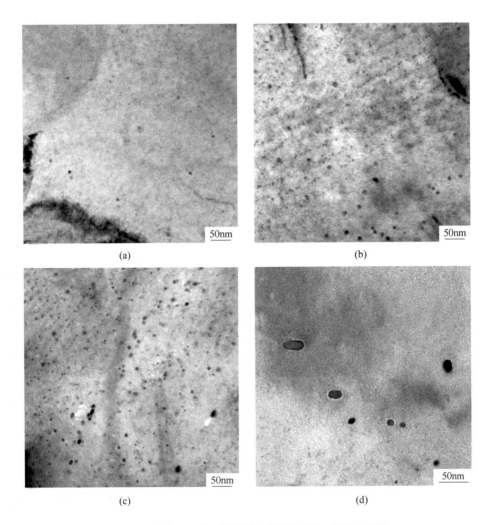

图 4-5 纳米 TiC 在不同温度下等温 3600s 的析出形貌

(a) 530℃；(b) 570℃；(c) 630℃；(d) 670℃

在图 4-6 中给出了铁素体基体中纳米碳化物的高分辨率透射图。根据高分辨率图像，获得了其形貌和晶体结构，并且通过快速傅里叶变换（FFT）的衍射图样确定了相应的电子衍射花样。对多个类似粒子进行了类似的分析，均证实该类型析出物是具有面心立方结构的 TiC，晶格常数为 0.424nm。TiC 与铁素体基体的取向关系如下：$(100)_{TiC} /\!/ (100)_{\alpha\text{-Fe}}$，$[111]_{TiC} /\!/ [011]_{\alpha\text{-Fe}}$。可见，在等温过程中，在铁素体基体中连续析出细小的 TiC，它与铁素体基体服从 B-N 取向关系：$(100)_{TiC} /\!/ (100)_{\alpha\text{-Fe}}$，$[011]_{TiC} /\!/ [001]_{\alpha\text{-Fe}}$。

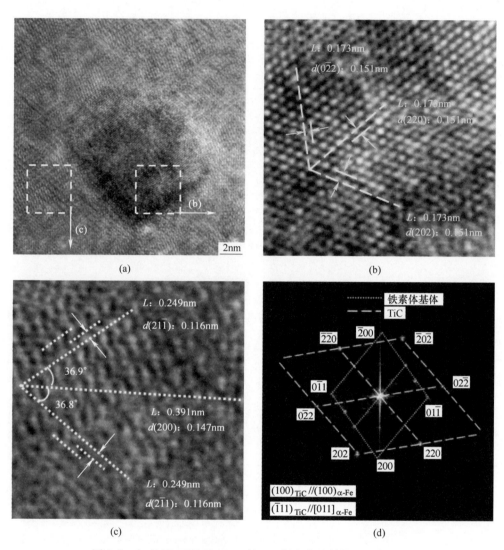

图 4-6　在 600℃ 下处理 1800s 的 TiC 析出物的结构和衍射图案

4.2.4　强度增量与析出物体积分数的关系

在热变形和等温过程中，主要有三种不同形式的纳米 TiC 析出：（1）在变形奥氏体中发生应变诱导析出；（2）γ→α 相变过程中在相界面上发生相间析出；（3）在过饱和的铁素体中随机弥散析出。在目前的工作中，热变形后快冷（约为 20℃/s）会抑制 TiC 在奥氏体中析出，因此，大部分钛原子会处于固溶状态，随后会在 γ→α 相变过程中发生相间析出或在过饱和铁素体中随机弥散析出。4.2.3 节的 TEM 分析表明，相间析出和弥散析出可同时在铁素体晶粒内出现。析出粒子越细小弥散，产生的钉扎效应越好，屈服应力越高。

纳米析出物产生的沉淀强化效果，即屈服应力的增量（ΔYS），可以通过经典的 Ashby-Orowan 模型描述[30,31]。

$$\Delta YS = \sigma_p = \frac{5.9\sqrt{f_{cal}}}{\bar{x}}\ln\left(\frac{\bar{x}}{2.5\times10^{-4}}\right) \tag{4-1}$$

式中，σ_p 为沉淀强化效果；f_{cal} 为计算所得析出物的体积分数；$\bar{x}$ 为析出物平均直径，μm。

根据方程式（4-1），沉淀强化的效果与第二相粒子的尺寸大致成反比，与析出物体积分数的平方根成正比。在不同温度下，析出碳化物的体积分数随时间变化的情况见表4-3。此外，在表4-3计算结果的基础上绘制了析出动力学曲线，如图4-7所示。

表4-3 不同等温温度和时间条件下的碳化物体积分数

参　数		f_{cal}/vol. %				
		530℃	570℃	600℃	630℃	670℃
等温时间/s	30	0	7.2×10^{-5}	8.2×10^{-5}	1.3×10^{-4}	7.2×10^{-5}
	60	8.0×10^{-6}	4.0×10^{-4}	5.8×10^{-4}	5.1×10^{-4}	5.1×10^{-4}
	300	7.2×10^{-5}	0.0008	0.016	0.0016	—
	600	2.0×10^{-4}	0.0067	0.055	0.0162	—
	1000	2.9×10^{-4}	0.0208	0.082	0.0328	—
	3600	0.0026	0.0849	0.118	0.0648	—
	5400	0.0087	0.0474	0.080	0.0116	—
平均直径/nm		约5.3	约5.5	约5.5	约5.8	约14

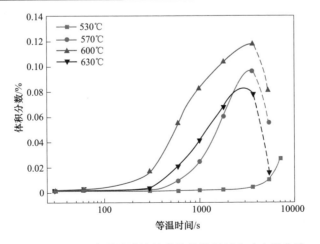

图4-7 基于强度增量计算的碳化物等温析出动力学曲线

由图 4-7 可知，不同等温条件下的析出动力学曲线均呈 S 形。当等温时间在 100s 以内时，只有少量析出。当等温时间增加到 2000s 时，析出物的体积分数显著增加，而且在 570℃、600℃和 630℃等温时的碳化物体积分数接近峰值；此时，在 530℃等温时的 TiC 仍然处于形核的平台阶段，但在 5000s 以后其体积分数也进入稳定上升阶段。相反，在 670℃等温时的样品因未能有效析出，因而未在图中表示。钢中硫和氮元素的含量分别为 0.0039wt.% 和 0.0026wt.%，消耗了大约 0.0206wt.% 的钛而形成 TiN 和 $Ti_2(C, S)$。假定钛元素完全以 TiC 形式析出，则钛元素析出量为 0.08wt.%，对应的 TiC 体积分数 0.167vol.%。目前计算所得的 TiC 最大体积分数为 0.104vol.%，对应 600℃等温 3600s 的析出量。正如 4.2.2 节所讨论的，后者的数据是基于细小析出物的强化效果计算的，因此粗化的 TiC 粒子，以及那些在晶界析出的粒子基本被忽略。此外，还有小部分钛不可避免地固溶于钢中。在这种情况下，计算所得的 TiC 体积分数是可接受并且有效的。

4.2.5　等温析出-温度-时间的关系

目前，尽管析出物的体积分数和尺寸在很多研究工作中都被纳入考虑，但还没有简捷而有效的方法来测量它们共同作用的效果。由于高温变形应力的干扰，应力松弛法是无法测定得到粗化现象的，同时所获得的应力数据也难以用于定量计算和分析。

实际上，测定碳化物析出动力学的意义和目的是为了使钢材获得最大强化效果，而不是获得最大的析出物体积分数。最重要的是，在粗化过程中析出物的实际体积分数是在不断增加，但随着析出物的粗化，其沉淀强化效果反而在不断地减弱。

根据 4.2.4 节的讨论，随着等温时间的延长，钛元素可以充分析出但无法完全析出。因此，需要一个新的参数来评价析出的程度和其对屈服强度的贡献。本书采用了"有效析出相对体积分数"（f_r）这一新参数，并建立了如下关系式：

$$f_r = f_{cal}/f_{max} \tag{4-2}$$

式中，f_{cal} 为依据 TiC 产生的沉淀强化效果而计算得到的体积分数；f_{max} 为以 TiC 完全析出计算所得的最大析出体积分数。

经 4.2.4 节计算，实验钢的 f_{max} 为 0.167vol.%，完全析出对应的 f_r 是 1。因此，不考虑析出颗粒的尺寸、体积和分布，每个屈服强度增量对应一个相对分数，对应其在钢的沉淀强化效果。

基于表 4-3 的计算结果和方程式（4-2），可以绘制实验钢的 PTT 图，如图 4-8 所示。图 4-8（a）中析出动力学曲线与图 4-7 的类似，呈"沙丘状"。如图 4-8（b）所示，实验钢的 PTT 曲线呈经典的"C"形，在 600℃时等温约 60s 处有最左鼻尖。在 630℃、570℃ 和 530℃ 等温时析出开始的时间分别是 280s、320s 和 1200s；同时，图中还画出了有效沉淀强化相对分数分别达到 0.15%、0.40% 和 0.55% 的曲线。以最大相对析出分数为终止点，则 570℃、600℃ 和 630℃ 的析出结束时间约 3600s、3000s 和 2400s，但是在 530℃ 等温时，7200s 后仍没完全析出。由此可见，在较高温度时，析出完成时间较短。由于在 530℃ 以下和 670℃ 以上温度等温时析出的强化效果不大，本实验未进行测试，所以在图 4-8 中用虚线表示。

进一步分析可知，图 4-8 呈现出明显的析出区域差异性。从横向上看，在开始阶段所有的曲线都呈稳定的上升趋势并且遵循 Avrami 方程，直到析出物进入

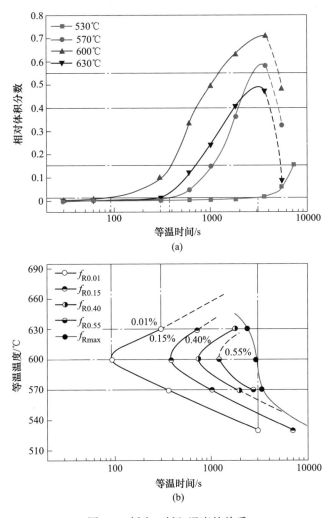

(a)

(b)

图 4-8 析出-时间-温度的关系
(a) 相对析出动力学曲线，S 形；(b) PTT 曲线，C 形

粗化阶段。因此，以图 4-8 中终止线为界线，可以将之划分成强化效果增强区和沉淀强化效果减弱区。从上往下看，沉淀强化增强区域可以进一步分为三个区域：（1）上面的无效区域；（2）中间的有效区域；（3）下面的低效区域。在无效区域中，等温温度在 630℃ 及以上；在这个区域中，析出物粗大以至于不能产生有效的强化效果。温度范围在 570~630℃ 的有效区域，细小的沉淀相快速析出并且产生了显著的强化效应。而在低于 570℃ 的低效区域，析出物同样较小，但析出十分缓慢，需要长时间等温才可以充分析出。因此，结合 PTT 曲线，可以设定最优的析出条件，这在工业生产中具有重要的实用意义。

4.3 显微硬度和等温压缩测定 PTT 曲线

4.3.1 实验思路

典型纳米碳化物的 PTT 曲线如图 4-9 所示，两条曲线分别代表纳米碳化物的析出开始点（P_s点）、结束点（P_f点）。本节利用热模拟机进行实验，分别采用等温压缩和维氏硬度的方法确定实验钢 PTT 曲线的 P_f 点、P_s 点：

（1）P_f 点测定。由于等温过程中析出的纳米碳化物会经历形核、生长、粗化三个阶段，其中形核后逐渐长大的碳化物粒子开始产生沉淀强化效果；当析出粒子尺寸与体积分数良好配合时，沉淀强化效果最好，此时实验钢强度达到峰值，TiC 析出已基本完成，为 P_f 点；随着纳米碳化物粒子继续长大，沉淀强化效果减弱，所测强度逐渐下降。因此可通过测定实验钢在不同等温条件下达到强度峰值所用时间，进而确定实验钢等温析出 PTT 曲线的 P_f 点。

（2）P_s 点测定。由于实验钢在等温过程中发生相转变，应用等温压缩法测定

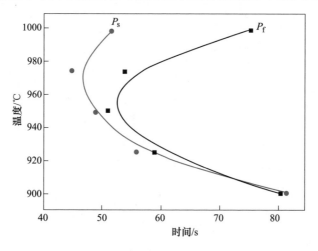

图 4-9 微合金钢典型的 PTT 曲线

析出 PTT 曲线 P_s 点存在误差。为避免热力模拟机压缩法测定所带来的误差，参考杨哲人、陈俊等关于[32,33]微合金钢中铁素体强化的研究成果，通过测定铁素体晶粒内的维氏硬度来表征析出强化效果。由于纳米碳化物会经历形核、生长过程后才可产生沉淀强化作用，因此选取维氏硬度快速上升点为纳米碳化物析出的 P_s 点。

4.3.2 热模拟研究方案

等温析出 PTT 曲线的 P_f 点测定方案如图 4-10 所示。利用热模拟机将试样加热到 1200℃ 保温 5min 进行奥氏体化，之后以 10℃/s 冷却速率将试样冷却到 1050℃、900℃ 进行两道次变形（应变速率为 $1s^{-1}$，变形量为 20%）。为抑制冷却过程中纳米碳化物粒子析出，采用 20℃/s 的冷却速率分别冷却到 650℃、675℃、700℃、725℃、750℃ 后分别等温 0~1800s，选择不同时间进行压缩，测定其应力-应变曲线。最后选取部分试样，采用相同加热工艺，经等温处理后直接淬水，制备金属薄膜试样并在 TEM 下观察析出物形貌；采用 EDS 分析析出相的成分，并利用 Digital Micrograph（DM）软件对 HRTEM 图片进行分析处理。

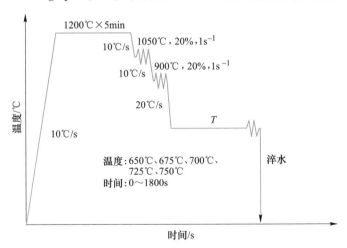

图 4-10　等温析出（P_f 点）研究热模拟实验方案

等温析出 PTT 曲线的 P_s 点测定的实验方案与图 4-10 大致相同，只是两道次变形后冷却到 650~750℃ 后分别等温 0~60s 后淬水，制备金相组织并测定铁素体晶粒内维氏硬度，维氏硬度所用载荷为 10g，加载时间为 15s。

4.3.3 TiC 等温析出动力学曲线

图 4-11 和表 4-4 分别为不同等温条件下实验钢变形时应力-应变曲线及采用 2% 应变补偿法测得的等温压缩屈服强度。可以看出，实验钢在不同等温工艺下强度变化规律相似，均随等温时间增加呈先增加后下降趋势，这符合等温过程中

纳米碳化物的析出规律；随等温温度升高，实验钢达到强度峰值所需时间先减少后增加，在 700℃ 等温时达到强度峰值用时最短，说明纳米碳化物等温析出速度最快。

表 4-4   试样等温条件处理后的屈服强度值

等温时间/s	屈服强度/MPa				
	650℃	675℃	700℃	725℃	750℃
0	195.8	192.5	199.3	185	176.7
30	290.6	268.5	252.5	217	183
60	300.25	282.7	270.1	231	187
180			**278.2**		
300	332.3	286.3	273	**243.5**	190
600	345	**302.5**	261	234.5	194.3
900	354.3	293.5	253.4	226	199.8
1200	**363**	291	245	219	**204.7**
1800	348	287.7			187.6

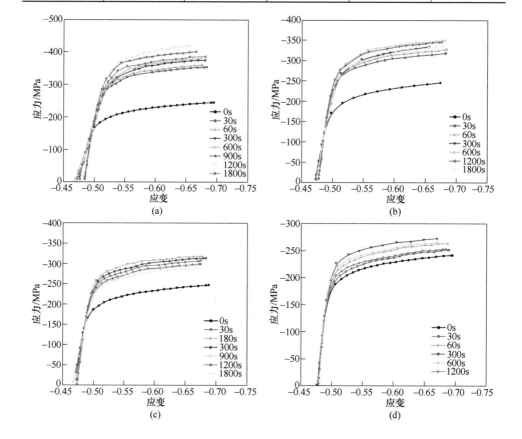

(a)

(b)

(c)

(d)

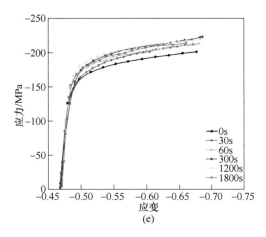

图 4-11　实验钢不同等温温度下变形时的应力-应变曲线
(a) 650℃；(b) 675℃；(c) 700℃；(d) 725℃；(e) 750℃

由于实验钢在等温过程中发生相转变，应用等温压缩法测定纳米碳化物的析出完成曲线（P_s 曲线）存在误差，为避免等温压缩法测定所带来的误差，根据前述分析，通过测定铁素体晶粒内的维氏硬度来表征析出强化效果，进而确定纳米碳化物析出的 P_s 曲线。为减小误差，每个试样测定 50 次取均值，结果如图 4-12 所示。由图 4-12 可以看出，不同温度下维氏硬度变化规律一致，均在保温一定时间后迅速上升，在 700℃时等温 10s 后硬度即迅速上升，为 P_s 曲线的最快析出点，这与等温压缩法测定的 PTT 曲线的 P_f 点变化规律一致。在温度-时间坐标图上分别把不同等温温度下的 P_s 和 P_f 连接起来，是两条呈 "C" 形的曲线。

综合等温压缩法和维氏硬度法测定的碳化物析出规律，绘制实验钢的 PTT 曲

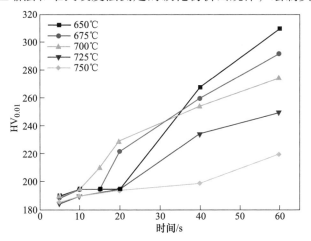

图 4-12　实验钢在不同工艺下铁素体晶粒内的维氏硬度

线，相关结果如图 4-13 所示。由于碳化物析出的化学驱动力随等温温度升高而降低，而溶质元素的扩散系数随温度升高逐渐增大，两种因素相互作用，使实验钢中碳化物析出的 PTT 曲线呈"C"形，且在 700℃ 析出速度最快，为实验钢 PTT 曲线的"鼻尖"温度，析出开始和完成时间分别约为 10s 和 180s。

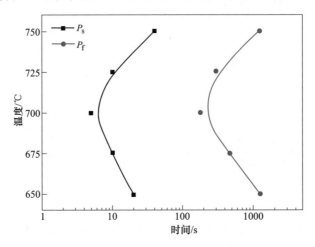

图 4-13　实验钢纳米碳化物析出 PTT 曲线

4.3.4　等温工艺对 TiC 析出的影响

为研究等温过程中碳化物析出规律，选取部分试样在 650℃ 分别等温 600s、1200s、1800s 后制备透射试样并进行透射电镜观察，相关结果在图 4-14 中给出。如图 4-14（d）所示，通过 EDS 分析确定等温过程中析出的纳米粒子为 TiC。TEM 观察结果表明，随等温时间延长，析出粒子数量逐渐增多，对应析出过程的生长阶段；保温时间延长到 1200s 时，析出粒子明显增多，但尺寸并未明显增大；当等温时间延长到 1800s 时，析出粒子尺寸开始明显增大。

钛微合金钢中碳化物析出过程是形核、长大过程，受基体中 C、Ti 等原子扩散控制，随等温时间延长，基体中原子扩散更加充分，析出的碳化物数量明显增多。实验钢在 650℃ 等温 1200s 后析出物体积分数达到较高值，且此时析出物粒子并未明显长大，沉淀强化效果最为明显，对应等温压缩法所测该温度下强度的峰值。继续延长等温时间，析出物体积分数增加缓慢，若第二相尺寸增大，析出物与基体的界面面积将减小，进而减小系统的界面能，因此在析出完成后，析出物会发生聚集并长大过程即 Ostwald 熟化过程，析出粒子尺寸增大。根据 Orowan 强化机制，此时沉淀强化效果减弱，所测实验钢的抗压屈服强度明显降低。

选取在 650℃ 等温 1200s 后的淬火试样进行高分辨透射电镜（HRTEM）分析，如图 4-15 所示。采用快速傅里叶转换（FFT）来确定析出粒子的晶体结构及

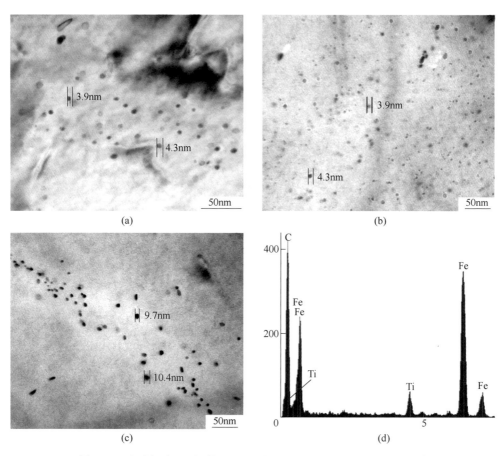

图 4-14 实验钢在 650℃ 等温 600s（a）、1200s（b）、1800s（c）时
析出碳化物形貌和 EDS 分析（d）

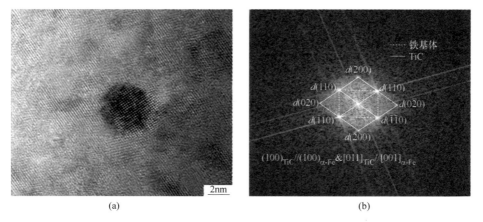

图 4-15 实验钢在 650℃ 等温 1200s 时析出物的 HRTEM 图及傅里叶变换

（a）HRTEM 图；（b）傅里叶变换

其与基体之间的位向关系。经过分析表明，等温过程中析出的 TiC 粒子具有面心立方结构，与铁基体服从 Baker-Nutting 位向关系：$(100)_{TiC} \mathbin{/\mkern-3mu/} (100)_{\alpha\text{-}Fe}$ 和 $[011]_{TiC} \mathbin{/\mkern-3mu/} [001]_{\alpha\text{-}Fe}$。

4.4　小结

纳米碳化物等温析出动力学的研究具有重要意义。纳米碳化物等温析出过程通过（室温或等温）压缩强度的变化进行表征，再辅以 TEM 等微观分析手段，是简单直接并且较为准确的创新性的研究方法。对于钛微合金化高强钢，纳米碳化物的沉淀强化效果是最值得关注的，压缩强度的测试方法把析出动力学和沉淀强化效果直接联系起来。

无论是室温压缩，还是等温压缩，随着等温时间的延长，压缩屈服强度都会出现峰值，呈现先上升、随后下降的规律。TEM 分析表明，TiC 析出物随等温时间增加有一个形核、长大到粗化的过程。沉淀强化的效果与第二相粒子的尺寸大致成反比，与析出物体积分数的平方根成正比。屈服强度的变化正是由于析出物粒子尺寸和体积分数共同作用的结果。

室温压缩的优势是更接近于实际生产得到产品的强度，而等温压缩的优势在于更准确地反映了纳米碳化物的析出过程。固溶强化、位错强化、细晶强化、沉淀强化都是由于晶体缺陷和位错互相作用的结果，由于等温温度远远高于室温，位错更容易发生移动，等温压缩屈服强度只有室温压缩的约 1/2。如果等温过程中相变尚未完成，在冷却到室温的过程中就会继续发生相变，因此室温组织就比较复杂了，因此根据室温压缩屈服强度的变化推算沉淀强化增量就会存在更多问题，因为强度变化更多地受到了相变组织的影响。

纳米碳化物等温析出 PTT 曲线只要确定不同等温温度的 P_s 和 P_f 就可以了，对它们的定义具有创新性。通常析出动力学所指的 P_s 和 P_f 主要和析出物的量，即体积分数有关，而在这里它们被定义为和力学性能有关的参数：P_s 对应着相变组织显微硬度开始明显上升的时间；P_f 对应着等温压缩屈服强度最大，即沉淀强化增量最大的时间。在 650~750℃ 的等温温度范围内，采用显微硬度和等温压缩的方法测定实验钢中碳化物析出的 PTT 曲线呈 "C" 形，且在 700℃ 析出速度最快，为实验钢曲 PTT 曲线的 "鼻尖" 温度，析出开始和完成时间分别约为 10s 和 180s。

由于室温压缩的强度增量包含着较为复杂的组织变化，因此依据它推出的析出物体积分数及最终得到的 PTT 曲线就都不够准确。生产实践表明，600~625℃ 卷取的带钢强度最高，而室温压缩得到 600℃ 是析出的鼻尖温度的结论可能偏差较大。尽管比较而言，等温压缩的实验结果更为可靠，但是室温压缩首次将析出动力学和强化效果联系在一起，迈出了关键而重要的一步。

毋庸讳言，无论是室温压缩还是等温压缩，屈服强度的变化都包含着相变和析出的过程。把析出和相变对压缩强度的影响彻底分开是很困难的，但是有必要对等温相变以及相变和析出的关系进行深入的研究。

参 考 文 献

［1］彭政务. 钛微合金化热轧高强度钢板的强韧化机理研究［D］. 广州：华南理工大学，2016.

［2］Peng Zhengwu, Li Liejun, Chen Songjun, et al. Isothermal precipitation kinetics of carbides in undercooled austenite and ferrite of a titanium microalloyed steel［J］. Materials and Design, 2016, 108：289-297.

［3］何康. 钛微合金钢等温相变及析出行为研究［D］. 镇江：江苏大学，2019.

［4］Huo Xiangdong, He Kang, Xia Jinian, et al. Isothermal transformation and precipitation behaviors of titanium microalloyed steels［J］. J. Iron Steel Res. Int., 2021, 28（3）：335-345.

［5］Cheng L M, Hawbolt E B, Meadowcroft T R. Modeling of AlN precipitation in low carbon steels［J］. Scripta Materialia, 1999, 41（6）：673-678.

［6］Cheng L M, Hawbolt E B, Meadowcroft T R. Modeling of dissolution, growth and coarsening of aluminum nitride in low-carbon steels［J］. Metall. Mater. Trans. A, 2000, 31A（8）：1907-1916.

［7］Zhang Z Y, Sun X J, Wang Z Q, et al. Carbide precipitation in austenite of Nb-Mo-bearing low-carbon steel during stress relaxation［J］. Materials Letters, 2015, 159（3）：249-252.

［8］Wang Z, Sun X, Yang Z, et al. Carbide precipitation in austenite of a Ti-Mo-containing low-carbon steel during stress relaxation［J］. Materials Science and Engineering：A, 2013, 573：84-91.

［9］Cao Y, Xiao F, Qiao G, et al. Strain-induced precipitation and softening behaviors of high Nb microalloyed steels［J］. Materials Science and Engineering：A, 2012, 552：502-513.

［10］Pandit A, Murugaiyan A, Podder A S, et al. Strain induced precipitation of complex carbonitrides in Nb-V and Ti-V microalloyed steels［J］. Scripta Materialia, 2005, 53（11）：1309-1314.

［11］Hansen S S, Sande J B. Vander C M. Niobium carbonitride precipitation and austenite recrystallization in hot-rolled microalloyed steels［J］. Metallurgical Transactions A, 1980, 11（3）：387-402.

［12］Silcock J M. Precipitation in austenitic steels containing V［J］. J. Iron Steel Inst., 1973, 211（11）：792-800.

［13］Speer J G, Michael J R, Hansen S S. Carbonitride precipitation in niobium/vanadium microalloyed steels［J］. Metallurgical and Materials Transactions A, 1987, 18（2）：211-222.

[14] Lino R, Guadanini L G L, Silva L B, et al. Effect of Nb and Ti addition on activation energy for austenite hot deformation [J]. Journal of Materials Research and Technology, 2019, 8 (1): 180-188.

[15] Hong S G, Kang K B, Park C G. Strain-induced precipitation of NbC in Nb and Nb-Ti microalloyed HSLA steels [J]. Scripta Materialia, 2002, 46 (2): 163-168.

[16] Wang Z, Mao X, Yang Z, et al. Strain-induced precipitation in a Ti micro-alloyed HSLA steel [J]. Materials Science and Engineering: A, 2011, 529: 459-467.

[17] Vervynckt S, Verbeken K, Thibaux P, et al. Recrystallization-precipitation interaction during austenite hot deformation of a Nb microalloyed steel [J]. Materials Science and Engineering: A, 2011, 528 (16-17): 5519-5528.

[18] Jung J G, Park J S, Kim J, et al. Carbide precipitation kinetics in austenite of a Nb-Ti-V microalloyed steel [J]. Materials Science and Engineering: A, 2011, 528 (16-17): 5529-5535.

[19] Fitzsimons G, Tiitto K, Fix R, et al. Precipitation of Nb (CN) during high strain rate compression testing of a 0.07 Pct Nb-bearing austenite [J]. Metallurgical Transactions A, 1984, 15 (1): 241-243.

[20] Herman J C, Donnay B, Leroy V. Precipitation kinetics of microalloying additions during hot-rolling of HSLA steels [J]. ISIJ International, 1992, 32 (6): 779-785.

[21] Park J S, Ha Y S, Lee S J, et al. Dissolution and precipitation kinetics of Nb(C,N) in austenite of a low-carbon Nb-microalloyed steel [J]. Metallurgical and Materials Transactions A, 2009, 40 (3): 560-568.

[22] Park J S, Ha Y S, Lee S J, et al. Dissolution and precipitation kinetics of Nb(C, N) in austenite of a low-carbon Nb-microalloyed steel [J]. Metallurgical & Materials Transactions A, 2009, 40 (3): 560-568.

[23] Michel J P, Jonas J J. Precipitation kinetics and solute strengthening in high temperature and austenite containing Al and N [J]. Acta Metall., 1981, 29: 513-526.

[24] Liu W J, Jonas J J. A stress relaxation method for following carbonitride precipitation in austenite at hot working temperatures [J]. Metall. Trans. A, 1988, 19A (6): 1403-1413.

[25] Sun W P, Liu W J, Jonas J J. A creep technique for monitoring MnS precipitation in Si steels [J]. Metall. Trans. A, 1989, 20A (12): 2707-2715.

[26] 党紫九, 张艳, 吴娜, 等. 用应力松弛方法研究低碳贝氏体钢的析出过程 [J]. 物理测试, 1995 (1): 5.

[27] Yen H W, Chen P Y, Huang C Y, et al. Interphase precipitation of nanometer-sized carbides in a titanium-molybdenum-bearing low-carbon steel [J]. Acta Materialia, 2011, 59 (16): 6264-6274.

[28] Kim Y W, Song S W, Seo S J, et al. Development of Ti and Mo micro-alloyed hot-rolled high strength sheet steel by controlling thermomechanical controlled processing schedule [J]. Materials Science and Engineering: A, 2013, 565: 430-438.

[29] Chen C Y, Chen C C, Yang J R. Dualism of precipitation morphology in high strength low alloy steel [J]. Materials Science and Engineering: A, 2015, 626: 74-79.

［30］Gladman T, Dulieu D, McIvor I D. Structure-property relationships in high-strength microalloyed steel ［C］. Microalloying 75, Union Carbide Corp. , New York, 1977：32-55.

［31］Gladman T, Holmes B, McIvor I D. The effects of second phase particles on the mechanical properties of steel ［C］. The Iron and Steel Institute, London, 1971：68-78.

［32］Yen H W, Huang C Y, Yang J R. Characterization of interphase-precipitated nanometer-sized carbides in a Ti-Mo-bearingsteel ［J］. Scripta Materialia, 2009, 61（6）：616-619.

［33］Chen J , Lv M Y , Tang S , et al. Precipitation characteristics during isothermal γ to α transformation and resultant hardness in low carbon vanadium-titanium bearing steel ［J］. Materials Science and Technology, 2015, 32（1）：15-21.

5 钛微合金化高强钢的 TTT、PTT 曲线及其应用

生产钛微合金化高强钢的关键在于充分稳定地发挥纳米碳化物的沉淀强化作用。轧后卷取（等温）是纳米碳化物析出的关键工艺环节，其析出动力学已经进行了较为深入的研究，并且得到了等温析出的 PTT 曲线。在等温过程中同时会发生过冷奥氏体相变，等温压缩屈服强度的变化是相变和析出共同作用的结果，并且过冷奥氏体相变也会影响纳米碳化物的析出过程。因此就需要研究过冷奥氏体等温相变动力学，测定 TTT（相变-温度-时间）曲线[1-3]。

由于钛微合金化高强钢中 Ti 和 C 的含量都比较低，因此 TiC 析出物的体积分数有限[4,5]。在变形奥氏体中发生的形变诱导析出，会降低过冷奥氏体中 TiC 的固溶度积，减少纳米碳化物的等温析出，弱化其沉淀强化效果[6-8]。由此可见，形变诱导析出和等温析出之间存在着竞争关系。因此，就需要研究变形奥氏体中的析出动力学，绘制 PTT（析出-温度-时间）曲线[9-11]。

形变诱导析出 PTT 曲线、等温析出 PTT 曲线和等温相变 TTT 曲线是控轧控冷工艺的基础。以上述三条曲线为依据，就可以实现对钛微合金化高强钢中相变和析出过程的控制，得到较为理想的综合力学性能。

5.1 过冷奥氏体等温转变（TTT）曲线

5.1.1 实验方案

钢在奥氏体状态下快冷到某一温度并保温一定时间，使其发生组织转变，被称为等温相变。采用膨胀法和金相法相结合的方法研究过冷奥氏体等温相变动力学曲线，即 TTT 曲线。由于钢中各相的膨胀系数和比容不尽相同，等温转变过程中常伴随着体积收缩与膨胀，因此可借助热模拟机的高精度膨胀仪模块测定试样径向膨胀量，结合组织观察，进而确定实验钢的等温转变曲线。

图 5-1 为等温相变的热模拟实验方案示意图。利用热模拟机将试样加热到 1200℃并保温 5min 进行奥氏体化，并使 Ti 元素充分固溶。之后以 10℃/s 冷却速率将试样冷却到 1050℃、900℃进行两道次变形（应变速率为 1s^{-1}，变形量为 20%）。为抑制冷却过程中碳化物粒子析出，采用 20℃/s 的冷却速率分别冷却到 600℃、625℃、650℃、675℃、700℃、725℃、750℃并等温 1800s，测定实验钢的热膨胀曲线。最后对试样进行水淬，观察金相组织。

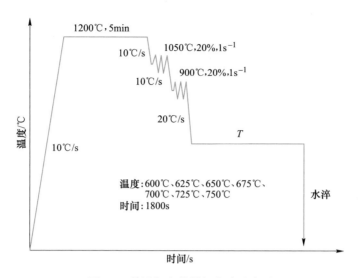

图 5-1 等温相变热模拟实验示意图

5.1.2 等温相变组织

图 5-2 为实验钢在不同温度下等温 30min 后的显微组织。可以看出，等温温

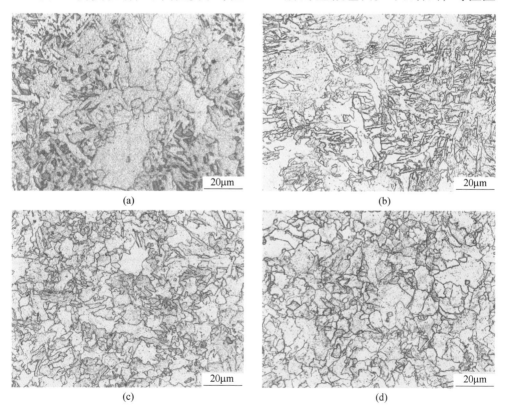

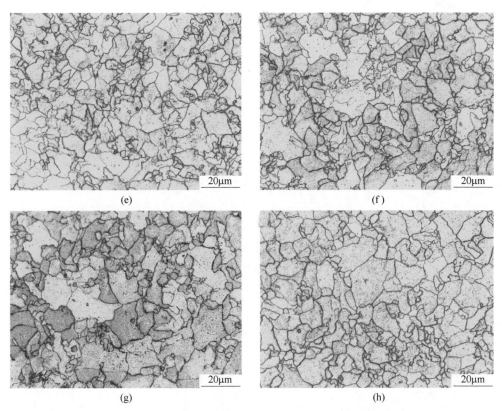

图 5-2   实验钢在不同温度下等温 30min 后的组织形貌

（a）575℃；（b）600℃；（c）625℃；（d）650℃；（e）675℃；（f）700℃；（g）725℃；（h）750℃

度高于 675℃ 时，基体组织为晶界平直的等轴铁素体晶粒；随等温温度降至 650℃，基体组织为准多边形铁素体，铁素体晶粒不规则，且晶粒间边界不清晰；当等温温度降至 625℃ 时，基体中的准多边形铁素体数量明显减少，基体中出现粒状贝氏体的组织特征，其铁素体晶粒呈板条状；当等温温度降至 575℃ 以下时，基体为贝氏体和铁素体混合组织，继续降低温度，基体组织变化不明显。

通过 Image-Pro Plus 软件统计不同温度下等温 30min 后铁素体平均晶粒尺寸，结果如图 5-3 所示。由图 5-3 可知，随着等温温度降低，钛微合金高强钢中铁素体的平均晶粒尺寸随之减小，且晶粒尺寸均匀性变得较差。当奥氏体向铁素体转变时，等温温度越低，$\gamma \rightarrow \alpha$ 转变时过冷度越大，铁素体的形核驱动力增大，形核率增高，使得转变生成的铁素体晶粒的平均尺寸更加细小。

5.1.3   等温转变曲线

由于不同组织的比容不同，因此过冷奥氏体发生相变时必定引起体积变化，

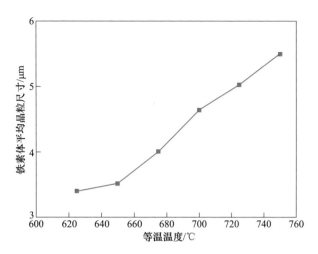

图 5-3 实验钢在不同温度等温 30min 后的铁素体平均晶粒尺寸

进而在膨胀曲线上出现拐点，根据这些拐点可得到钢中各相的临界点、转变温度、时间等数据。本实验利用 Gleeble-3800 热力模拟机，采用膨胀法测定了实验钢在不同温度等温发生相变的开始点、结束点。

实验钢在 625℃ 等温的膨胀量-时间曲线如图 5-4 所示。图 5-4 中 ab 段为试样从高温淬火到等温温度时过冷奥氏体冷却收缩；bc 段为试样的相变孕育期；cd 为过冷奥氏体转变为铁素体的过程。在膨胀曲线上做切线，切点 d 处为相变完成点。实验测得在 625℃ 发生相变的孕育期约为 10s，相变结束时间约为 300s。

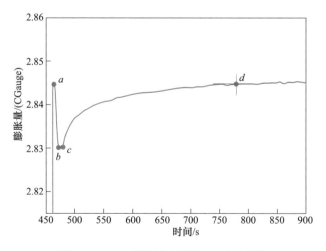

图 5-4 625℃ 等温转变膨胀量-时间曲线

为验证热膨胀曲线确定相变时间的方法是否准确可靠，分别选取在 c 点和 d

点将试样淬入水中，观察其组织，如图 5-5 所示。由图 5-5 可知，实验钢在 625℃等温 10s 后只有少量铁素体（F）在原奥氏体晶界生成，基体绝大部分是马氏体组织（M），说明 γ→α 相变刚刚开始；当等温时间延长至 300s 时，试样组织几乎全部为铁素体，没有发现马氏体。这证明了用热膨胀法所测 TTT 曲线的准确性，不同温度等温对应的相变开始和结束的时间在表 5-1 中给出。

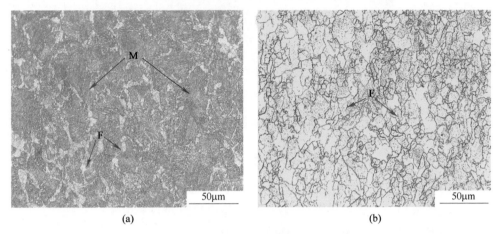

(a)   (b)

图 5-5   625℃等温不同时间后组织形貌

（a）10s；（b）300s

表 5-1   不同温度等温发生相变的开始及结束时间

温度/℃	600	625	650	675	700	725	750
相变开始点时间/s	12	9	7	5	9	15	20
相变结束点时间/s	320	290	120	80	120	240	600

根据膨胀曲线所测的相变开始和结束时间，结合图 5-2 金相观察结果，绘制如图 5-6 所示的等温转变曲线。由图 5-6 可以看出，随等温温度降低，实验钢完成 γ→α 转变所需时间先减少后增加；实验钢在 675℃等温时相变孕育期为 5s，完成相变所用时间为 80s，相变速度最快。随等温温度降低，组织逐渐转变为准多边形铁素体（QF），但形成完全的准多边形铁素体的温度区间较小，在 650~675℃温度范围内。当等温温度降至 650℃以下时，组织逐渐转变为准多边形铁素体和粒状贝氏体（GF）的混合组织，相变孕育期延长。

过冷奥氏体等温转变曲线（TTT 曲线）的变化规律与过冷奥氏体的稳定性有关，而过冷奥氏体的稳定性受两个因素控制：一是转变前后旧相和新相的自由能差值；二是不同等温温度下的原子扩散系数。当等温温度较低时，过冷度较大，旧相和新相的自由能差值大，但较低的温度降低了原子的扩散系数，相变自由能差值和原子扩散系数的综合作用使得较低温度下等温相变的速度较慢，如在

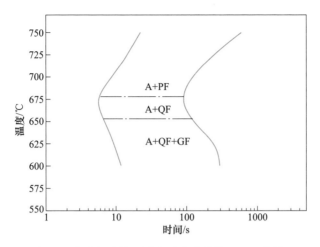

图 5-6 实验钢的等温转变动力学曲线（TTT 曲线）

600℃等温时完成相变所需时间约为 320s。在较高温度等温时，原子扩散系数大，扩散速度快，但相变前后新旧两相的自由能差值较小，此时完成相变所用时间也较长。只有在 675℃等温时，新旧两相自由能差和原子扩散系数配合良好，相变孕育期最短，转变速度最快，这就是通常所说的鼻尖温度。

5.2 形变诱导析出 PTT 曲线

5.2.1 实验方案

图 5-7 为应力松弛实验方案示意图。在 Gleeble-3800 热模拟实验机上，将试样加热到 1200℃保温 5min 进行固溶处理。随后以 5℃/s 冷却至再结晶区轧制温

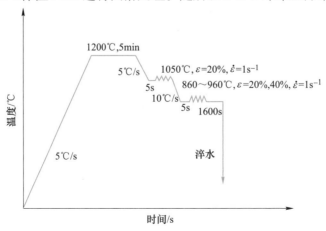

图 5-7 应力松弛实验方案示意图

度 1050℃，以 1s⁻¹ 的应变速率变形 20%，然后以 10℃/s 冷却到实验温度（860℃、880℃、900℃、920℃、940℃、960℃），分别进行 20%、40% 的变形后，保持总应变 1600s 不变，然后淬水。实验结束后，从热模拟机计算机系统中提取实验数据，通过 Origin 数据处理软件对数据进行处理和分析。

5.2.2 不同变形量下的应力松弛曲线

图 5-8 和图 5-9 分别是试样在 860 ~ 960℃ 温度范围变形 20%、40% 后保温 1600s 后的应力松弛曲线。不同变形量下应变诱导 TiC 析出的开始和结束时间分别在表 5-2 和表 5-3 中给出，分别对应着曲线上第一和第二个箭头处。

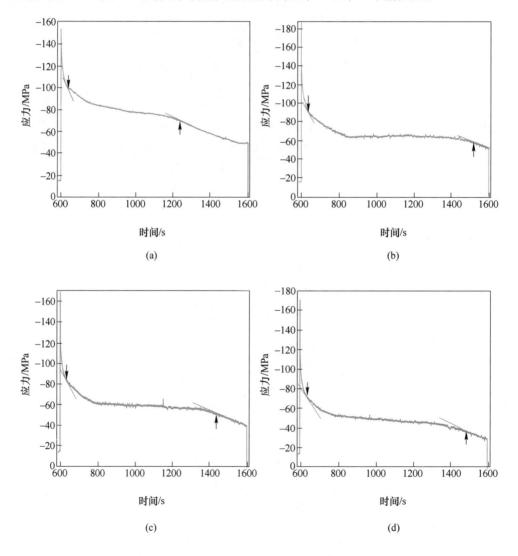

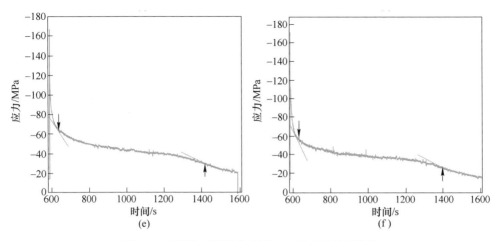

图 5-8　试样在不同温度变形 20% 的应力松弛曲线

(a) 860℃；(b) 880℃；(c) 900℃；(d) 920℃；(e) 940℃；(f) 960℃

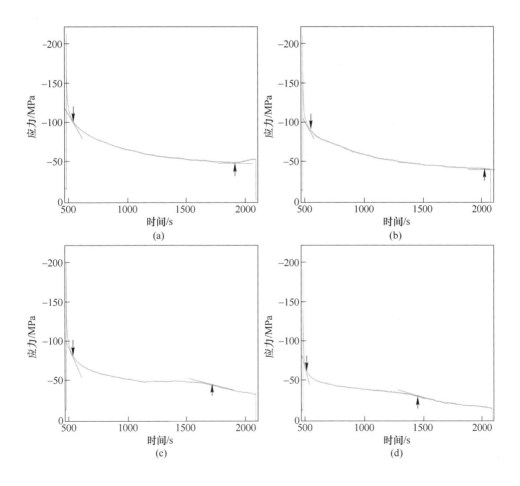

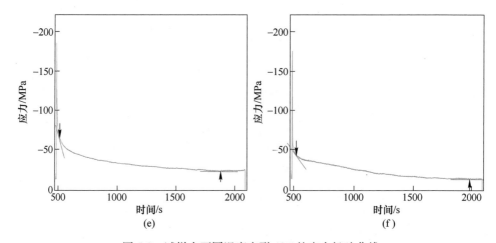

图 5-9　试样在不同温度变形 40%的应力松弛曲线

（a）860℃；（b）880℃；（c）900℃；（d）920℃；（e）940℃；（f）960℃

表 5-2　试样在不同温度变形 20% 后析出开始时间和结束时间

变形温度/℃	860	880	900	920	940	960
析出开始点 P_s/s	143.4	87.3	62.5	65	105.5	139.7
析出结束点 P_f/s	944.8	898.2	792	780	809	940

表 5-3　试样在不同温度变形 40% 后析出开始时间和结束时间

变形温度/℃	860	880	900	920	940	960
析出开始点 P_s/s	94.3	71.2	44.4	58.3	76.5	81.5
析出结束点 P_f/s	1487.5	1274.4	1145.9	1231.2	1566.8	1585.7

可以把图 5-8 和图 5-9 中曲线分为三个阶段：（1）加工硬化后的软化过程。变形后总应变保持不变，由于发生回复和再结晶的软化过程，应力随时间的延长逐渐降低。（2）形变诱导 TiC 析出过程。其标志是曲线的斜率开始发生明显变化（减小），如每个图中第一个箭头所示，析出物由于钉扎住位错，阻碍了软化过程进行，在曲线上出现应力平台。（3）析出后的软化过程。在每个图中的第二个箭头处，曲线的斜率再次发生明显变化（增大），说明析出结束，长大的析出物无法钉扎位错和晶界，回复和再结晶的软化过程再次成为矛盾的主要方面。

5.2.3　析出-时间-温度曲线

M. G. Akben[12]、Liu[13] 和王振强[14] 等分别采取高温流变应力法、应力松弛法和双道次压缩法研究了钛微合金钢中 TiC 形变诱导析出动力学，三种方法测得的析出-时间-温度（PTT）曲线都呈典型的"C"形，Liu 和王振强的研究结果较为一致，PTT 曲线鼻尖温度在 900 ℃左右。与应力松弛法相比，通过双道次压缩法测得的 PTT 曲线鼻尖时间更短。娄艳芝[15]研究了 Ti 微合金钢的形变诱导析出行为，采用应力松弛法所测得的 PTT 曲线，其鼻尖温度高于实际值。孙超凡[16]研究了不同轧制工艺下（Ti，Mo）（C，N）的析出情况，结果表明：碳氮化物比碳化物析出温度高，粒子尺寸大。

根据表 5-2 和表 5-3 中的数据作图，绘制了形变诱导析出的 PTT（析出-时间-温度）曲线，如图 5-10 所示。

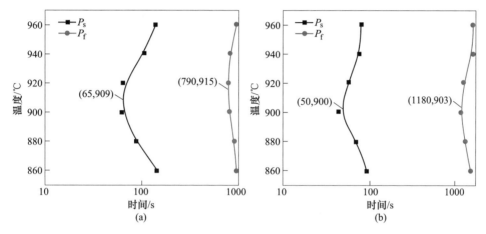

图 5-10　不同形变量下实验钢中 TiC 的 PTT 曲线

（a）20%；（b）40%

形变诱导析出是典型的"C"曲线。可以看出，析出开始时间和结束时间差了近一个数量级，鼻子点约在 900℃，这个温度恰好接近于再结晶的终止温度。在鼻子点以上的较高温度，尽管原子的扩散速度快，但由于发生再结晶，消耗了能量，延缓了形变诱导析出过程；在鼻子点以下的较低温度，虽然没有发生再结晶，但由于原子的扩散速度缓慢，同样延缓了形变诱导析出过程。

从图 5-10 中还可以看出，变形量对形变诱导 TiC 析出 PTT 曲线的影响：（1）变形量增加使鼻尖温度降低，使析出开始时间提前。这是由于增加变形量在晶体中引入更多的缺陷和能量，使得析出更容易发生；（2）变形量增加推迟了析出结束时间，延长了析出过程。这是由于增加变形量促进了析出，增加了析出物的体积分数，对位错和晶界的钉扎作用更为强烈，延缓了软化过程。

5.3　等温相变和等温析出的关系研究

现阶段国内外学者对钛微合金化高强钢的研究多集中在不同等温条件下纳米碳化物的析出及其沉淀强化效果[17-20]，而对等温相变过程中纳米碳化钛的析出行为研究较少，等温过程中 $\gamma \rightarrow \alpha$ 相变与纳米碳化物析出的关系更是缺乏深入的研究。基于此，本节通过 Gleeble-3800 热力模拟机模拟不同等温工艺，采用维氏硬度计研究了钛微合金钢等温 γ→α 相变过程中纳米碳化钛析出的强化效果，建立等温过程中纳米碳化钛的析出模型。此外，还结合 TTT 曲线和 TiC 析出的 PTT 曲线分析了相变和析出影响强度的作用机理。

5.3.1 实验方案

为研究相变过程中组织变化情况及力学性能变化规律，依据实验钢 TTT 曲线，选定 650℃、675℃、700℃分别等温 30s、60s、300s 后淬水，具体实验工艺如图 5-11 所示。将淬水后试样切割、磨抛后制备金相试样，观察金相组织并采用 Zwick-A 型维氏硬度计测定实验钢等温转变过程中生成的铁素体晶粒维氏硬度。为确保压痕位于铁素体晶粒内，选用 10g 载荷，加载时间为 15s，每个试样测定 100 次。

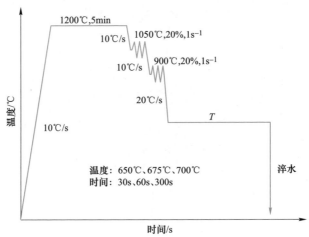

图 5-11 相变过程中测定铁素体晶粒维氏硬度实验方案

5.3.2 等温过程中铁素体晶粒硬度变化规律

为探究铁素体等温过程中沉淀强化与铁素体相变关系，根据实验钢 TTT 转变曲线，选定 650℃、675℃、700℃分别等温 30s、60s、300s 后淬水，测定实验钢的铁素体晶粒内维氏硬度，相关结果如图 5-12 所示。

试样在 650℃、675℃、700℃等温 30s 时维氏硬度分布范围分别为 160~320、160~340、160~340，等温时间延长至 300s 后，维氏硬度分布范围分别为 260~390、240~360、220~360。结果表明，随着等温时间延长，维氏硬度整体向更高值移动，分散度显著降低，铁素体晶粒的力学性能更加均匀。值得注意的是，无论等温温度高低，在较短等温时间内生成的铁素体晶粒内维氏硬度分散度都较大，这意味着相变前期不同铁素体晶粒内部纳米碳化物析出情况差异较大。

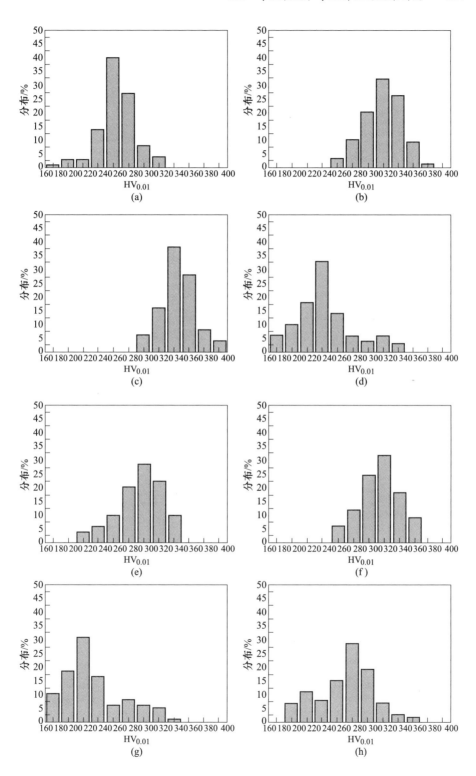

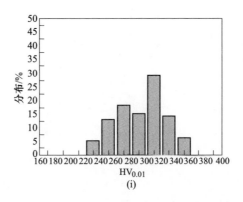

图 5-12 试样等温转变后铁素体晶粒的维氏硬度

(a) 650℃-30s；(b) 650℃-60s；(c) 650℃-300s；(d) 675℃-30s；(e) 675℃-60s；
(f) 675℃-300s；(g) 700℃-30s；(h) 700℃-60s；(i) 700℃-300s

　　为研究相变过程中等温温度对沉淀强化效果的影响，对图 5-12 中所得维氏硬度进行统计并取均值，相关结果如图 5-13 所示。由图 5-13 可知，在相同等温时间下，随等温温度降低，维氏硬度逐渐升高。由于维氏硬度所测组织均为铁素体，因此维氏硬度的变化主要归因于等温过程中纳米碳化钛粒子的析出形态和体积分数。

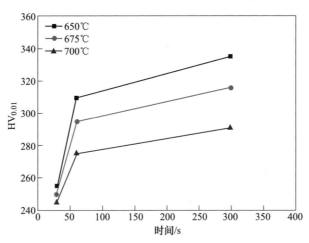

图 5-13 不同等温工艺下实验钢维氏硬度均值

5.3.3 等温相变过程中纳米碳化物析出模型

　　针对相变过程中不同等温时间下铁素体晶粒内维氏硬度变化规律，国内外学者进行了相关研究，结果表明[21-23]相变过程中沉淀强化效果与奥氏体分解动力学有关。本节通过 Image-Pro Plus 软件测量 675℃等温不同时间后淬火试样的铁素体面积，获得铁素体转变分数，绘制 675℃ 等温时铁素体转变动力学曲线，相关结果如图 5-14 所示。结合图 5-12 等温过程中铁素体晶粒的维氏硬度变化，运用相间析出的形成理论[24,25]，可将 675℃ 等温相变过程中的析出行为大致分为三个阶段，即等温转变前期、等温转变中期、等温转变末期。

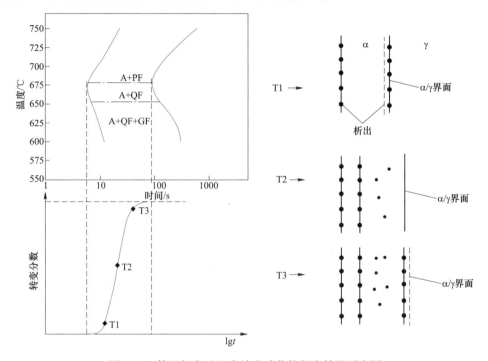

图 5-14　等温相变过程中纳米碳化物析出情况示意图

等温转变前期（T1）：铁素体晶粒通常在原奥氏体晶界处成核并沿着晶界稳定生长，γ/α 界面移动速率较慢，析出物粒子有充足时间在界面形核，根据相间析出形成模型。此阶段有相间析出的纳米碳化钛粒子在界面上生成，产生沉淀强化效果，此时维氏硬度开始上升。

等温转变中期（T2）：γ/α 界面移动速率较快，γ/α 相界面的移动速率与 Ti、C 元素的扩散速率在一定区域内无法协调，纳米碳化钛在相界面尚未达到临界形核尺寸，转变中期初始阶段形成大量不含析出粒子的铁素体晶粒，所以此阶段维氏硬度测定结果较为分散，如图 5-12（d）所示。

等温转变末期（T3）：γ/α 界面移动速率减缓，满足相间析出形成条件，且随着等温时间延长，纳米 TiC 粒子将在转变中期形成的铁素体晶粒内持续弥散析出，析出粒子体积分数更大，维氏硬度增大且分布更加集中，如图 5-12（e）所示。继续延长等温时间，TiC 粒子在铁素体中持续弥散析出，维氏硬度继续升高，如图 5-12（f）所示。

5.4 形变诱导析出和等温析出的耦合作用研究

5.4.1 实验方案

根据析出-时间-温度（PTT）曲线，得到形变诱导析出鼻尖温度为 900℃，析出开始时间在 60s 左右，析出结束时间在 1000s 左右，因此分别选择应力松弛 50、1000s、1500s 的试样，作为形变诱导析出开始前、接近结束以及粒子粗化后的试样，考察形变诱导析出对奥氏体再结晶的影响，以及和等温析出的耦合作用效果。

为分析应力松弛过程中奥氏体组织的演变过程，制定如图 5-15 所示的实验方案，进行热模拟实验。以 5℃/s 将试样加热到 1200℃，保温 5min 后将试样以 5℃/s 冷却到 1050℃保温 5s，然后进行压缩变形，变形速率为 $1s^{-1}$，变形量为 20%。再以 10℃/s 冷却至 900℃，保温 5s，分别变形 20%、40%，变形速率为 $1s^{-1}$。变形后保持不同时间（50s，1000s，1500s）淬水，观察奥氏体组织。

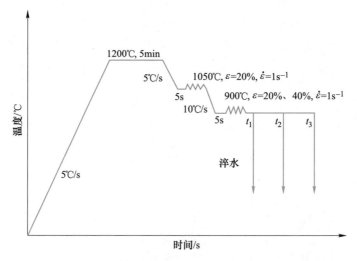

图 5-15 应力松弛过程中奥氏体组织演变的实验方案

在上述应力松弛实验过程中，将试样（变形 40%后）分别保持不同时间（50s，1000s，1500s）后以 10℃/s 冷却速率冷却至 600℃，随后采取两种工艺路线：（1）保温 600s 后冷却至室温；（2）直接以 3℃/s 冷却至室温。对试样进行 30%的压缩变形，从而获得室温下的应力-应变曲线，并采用 2%应变补偿法测量钢的屈服强度，进行微观组织分析，实验方案如图 5-16 所示。

5.4.2 应力松弛过程中奥氏体的组织演变

图 5-17 和图 5-18 分别给出了在 900℃发生 20%和 40%变形后应力松弛过程

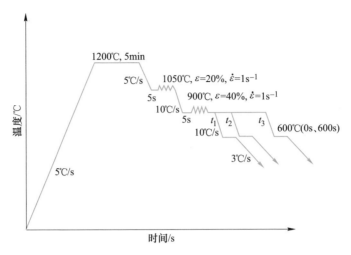

图 5-16　应力松弛后控制冷却工艺方案

中奥氏体组织随时间的变化情况。运用截距法计算出在 20% 变形后 50s、1000s、1500s 的奥氏体晶粒尺寸分别为 45.6μm、34.5μm 和 109.4μm；而 40% 变形后的对应数据分别为 40.3μm、24.4μm、81.4μm。同样时间大变形量下奥氏体晶粒更为细小，而组织的均匀性更差。

图 5-17　20% 变形量下不同保温时间的奥氏体组织
(a) 50s；(b) 1000s；(c) 1500s

900℃ 发生 20% 变形碳化物析出开始和结束时间分别为 62.5s 和 792s；而发生 40% 变形的对应数据分别为 44.4s 和 1145.9s。由于应力松弛过程中应变保持不变，加工硬化和回复、再结晶过程同时进行，再结晶细化组织和等温过程中晶粒长大连续进行。同 20% 相比，40% 变形量有利于奥氏体再结晶和形变诱导析出，而再结晶细化组织和析出物钉扎都是晶粒细化的有利因素，因此其奥氏体组织更为细小[26,27]；而析出物更强的钉扎作用造成了组织得更为不均匀。同 40%

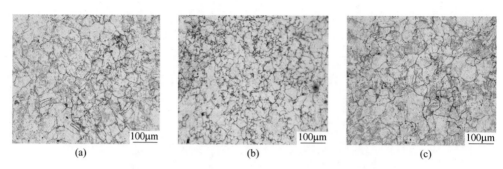

图 5-18   40%变形量下不同保温时间的奥氏体组织

（a）50s；（b）1000s；（c）1500s

相比，20%变形量下碳化物析出更早结束，由于粗化失去对奥氏体晶界的钉扎作用，因此在 1500s 时奥氏体晶粒明显长大。

5.4.3   形变诱导析出和等温析出对力学性能的影响

如图 5-19 和图 5-20 所示，在其他条件一致的情况下，同直接以 3℃/s 冷却至室温相比，经等温处理实验钢的屈服强度明显高得多，这是由于纳米碳化物在等温过程中大量析出，起到显著的沉淀强化效果。而 3℃/s 的冷却速率抑制了纳米碳化物的析出，故室温压缩屈服应力较低。

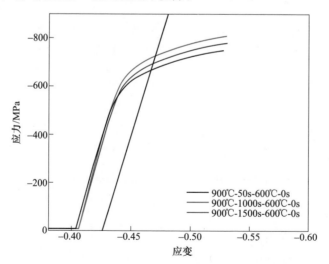

图 5-19   未等温处理室温变形的应力-应变曲线

图 5-19 中同样应变条件下，红线（900℃-1000s-600℃-0s）的应力明显更高。从图 5-18 可以看出，在 900℃变形 40%后 1000s 的奥氏体晶粒最为细小，有证据表明相变后得到了更细的铁素体组织，细晶强化的作用造成具有更高的屈服应力。

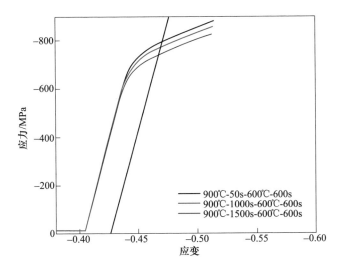

图 5-20 等温处理后室温变形的应力-应变曲线

而在图 5-20 中同样应变条件下，黑线（900℃-50s-600℃-600s）的应力明显更高。在图 5-18 中，尽管同 1000s 相比 50s 的奥氏体晶粒更为粗大，相变后得到较为粗大的铁素体组织，导致细晶强化对屈服强度的贡献稍弱。但是由于钛微合金化高强钢中纳米碳化物的形变诱导析出和等温析出存在竞争关系，在 1000s 时形变诱导析出已基本完成，造成钢中固溶的 Ti 和 C 降低，影响了 TiC 在等温过程中的析出，纳米碳化物的沉淀强化效果显著减弱。

5.5 小结

采用膨胀法结合金相法测定了过冷奥氏体的 TTT 曲线。当等温温度由 750℃降低到 575℃时，相变组织由多边形铁素体向准多边形铁素体、粒状贝氏体转变，有效晶粒尺寸减小。过冷奥氏体等温相变动力学具有"C"曲线的特征，鼻子温度在 675℃，相变开始和结束时间分别为 5s 和 80s。

采用应力松弛的方法研究了形变诱导 TiC 析出动力学。由应力松弛曲线上出现的应力平台确定析出开始和结束时间。PTT 曲线具有典型的"C"曲线特征，20% 变形析出的鼻尖温度为 909℃，析出开始和结束时间分别为 65s 和 790s。变形量增加到 40% 使鼻尖温度降低，使析出开始时间提前，并且推迟了析出结束时间。这是由于增加变形量使析出更容易发生，而析出物体积分数增加，对位错和晶界的钉扎作用更强，延缓了软化过程。

等温析出比等温相变时间约大一个数量级，即相变结束后析出继续进行。分析表明，等温相变动力学影响着析出过程：等温转变前期（T1），γ/α 界面移动速率较慢，相间析出在界面上得以发生；等温转变中期（T2），γ/α 界面移动速率较快，相间析出来不及发生，形成大量不含析出粒子的铁素体晶粒；等温转变末期（T3），γ/α 界面移动速率减缓，满足相间析出形成条件，且随着等温时间延长，纳米 TiC 粒子在铁素体晶粒内持续弥散析出。

由于应力松弛过程中应变保持不变，加工硬化和回复、再结晶过程同时进行，因此使再结晶细化组织和等温过程中晶粒长大连续进行。接近于析出完成时间的 1000s，奥氏体晶粒尺寸最小，同样时间大变形量下奥氏体晶粒更为细小，而组织的均匀性更差。

900℃形变诱导析出和 600℃等温析出的耦合作用研究表明：没有经过等温处理的试样，由于奥氏体转变为铁素体的细晶强化作用造成具有更高的屈服应力；经过等温处理的试样，纳米碳化物充分析出是提高屈服强度的主要原因。在其他条件一致的情况下，同直接以 3℃/s 冷却至室温相比，经等温处理实验钢的屈服强度明显高得多。

参 考 文 献

［1］ 何康. 钛微合金钢等温相变及析出行为研究 ［D］. 镇江：江苏大学，2019.

［2］ 何康，宁玉亮，李烈军，等. 等温工艺对钛微合金钢组织和析出行为的影响 ［J］. 材料热处理学报，2019，40（6）：163-142.

［3］ Huo Xiangdong, He Kang, Xia Jinian, et al. Isothermal transformation and precipitation behaviors of titanium microalloyed steels ［J］. J. Iron Steel Res. Int. , 2021, 28（3）：335-345.

［4］ Xiong Z, Timokhina I, Pereloma E. Clustering, nano-scale precipitation and strengthening of steels ［J］. Progress in Materials Science, 2021, 118：100764.

［5］ Xu G, Gan X, Ma G, et al. The development of Ti-alloyed high strength microalloy steel ［J］. Materials & Design, 2010, 31（6）：2891-2896.

［6］ Jiao Z, Liu C T. Ultrahigh-strength steels strengthened by nanoparticles ［J］. Science Bulletin, 2017, 62（15）：1043-1044.

［7］ Li D, Dong H, Wu K, et al. Effects of cooling after rolling and heat treatment on microstructures and mechanical properties of Mo-Ti microalloyed medium carbon steel ［J］. Materials Science and Engineering：A, 2020, 773：138808.

［8］ Shi R, Wang Z, Qiao L, et al. Microstructure evolution of in-situ nanoparticles and its comprehensive effect on high strength steel ［J］. Journal of Materials Science & Technology, 2019, 35（9）：1940-1950.

［9］ 陈翔. 钛微合金钢的形变诱导析出规律及性能研究 ［D］. 镇江：江苏大学，2019.

［10］ 陈翔，李忠华，何康，等. 钛微合金钢形变诱导析出规律的热模拟 ［J］. 材料热处理学报，2019，40（5）：162-167.

［11］ Huo Xiangdong, Lv Zhiwei, Ao Chen, et al. Effect of strain-induced precipitation on microstructure and properties of titanium micro-alloyed steels ［J］. J. Iron Steel Res. Int. , 2021, DOI：

10. 1007/s42243-021-00634-x.

[12] Akben M G, Chandra T, Plassiard P, et al. Dynamic precipitation and solute hardening in a ti-
     tanium microalloyed steel containing three levels of manganese [J]. Acta Metallurgica, 1984,
     32 (4): 591-601.

[13] Liu W J, Jonas J J. A stress relaxation method for following carbonitride precipitation in austenite
     at hot working temperatures [J]. Metallurgical and Materials Transactions A, 1988, 19 (6):
     1403-1413.

[14] Wang Z Q, Mao X P, Yang Z G, et al. Strain-induced precipitation in a Ti micro-alloyed HSLA
     steel [J]. Materials Science & Engineering A, 2011, 529 (1): 459-467.

[15] 娄艳芝, 柳得櫂. CSP 工艺钛微合金钢沉淀动力学 PTT 曲线的测定 [J]. 现代科学仪器,
     2009 (4): 112-114.

[16] 孙超凡, 蔡庆伍, 武会宾, 等. 轧制工艺对铁素体基 Ti-Mo 微合金钢纳米尺度碳氮化物析
     出行为的影响 [J]. 金属学报, 2012, 48 (12): 1415-1421.

[17] Chen J, Lv M Y, Tang S, et al. Precipitation characteristics during isothermal γ to α transforma-
     tion and resultant hardness in low carbon vanadium-titanium bearing steel [J]. Materials Science
     and Technology, 2016, 32 (1): 15-21.

[18] Mukherjee S, Timokhina I, Zhu C, et al. Clustering and precipitation processes in a ferritic titanium-
     molybdenum microalloyed steel [J]. Journal of Alloys and Compounds, 2017, 690: 621-632.

[19] Patra P K, Sam S, Singhai M, et al. Effect of coiling temperature on the microstructure and me-
     chanical properties of hot-rolled Ti-Nb microalloyed ultra high strength steel [J]. Transactions of
     the Indian Institute of Metals, 2017, 70 (7): 1773-1781.

[20] Cheng L, Cai Q, Yu W, et al. Coarsening of nanoscale (Ti, Mo) C precipitates in different fer-
     ritic matrixes [J]. Materials Characterization, 2018, 142: 195-202.

[21] 徐洋. 钛微合金化钢中铁素体相变及纳米相析出行为与机理研究 [D]. 沈阳: 东北大
     学, 2015.

[22] Yen H W, Chen P Y, Huang C Y, et al. Interphase precipitation of nanometer-sized carbides in
     a titanium-molybdenum-bearing low-carbon steel [J]. Acta Materialia, 2011, 59 (16):
     6264-6274.

[23] Chen J, Lv M Y, Tang S, et al. Precipitation characteristics during isothermal γ to α transfor-
     mation and resultant hardness in low carbon vanadium-titanium bearing steel [J]. Materials Sci-
     ence and Technology, 2015, 32 (1): 15-21.

[24] Yen H W, Huang C Y, Yang J R. Characterization of interphase-precipitated nanometer-sized
     carbides in a Ti-Mo-bearing steel [J]. Scripta Materialia, 2009, 61 (6): 616-619.

[25] Xu Y, Zhang W, Sun M, et al. The blocking effects of interphase precipitation on dislocations
     movement in Ti-bearing micro-alloyedsteels [J]. Materials Letters, 2015, 139: 177-181.

[26] Sakai T, Belyakov A, Kaibyshev R, et al. Dynamic and post-dynamic recrystallization under hot,
     cold and severe plastic deformation conditions [J]. Progress in Materials Science, 2014, 60:
     130-207.

[27] Gong P, Palmiere E J, Rainforth W M. Characterisation of strain-induced precipitation behaviour
     in microalloyed steels during thermomechanical controlled processing [J]. Materials Character-
     ization, 2017, 124: 83-89.

6 钛元素对低碳钢组织和力学性能的影响

<<<<<<<<<<<<<<<<<<<<<<<<<<<<<<<<<<<<<<<<<<<<<<<<<<<<<<<<<<<<

到目前为止，所有的研究都只是针对单一钛微合金化高强钢开展的。尽管在定量分析 ZJ700W 高强钢强化机理的工作中，以普通集装箱板 SPA-H 作为参考钢[1]，但是并没有进行再结晶、相变等组织演变的对比研究。

为了阐明钛元素在钢中的作用，在真空感应炉中熔炼了低碳钢和同等化学成分的含钛钢，主要采用热模拟的实验方法，研究了低碳钢中加入钛元素对变形奥氏体再结晶和过冷奥氏体连续相变行为的影响[2]。对比研究了低碳钢和含钛钢在 TMCP 工艺条件下的组织演变规律和等温压缩强度[3]。最后，通过研究钛元素对相变组织显微硬度的影响及在 700℃、600℃ 等温压缩屈服强度随时间的变化规律，讨论了纳米碳化物的沉淀强化效果[4]。

这是一项过渡性的工作，此后的研究将围绕着低碳钢、含钛钢和 Ti-Mo 钢三个钢种系统、深入地展开[5]。但是研究结果初步阐明了钛元素在钢中所起的作用，包括 0.105%Ti 抑制了过冷奥氏体的连续冷却相变。通过低碳钢和含钛钢的对比研究，基本阐明了钛元素对实验钢组织演变的影响、等温过程中纳米碳化物的析出过程及其沉淀强化效果。

6.1 钛元素对低碳钢再结晶影响的规律研究

6.1.1 实验材料和研究方案

实验材料使用真空感应炉熔炼，随后在真空下浇铸，锻造为 100mm×100mm×50mm 的坯料。根据实验要求，将坯料加工成 ϕ10mm×15mm 的圆柱形试样，其化学成分见表 6-1。由表 6-1 可以看出，除了钛元素，其余元素含量基本相同。

表 6-1   实验钢的化学成分   （%）

成分	C	Ti	Mn	S	P	Cu	Cr	Ni	N	Si
低碳钢	0.053	0	0.990	0.0044	0.0074	0.257	0.519	0.253	0.0024	0.270
含钛钢	0.053	0.105	0.987	0.0044	0.0078	0.254	0.522	0.245	0.0024	0.289

动态再结晶研究方案为：将试样以 10℃/s 加热到 1200℃，保温 5min，随后以 5℃/s 分别冷却至 1100~850℃ 范围（间隔 50℃），保温 10s 后进行单道次 50% 的压缩变形，变形速率分别为 1s⁻¹、0.1s⁻¹、0.05s⁻¹、0.025s⁻¹。

静态再结晶研究方案为：将试样以 10℃/s 加热到 1200℃，保温 5min，随后以 5℃/s 冷却至 1050℃、1000℃、975℃、950℃和 900℃后分别进行 20%、30%、40%的第一道次压缩变形，变形速率为 1s⁻¹，接着分别保温 1s、5s、10s、30s、100s 后进行第二道次 20%压缩变形。

6.1.2　动态再结晶

图 6-1 为不同温度、不同应变速率下的应力-应变曲线。可以发现，随着变形量增加，曲线呈现两种形式：一种持续上升，说明加工硬化一直起主导作用；另一种上升达到峰值后下降趋于平缓，说明发生了动态再结晶。同样的变形速率下，低变形温度的曲线位置更高，说明加工硬化程度加大，而高变形温度更容易发生动态再结晶；同样的变形温度，低应变速率更容易发生动态再结晶。同低碳钢相比，含钛钢动态再结晶变得更加困难，只有在更高温度和更低应变速率才能发生。

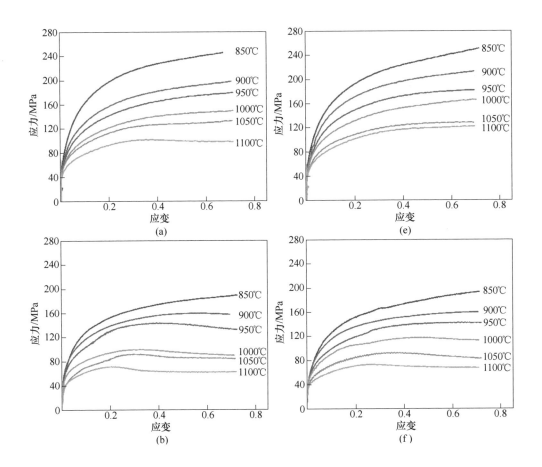

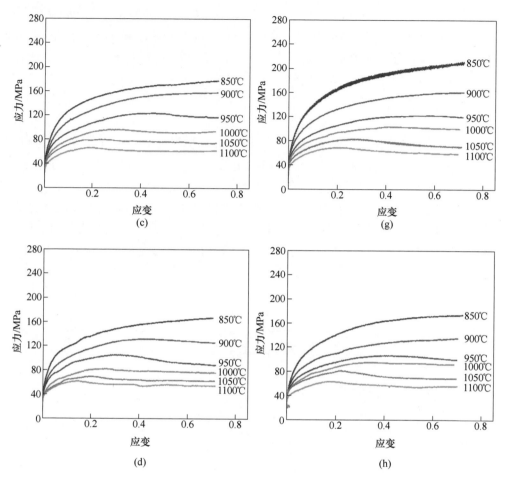

图 6-1 不同温度下的应力-应变曲线

低碳钢：(a) $\dot{\varepsilon}=1\mathrm{s}^{-1}$；(b) $\dot{\varepsilon}=0.1\mathrm{s}^{-1}$；(c) $\dot{\varepsilon}=0.05\mathrm{s}^{-1}$；(d) $\dot{\varepsilon}=0.025\mathrm{s}^{-1}$；

含钛钢：(e) $\dot{\varepsilon}=1\mathrm{s}^{-1}$；(f) $\dot{\varepsilon}=0.1\mathrm{s}^{-1}$；(g) $\dot{\varepsilon}=0.05\mathrm{s}^{-1}$；(h) $\dot{\varepsilon}=0.025\mathrm{s}^{-1}$

　　从图 6-2 中可以看出实验钢的成分、应变速率、变形温度对动态再结晶的影响。变形温度越高、应变速率越低，越容易发生动态再结晶；同样变形温度下，同低碳钢相比，含钛钢只有在更低的应变速率下才能发生动态再结晶。从表 6-2 中可以看出，同样的应变速率下，含钛钢的动态再结晶温度更高。

　　在表 6-3 和表 6-4 中分别给出了低碳钢和含钛钢在不同条件下发生动态再结晶的应力峰值。可以看出，在同样的应变速率下，钛元素的加入使动态再结晶的临界温度提高了 50℃。同样是低碳钢或含钛钢，应变速率减小使发生动态再结晶的临界温度降低，变形速率为 $1\mathrm{s}^{-1}$ 时，含钛钢即使在 1100℃ 也没有发生动态再结晶，变形速率为 $0.025\mathrm{s}^{-1}$ 时，低碳钢在 850℃ 也不能发生动态再结晶。

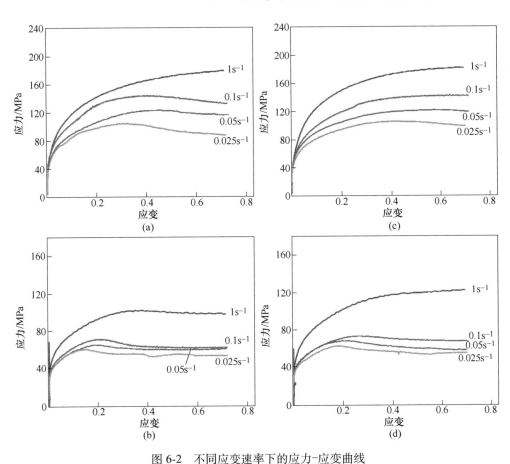

图 6-2　不同应变速率下的应力-应变曲线

（a）低碳钢，950℃；（b）低碳钢，1100℃；（c）含钛钢，950℃；（d）含钛钢，1100℃

表 6-2　实验钢发生动态再结晶的最低温度

应变速率/s⁻¹	低碳钢的最低温度/℃	含钛钢的最低温度/℃
1	1100	—
0.1	950	1000
0.05	950	1000
0.025	900	950

表 6-3　低碳钢在不同温度下发生动态再结晶的应力峰值

温度/℃	应变速率 1s⁻¹		应变速率 0.1s⁻¹		应变速率 0.05s⁻¹		应变速率 0.025s⁻¹	
	ε_p	σ_p/MPa	ε_p	σ_p/MPa	ε_p	σ_p/MPa	ε_p	σ_p/MPa
850	—	—	—	—	—	—	—	—
900	—	—	—	—	—	—	0.45	131.88

温度/℃	应变速率 1s^{-1}		应变速率 0.1s^{-1}		应变速率 0.05s^{-1}		应变速率 0.025s^{-1}	
	ε_p	σ_p/MPa	ε_p	σ_p/MPa	ε_p	σ_p/MPa	ε_p	σ_p/MPa
950	—	—	0.42	143.96	0.41	123.44	0.33	105.29
1000	—	—	0.34	99.43	0.29	95.87	0.26	83.03
1050	—	—	0.27	91.19	0.23	78.28	0.20	68.93
1100	0.34	102.36	0.20	71.23	0.19	65.36	0.15	60.69

表 6-4 含钛钢在不同温度下发生动态再结晶的应力峰值

温度/℃	应变速率 1s^{-1}		应变速率 0.1s^{-1}		应变速率 0.05s^{-1}		应变速率 0.025s^{-1}	
	ε_p	σ_p/MPa	ε_p	σ_p/MPa	ε_p	σ_p/MPa	ε_p	σ_p/MPa
850	—	—	—	—	—	—	—	—
900	—	—	—	—	—	—	—	—
950	—	—	—	—	—	—	0.43	105.85
1000	—	—	0.47	117.58	0.44	103.55	0.34	94.12
1050	—	—	0.35	93.73	0.29	81.84	0.22	80.66
1100	—	—	0.26	74.24	0.20	68.77	0.17	63.62

在同样的变形温度，随着变形速率减小，发生动态再结晶的变形量减小、峰值应力降低；采用同样的变形速率，随着变形温度升高，发生动态再结晶的变形量减小、峰值应力降低。同样的变形温度和变形速率下发生动态再结晶，含钛钢比低碳钢需要更大的变形量，并且达到更高的峰值应力。

综上分析可以得出结论，钛元素加入抑制了奥氏体的动态再结晶，究竟是溶质拖曳、析出物钉扎或者两者兼而有之，还需要进行更加深入地研究。

6.1.3 静态再结晶

取应变为 2% 时的应变值为屈服应力，按如下公式计算静态再结晶软化率，绘制软化率曲线。

$$X_s = \frac{\sigma_m - \sigma_2}{\sigma_m - \sigma_1} \quad (6-1)$$

式中，X_s 为静态再结晶软化率；σ_m 为第一次变形后的应力峰值；σ_1 为第一次变形时的屈服应力值；σ_2 为第二次变形时的屈服应力值。

图 6-3~图 6-5 分别给出了不同道次间隔时间、不同变形量、不同变形温度下两道次变形的应力-应变曲线。可以看出，延长道次间隔时间、减小变形量、提高变形温度都会造成第二道次应力-应变曲线下降；同样条件下无论是第一道次变形还是第二道次变形，含钛钢比低碳钢有更高的峰值应力。

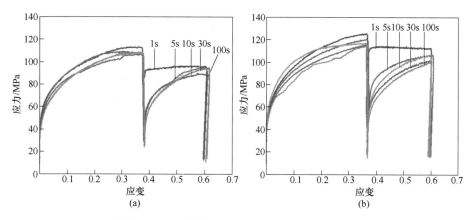

图 6-3 不同道次间隔时间下的应力-应变曲线

（a）低碳钢；（b）含钛钢

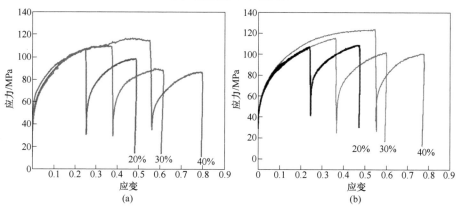

图 6-4 不同变形量下的应力-应变曲线

（a）低碳钢；（b）含钛钢

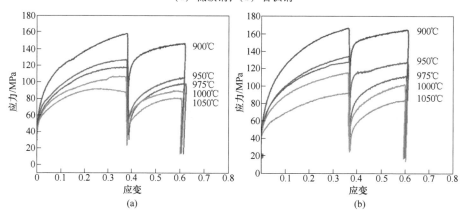

图 6-5 不同变形温度下的应力-应变曲线

（a）低碳钢；（b）含钛钢

　　计算了不同变形量下奥氏体静态再结晶软化率，如图 6-6 所示。随着第一道次变形量增加，再结晶软化率升高；在同样的变形量下，含钛钢的再结晶软化率更高；变形量对含钛钢静态再结晶软化率的影响更为显著。

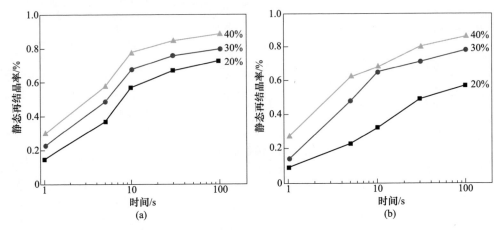

图 6-6　变形量对奥氏体静态再结晶软化率的影响

（a）低碳钢；（b）含钛钢

　　图 6-7 给出了温度对静态再结晶软化率的影响。随着温度升高和道次间隔时间延长，再结晶软化率升高。在同样温度下，含钛钢的再结晶软化率曲线位置更低，尤其是在 950℃和 900℃，再结晶软化率随道次间隔时间延长增加缓慢，在 100s 时也只有约 20%。因此钛元素的加入扩大了奥氏体未再结晶区的工艺窗口，同低碳钢相比，为未再结晶区控制轧制创造了条件。

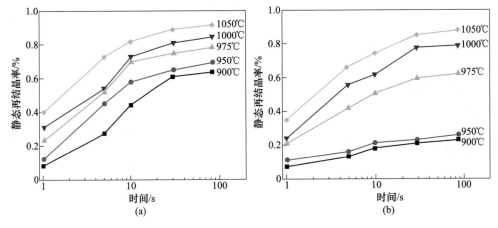

图 6-7　温度对奥氏体静态再结晶软化率的影响

（a）低碳钢；（b）含钛钢

6.2 钛元素对低碳钢连续相变的影响规律研究

6.2.1 实验材料和研究方案

实验材料见表 6-1。

在热模拟机上将试样以 10℃/s 加热到 1200℃，保温 5min，随后以 5℃/s 冷却至 950℃，保温 10s 后以 0.5~30℃/s 的速度冷却到室温，记录连续冷却过程的温度-膨胀量曲线，结合金相组织观察绘制静态 CCT 曲线。

在热模拟机上将试样以 10℃/s 加热到 1200℃，保温 5min，随后以 5℃/s 冷却至 950℃，保温 5s 后进行应变速率 1s^{-1}、压缩量 50% 的变形，然后以 0.5~30℃/s 的速度冷却到室温，记录连续冷却过程的温度-膨胀量曲线，结合金相组织观察绘制动态 CCT 曲线。

950℃ 变形温度的选择依据是图 6-7 中奥氏体静态再结晶软化率曲线。

6.2.2 静态 CCT 曲线及相变组织

未变形的低碳钢和含钛钢连续冷却的相变温度在表 6-5 给出，对应的静态 CCT 曲线如图 6-8 所示。可以看出，尽管两种实验钢仅存在 Ti 含量（0.105%）的差别，但过冷奥氏体连续冷却相变的开始温度发生了显著变化，几乎在所有冷却速率下，含钛钢的相变开始温度降低 80~100℃，这说明钛元素显著推迟了过冷奥氏体连续冷却相变。但是两种实验钢的相变结束温度差别不大，为 10~20℃。

表 6-5 未变形试样连续冷却的相变温度

冷却速率/℃·s^{-1}	开始点温度/℃		结束点温度/℃		温度差/℃	
	低碳钢	含钛钢	低碳钢	含钛钢	低碳钢	含钛钢
0.5	802.7	709.2	637.4	623.6	165.3	85.6
1	797.5	694.4	612.6	602.2	184.9	92.2
3	753.6	677.4	586.5	572.3	167.1	105.1
5	728.5	651.8	564.8	540.9	163.7	110.9
10	716.1	635.9	528.5	514.1	187.6	121.8
15	701.2	617.5	508.1	489.6	193.1	127.9
20	689	601.2	497.8	486.3	191.2	114.9
30	677.1	587.1	490.2	474.7	186.9	112.4

随着冷却速率增加，两种实验钢的相变温度区间都移向低温，相变开始温度和结束温度的差值总体呈现增加的趋势。冷却速率低时，试样在较高温度停留的时间较长，相变进行得较为充分；冷却速率高时，试样在较低温度停留的时间较短，继续被推向低温。

需要注意，0.5℃/s 冷却速率下低碳钢和含钛钢相变结束温度分别为637.4℃和623.6℃。这提示我们，在高于此温度的等温相变过程中，即使延长等温时间，相变也未必能够完成。而在 20℃/s 冷却速率下，含钛钢的相变开始温度为 601.2℃，如果以此冷却速率冷却到等温相变温度，在 600℃ 以下相变已经开始，而 600℃ 以上相变尚未发生，这都会对等温相变动力学的研究结果发生影响。

综上所述，过冷奥氏体连续冷却相变和等温相变不是各自孤立的两个组织演变过程，而是相互联系的。在过冷奥氏体相变的研究中，应该把 CCT 曲线和 TTT 曲线放在一起考虑。

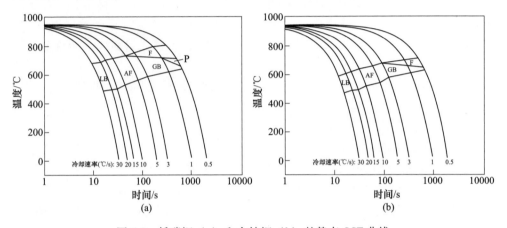

图 6-8 低碳钢（a）和含钛钢（b）的静态 CCT 曲线

从图 6-8 中可以明显看出，含钛钢的相变温度区间比低碳钢的更窄。随着冷却速率由 0.5℃/s 增加到 30℃/s，低碳钢的相变组织由铁素体+珠光体逐渐向粒状贝氏体、针状铁素体和板条贝氏体转变。含钛钢也是这样的规律，只是在低冷却速率时没有出现珠光体，铁素体在 3℃/s 已完全消失，相变组织基本由粒状贝氏体构成，如图 6-9 所示。

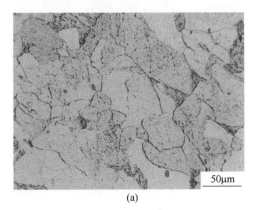

(a)

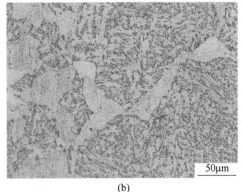

(b)

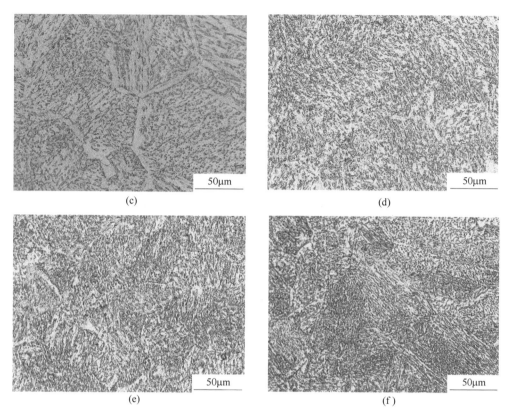

图 6-9　未变形含钛钢的连续冷却相变组织

（a）0.5℃/s；（b）1℃/s；（c）5℃/s；（d）10℃/s；（e）20℃/s；（f）30℃/s

6.2.3　动态 CCT 曲线及相变组织

变形后低碳钢和含钛钢连续冷却的相变温度在表 6-6 给出，对应的动态 CCT 曲线如图 6-10 所示。可以看出，同低碳钢相比，含钛钢变形后连续冷却相变的开始温度和结束温度都有所降低。随着冷却速率增加，相变开始点差距加大，但保持在 50~70℃范围；相变结束点差距缩小，由 0.5℃/s 的 51.6℃降低到 30℃/s 的 13℃。

表 6-6　变形后试样连续冷却的相变温度

冷却速率 /℃·s⁻¹	开始点温度/℃		结束点温度/℃		温度差/℃	
	低碳钢	含钛钢	低碳钢	含钛钢	低碳钢	含钛钢
0.5	842.7	797.5	737.2	685.6	105.5	111.9
1	820.3	775.3	702.4	642.4	117.9	132.9
3	815.3	762.8	676.8	613.8	138.5	149

续表6-6

冷却速率 /℃·s⁻¹	开始点温度/℃		结束点温度/℃		温度差/℃	
	低碳钢	含钛钢	低碳钢	含钛钢	低碳钢	含钛钢
5	804.8	741.6	644.7	582.7	160.1	158.9
10	795.6	730.2	589.2	557.2	206.4	173
15	773.7	709.5	556.3	534.3	217.4	175.2
20	754.8	686.8	524.8	511.8	230	175
30	738.8	663.4	502.6	489.6	236.2	173.8

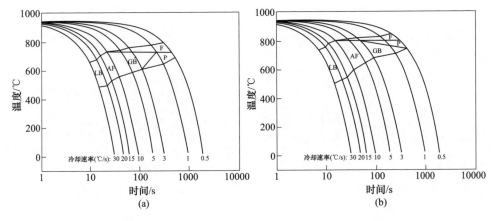

图6-10 低碳钢（a）和含钛钢（b）的动态 CCT 曲线

随着冷却速率增加，两种实验钢的相变温度区间都移向低温，相变开始温度和结束温度的差值明显变大。同未变形试样相比，尤其在较高冷却速率范围，相变温度区间明显增大。

从图6-11可以看出变形对低碳钢和含钛钢相变开始温度的影响。在实验的所有冷却速率条件下，变形都显著提高了低碳钢和含钛钢的相变开始温度。这是由于变形增加了能量和更多的形核位置，促进了相变发生。但是在低冷却速率条件下，同低碳钢相比，变形提高含钛钢相变开始温度的效果更为显著。从表6-5和表6-6中可以看出，在0.5℃/s低碳钢和含钛钢相变开始温度分别为802.7℃、709.2℃（未变形），842.7℃、797.5℃（变形后），变形使低碳钢相变开始点升高40℃，却使含钛钢的升高88.3℃。两者差距如此之大，仅用变形为相变提供了更多的结构和能量条件来解释显然是不够的；由于变形促进了纳米碳化钛在随后缓慢冷却过程中的析出，钢中固溶钛减少是重要原因。前面已经提到钛元素对过冷奥氏体相变显著的推迟作用，在这里又得到证实。

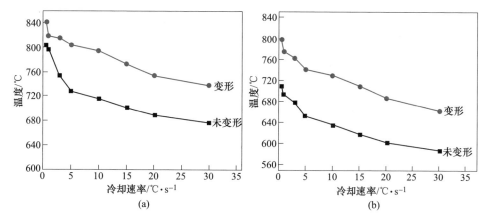

图 6-11　变形对低碳钢（a）和含钛钢（b）开始相变温度的影响

在 30℃/s 低碳钢和含钛钢相变开始温度分别为 677.1℃、587.1℃（未变形）、738.8℃、663.4℃（变形后），变形使低碳钢相变开始点升高 61.7℃，而使含钛钢的升高 76.3℃。由于冷却速率大，使得碳化钛来不及析出或只有少量析出，因此变形对低碳钢和含钛钢相变开始点的影响差别不大。

从图 6-10 中可以明显看出，含钛钢的相变温度区间比低碳钢的要低一些。随着冷却速率由 0.5℃/s 增加到 30℃/s，低碳钢的相变组织由铁素体+珠光体逐渐向粒状贝氏体、针状铁素体和板条贝氏体转变；含钛钢也是这样的规律。同未变形试样相比，铁素体和珠光体出现的冷却速率范围扩大，即使在 10℃/s 的冷却速率下，含钛钢中还能发现铁素体的形貌特征，如图6-12所示。

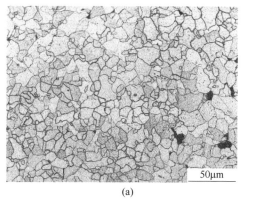

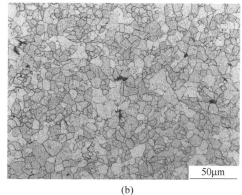

(a)　　　　　　　　　　　　　　　　　(b)

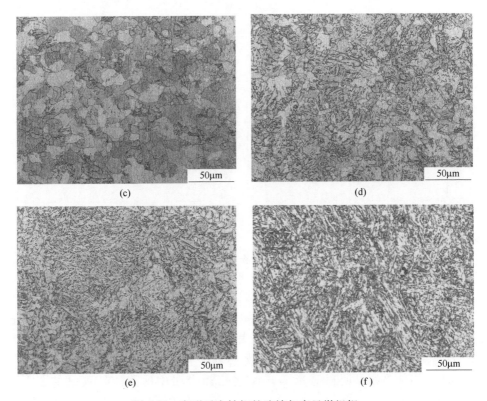

图 6-12　变形后含钛钢的连续相变显微组织

（a）0.5℃/s；（b）1℃/s；（c）5℃/s；（d）10℃/s；（e）20℃/s；（f）30℃/s

6.3　钛元素对实验钢组织演变的影响

6.3.1　实验方案

为了研究钛元素对低碳钢组织演变的影响过程，制定如图 6-13 的工艺方案。将试样以 10℃/s 加热到 1200℃保温 5min 充分奥氏体化；随后以 10℃/s 降温至 1050℃，进行变形速率为 1s^{-1}、变形量为 30% 的塑性变形，变形结束后降温至 900℃进行变形量 20%、变形速率为 1s^{-1} 的未再结晶轧制，随后分别保温 10s、100s 和 300s。在上述不同阶段淬水以研究奥氏体组织的变化规律。随后以 20℃/s 降温至 600℃分别等温 300、600s 和 1000s，以 3℃/s 冷却到室温。

6.3.2　奥氏体组织演变

图 6-14 为实验钢的奥氏体组织。低碳钢和含钛钢在 1200℃保温 5min 后奥氏体组织在图 6-14（a）、（b）中分别给出；低碳钢和含钛钢在 1050℃变形后保温 10s 的再结晶组织分别如图 6-14（c）、（d）所示。

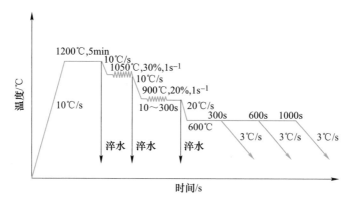

图 6-13　实验钢组织演变的热模拟工艺方案

从图 6-14 中可以看出，奥氏体化 5min 后，低碳钢晶粒粗大且不均匀，含钛钢晶粒呈等轴状。文献［7］指出适合低碳锰钢的奥氏体化温度约 1000℃，因此低碳钢晶粒在 1200℃ 保温过程中发生反常长大，而含钛钢中的 TiN 在 1200℃

图 6-14　实验钢再结晶区轧制前后的组织形貌
（a）低碳钢，1200℃；（b）含钛钢，1200℃；（c）低碳钢，1050℃；（d）含钛钢，1050℃

还没有达到溶解温度[8]，钉扎住晶界，阻止奥氏体晶粒过度长大。

在1050℃变形后经过再结晶轧制后，粗大的、不均匀的低碳钢晶粒已经细化至44.2μm，且均匀度有了良好的改善；与此同时含钛钢晶粒尺寸细化到了33.4μm，低碳钢、含钛钢之间的晶粒尺寸差距已经大幅缩小。

图6-15（a）、（c）、（e）和（b）、（d）、（f）分别为低碳钢、含钛钢在900℃

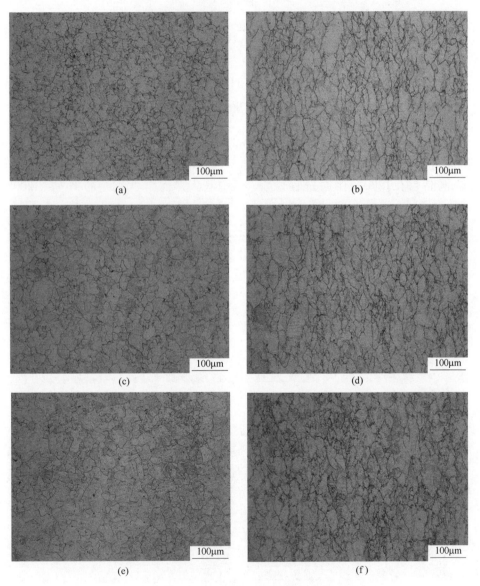

图6-15　900℃变形后保温不同时间的奥氏体金相组织

（a）低碳钢，10s；（b）含钛钢，10s；（c）低碳钢，100s；（d）含钛钢，100s；
（e）低碳钢，300s；（f）含钛钢，300s

轧制后等温 10s、100s 和 300s 后淬火的金相组织。可以看出低碳钢在 900℃ 变形、保温后的组织均发生了再结晶，且随着保温时间的延长，晶粒长大不明显。而含钛钢在变形后的晶粒仍然处于变形的长条状，即使保温时间延长也没有发生再结晶。

图 6-16 为 900℃ 轧制后低碳钢、含钛钢的应力松弛曲线。从曲线中可以看出，实验钢在变形时应力迅速升高，变形结束后迅速下降，随后趋于平缓，但是两者的下降速度不同。根据图 6-15（a）可知，在轧后 10s 时低碳钢中的变形晶粒就已经消失，再结晶基本完成，之后的组织随着保温时间的延长变化不大。由于再结晶受到了阻碍，含钛钢变形后的应力下降速度远低于低碳钢，从金相组织照片看出，含钛钢变形后仅发生了一定程度的回复，再结晶完全停止。尽管 Kozasu 等[9]认为微合金钢中的再结晶抑制现象应该是以溶质拖曳为主，但有研究表明，钛微合金钢在未再结晶区变形后产生的形变诱导析出粒子是导致再结晶停止的原因[10]。

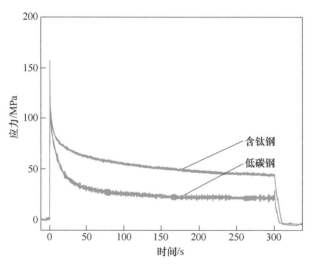

图 6-16 900℃ 变形后保温 300s 的应力松弛曲线

6.3.3 等温相变组织

将 900℃ 变形后的试样保温 100s，然后以 20℃/s 降温至 600℃ 等温，等温一定时间后以 3℃/s 冷却至室温。相关金相组织如图 6-17 所示，其中图 6-17（a）、（c）、（e）和（b）、（d）、（f）分别代表低碳钢、含钛钢在 600℃ 等温300s、600s、1000s 后的室温组织。

从图 6-17 中可以发现，含钛钢室温组织由准多边形铁素体和少量粒状贝氏体组成，组织细小均匀；低碳钢的组织除了铁素体外，在等温转变过程中还出现

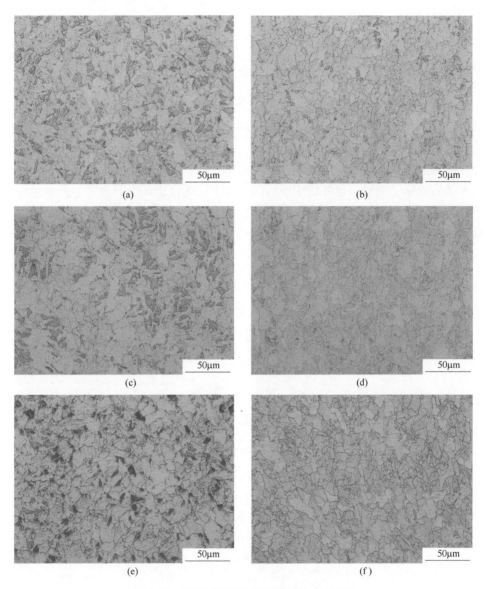

图 6-17 600℃等温不同时间后的室温组织

（a）低碳钢，300s；（b）含钛钢，300s；（c）低碳钢，600s；（d）含钛钢，600s；
（e）低碳钢，1000s；（f）含钛钢，1000s

了部分黑色屈氏体组织，这是因为共析钢在550~600℃等温过程中过冷，奥氏体
会转变形成屈氏体组织[11]。同低碳钢相比，含钛钢中沿晶界分布的小层片间距
珠光体消失，这是由于等温过程中碳原子被消耗掉了，形成大量纳米尺寸的碳化
物[12]。为了分析900℃保温及600℃等温时间对晶粒大小的影响，用截线法测量
等温后的晶粒尺寸，结果在表6-7中给出。从表6-7中可以发现，600℃的等温时

间对实验钢晶粒尺寸影响不大；然而，900℃轧后弛豫时间却对等温相变后的晶粒尺寸有相对明显的影响。

表 6-7　不同工艺条件下实验钢的铁素体晶粒尺寸　　　　　　（μm）

钢种代号	工艺条件	900℃-10s	900℃-100s	900℃-300s
低碳钢	600℃-300s	9.4	10.3	12.2
	600℃-600s	9.7	10.9	12.0
	600℃-1000s	—	10.8	—
含钛钢	600℃-300s	8.8	8.8	10.9
	600℃-600s	8.9	8.7	11.0
	600℃-1000s	—	8.8	—

6.3.4　含钛钢组织细化机理

为了分析终轧后奥氏体尺寸与等温转变后的晶粒大小之间的关系，对900℃变形后的奥氏体晶粒尺寸也进行了测量，并且结合了600℃等温600s之后的晶粒尺寸。终轧后奥氏体的晶粒尺寸与等温后铁素体的晶粒尺寸如图6-18所示。

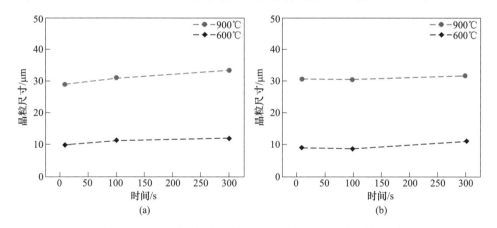

图 6-18　900℃轧后的奥氏体与600℃等温后组织的晶粒尺寸
（a）低碳钢；（b）含钛钢

实验钢在600℃等温之后的晶粒大小与900℃轧后的奥氏体尺寸有相同的变化趋势，但是低碳钢、含钛钢两者之间的机理却不尽相同。对低碳钢而言，900℃变形后保温10s后再结晶就已基本完成，轧后晶粒尺寸从变形前的40μm细化到了30μm左右，随着保温时间延长，奥氏体晶粒略微长大；在含钛钢中由于溶质拖曳和形变诱导析出粒子的影响，变形组织仅仅发生了一定程度的回复，并未观察到再结晶的发生，变形晶粒的平均尺寸也在30μm左右。保温时间延长至

100s 时，相变前后的晶粒大小均未发生变化。继续延长时间至 300s 时，B 钢中的形变诱导析出粒子已经开始粗化，对晶界的钉扎作用减弱，奥氏体组织略显均匀，晶粒发生一定程度长大。

从图 6-18 可以看出，低碳钢、含钛钢相变前的奥氏体平均晶粒尺寸并无多大差别，然而含钛钢相变产物组织却较低碳钢更细，这是由于未再结晶的含钛钢组织中保留了一部分形变储能与大量的位错，为过冷奥氏体相变提供了更充分的结构和能量条件，提高了铁素体形核率，细化了相变后的组织。

6.4 钛元素对实验钢力学性能的影响

6.4.1 实验方案

6.4.1.1 TMCP 工艺对等温压缩强度的影响

将圆柱热模拟试样以 10℃/s 加热到 1200℃ 奥氏体化，保温时间设为 5min，随后以 10℃/s 降温至 1050℃，进行 30% 变形。随即降温至 900℃ 变形 20% 进行应力松弛实验，分别保持 10s、100s、150s 和 300s 后以 20℃/s 的冷却速率降温至 600℃。再分别等温时间为 300s、600s，等温结束后对试样进行变形量 20% 的等温压缩，用 2% 真应变补偿法测量压缩屈服强度。

6.4.1.2 相变组织显微硬度测试

首先以 10℃/s 将试样加热到 1200℃ 保温 5min 奥氏体化，随后降温至 1050℃ 进行 30% 变形量的轧制，变形结束后降温到 900℃ 进行变形量 20% 的变形，两道次轧制的应变速率均为 $1s^{-1}$。变形完成后在 900℃ 分别保温 10s、100s、300s，随后以 20℃/s 冷至 600℃，降温至 600℃ 后分别等温 300s、600s，等温结束后对试样进行淬水。采用维氏硬度计测量试样晶粒内硬度，用来表征析出物的沉淀强化效果。

6.4.1.3 等温过程中压缩强度测试

将实验钢以 10℃/s 的速度加热到 1200℃，保温时间 5min，随后冷却到 1050℃ 进行压缩变形，再冷却到 900℃ 变形后以 20℃/s 分别冷却到 700℃ 和 600℃ 等温。将 600℃ 对应的等温时间设定为 0s、5s、10s、20s、30s、50s、100s、180s、300s、500s、600s、1000s、1500s 和 2000s；700℃ 对应的等温时间为 0s、5s、10s、15s、30s、50s、80s、120s、180s 和 200s。在不同的等温时间后，立即以 $1s^{-1}$ 的速率进行变形量为 20% 的压缩，通过等温压缩的应力-应变曲线确定屈服强度。

6.4.2 TMCP 工艺对实验钢强度的影响

实验钢在 900℃ 变形后保温不同时间再在 600℃ 分别等温不同时间后的等温应力-应变曲线如图 6-19 所示。

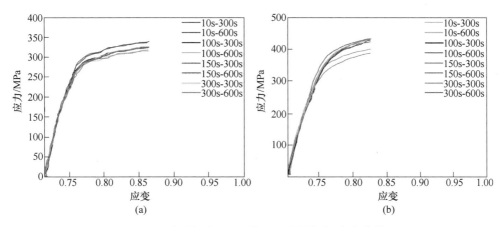

图 6-19　实验钢在 600℃ 等温压缩的应力-应变曲线

(a) 低碳钢; (b) 含钛钢

为了便于分析强度规律，使用 2% 真应变补偿法对图 6-19 中的等温压缩应力-应变曲线进行测量[13]，所得压缩的屈服强度结果如图 6-20 所示。整体上含钛钢的屈服强度远远高于低碳钢。600℃ 的等温时间对低碳钢的压缩强度几乎没有影响；随着 900℃ 轧后弛豫时间的延长，低碳钢的压缩屈服强度先出现一定程度的下降，随后逐渐趋于平缓，说明再结晶奥氏体晶粒有一定程度长大。对于含钛钢而言，其压缩屈服强度随 900℃ 轧后弛豫时间的延长呈现出先缓慢上升、后较快下降的现象，说明发生了再结晶，而形变诱导析出降低了等温析出的沉淀强化效果。在 900℃ 保温 100s、600℃ 等温 600s 时，含钛钢的压缩应力达到峰值，此后随着轧后保温时间的延长强度开始下降[14]。

从表 6-8 中可以看出，含钛钢和低碳钢的强度差值在 900℃ 轧后保温 100s，600℃ 等温 600s 时达到最大，约 118.9MPa。差值变化规律与图 6-20 中的含钛钢强度变化规律相同，均是先增大后减小，且与终轧后的弛豫时间关系更大。这种强度差别是晶粒细化和沉淀强化共同作用的结果[15-17]。

表 6-8　相同工艺条件下含钛钢与低碳钢的屈服强度差值　　　　（MPa）

工艺参数	900℃ -10s	900℃ -100s	900℃ -150s	900℃ -300s
600℃ -300s	92.5	105	101.5	103
600℃ -600s	99.1	118.9	115.9	69.1

6.4.3　钛元素对实验钢相变组织显微硬度的影响

为了研究轧后保温弛豫时间及等温时长对析出强化的影响，对 600℃ 等温结束后的淬火试样进行显微维氏硬度测试，测量结果如图 6-21 所示。从图 6-21 中

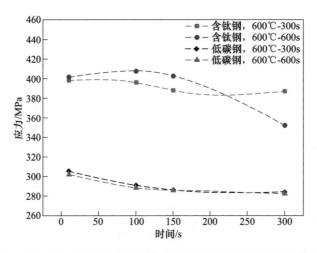

图 6-20   900℃保温不同时间随后在 600℃等温压缩的屈服强度

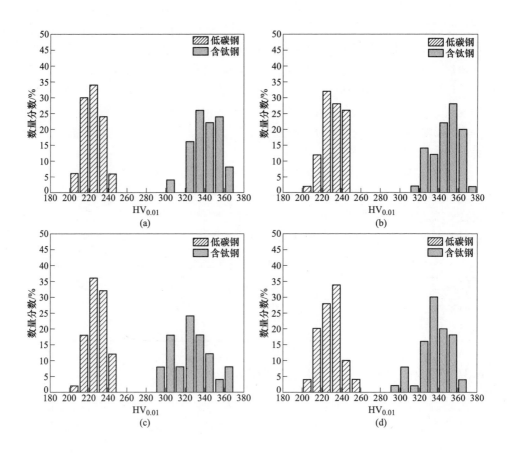

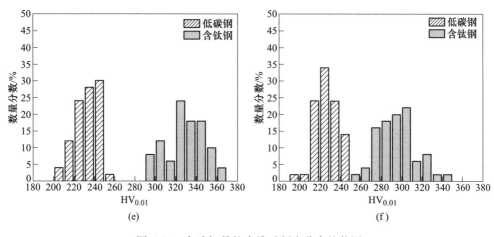

图 6-21 实验钢晶粒内维氏硬度分布柱状图

（a）10s-300s；（b）10s-600s；（c）100s-300s；（d）100s-600s；（e）300s-300s；（f）300s-600s

可以看出，低碳钢的显微硬度柱状图大致符合正态分布，绝大部分数值处于210～240 之间，分布范围随等温时间的变化不大。对于含钛钢而言，其硬度值显著高于低碳钢，且分布范围更宽、区间更大，整体随着等温时间的变化不断移动，柱状图形状也与低碳钢不同，呈明显的双峰分布。相间析出具有界面选择性，相间析出 TiC 粒子在形核长大阶段与基体成 B-N 关系[18]。因此含有相间析出粒子的晶粒则会呈现较高的峰，较低的峰则不含相间析出。

图 6-21 中显微硬度的平均值及对应的误差如图 6-22 所示。含钛钢的晶内硬度显著高于低碳钢，说明纳米碳化物有显著的沉淀强化效果[19-21]。图 6-22 中硬度和图 6-20 中压缩强度的变化趋势一致，说明等温压缩强度和晶内显微硬度都

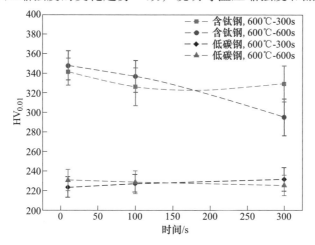

图 6-22 900℃保温不同时间在600℃等温后晶粒内维氏硬度

可以表征纳米碳化物的沉淀强化效果[22-24]。随着 900℃ 轧后保温时间的延长，低碳钢的硬度值和压缩强度在误差范围内基本不变；含钛钢在 900℃ 变形后，形变诱导析出体积分数随着保温时间的延长不断增加，导致固溶在钢中的钛元素减少，影响到等温析出纳米碳化物的体积分数，因此硬度值和压缩强度总体呈下降趋势。而在 600℃ 等温 600s 时纳米碳化物已发生粗化，因此压缩强度和硬度值大幅度降低。

6.4.4 钛元素对实验钢等温压缩强度的影响

低碳钢和含钛钢在 700℃ 等温压缩的屈服强度变化如图 6-23 所示，数据在表 6-9 中给出。低碳钢在等温 5s 后屈服强度达到最大值 162MPa，此后随着等温时间延长缓慢降低，说明相变对低碳钢组织强度影响不大，并且在 700℃ 等温过程中铁素体晶粒略有长大。含钛钢的等温压缩屈服强度却随时间延长发生显著变化。在前 30s 内上升了 75MPa，尤其是 15~30s 上升了 45MPa，随后在 80s 开始有明显降低。含钛钢和低碳钢等温压缩强度的差值基本可以认为是由纳米碳化物的沉淀强化产生。碳化物在析出过程中，伴随着体积分数增加粒子尺寸也在长大，强化效果达到最大值后，体积分数不再增加，而析出物粒子发生粗化，沉淀强化效果减弱[25,26]。

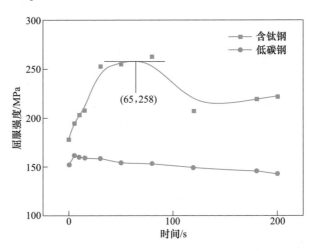

图 6-23 700℃ 等温处理后实验钢在等温压缩时的屈服强度变化

表 6-9 700℃等温压缩屈服强度

等温时间/s	0	5	10	15	30	50	80	120	180	200
含钛钢的屈服强度/MPa	178	195	203	208	253	255	263	207	220	222
低碳钢的屈服强度/MPa	152	162	160	159	159	153	154	149	146	143
差值/MPa	26	33	43	49	94	102	109	58	74	79

600℃低碳钢和含钛钢等温压缩屈服强度的变化如图 6-24 所示，数据在表 6-10中给出。低碳钢的屈服强度与 700℃等温不同，在 20s 达到 268MPa 后，即使等温到 2000s 也还是 270MPa，说明 600℃随着等温时间延长，相变组织没有发生粗化。含钛钢的屈服强度变化与 700℃等温有类似的规律，先上升后下降，但出现峰值的时间为 1000s，远远晚于 700℃时的 80s。由前面等温析出 PTT 曲线研究结果[27,28]可知，700℃纳米碳化物的析出速度最快，而 600℃析出结束时间要晚得多，可以看出等温温度对纳米碳化物析出的显著影响。

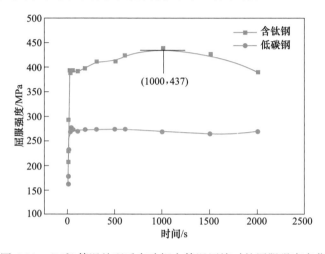

图 6-24 600℃等温处理后实验钢在等温压缩时的屈服强度变化

表 6-10 600℃等温压缩屈服强度

等温时间/s	含钛钢的屈服强度/MPa	低碳钢的屈服强度/MPa	屈服强度的差值/MPa
0	209	163	46
5	230	180	50
10	295	233	62
20	396	268	128
30	394	278	116
50	395	274	121
100	392	270	122
180	399	275	124
300	412	273	139
500	413	275	137
600	425	276	149
1000	437	267	170
1500	428	265	163
2000	392	270	122

图 6-25 给出了 600℃等温前 50s 实验钢压缩屈服强度的变化规律，在前 20s 低碳钢和含钛钢的等温压缩强度都有显著上升。而在 700℃等温的前 30s 压缩屈服强度，含钛钢升高 75MPa，而低碳钢仅升高约 7MPa。因此等温相变和析出的耦合关系，尤其是在等温过程初期两者对压缩屈服强度的影响需要进行深入研究。

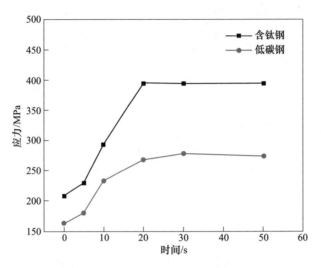

图 6-25 600℃等温处理前 50s 实验钢屈服强度的变化规律

6.5 小结

对比研究了低碳钢和含钛钢变形奥氏体的再结晶行为。钛元素加入抑制了奥氏体的动态再结晶，只有在更高温度和更低应变速率才能发生。同样的应变速率下，含钛钢的动态再结晶临界温度提高了 50℃。钛元素加入降低了奥氏体再结晶软化率，尤其是在 950℃和 900℃、道次间隔时间 100s 时的软化率只有约 20%，这为钛微合金钢的未再结晶控制轧制提供了工艺窗口。

对比研究了低碳钢和含钛钢过冷奥氏体的连续冷却相变。钛元素加入抑制了过冷奥氏体连续冷却相变，几乎在所有冷却速率下，含钛钢的相变开始温度均降低 80~100℃。变形显著提高了实验钢的相变开始温度，在 0.5℃/s 冷却速率下使低碳钢相变开始点升高 40℃，却使含钛钢的升高 88.3℃。除了变形本身的影响，形变诱导析出降低了固溶的钛含量，弱化了钛元素抑制相变的作用，也是重要原因。

研究了 TMCP 工艺下低碳钢和含钛钢的组织演变。TiN 析出物抑制了含钛钢固溶温度奥氏体晶粒长大，而在固溶过程中低碳钢晶粒则发生反常长大；1050℃变形发生了动态再结晶，低碳钢和含钛钢晶粒尺寸之间的差距大幅缩小；含钛钢在900℃应力松弛过程中，形变诱导析出抑制了奥氏体再结晶；尽管与低碳钢发生再结晶的奥氏体晶粒尺寸相差无几，但含钛钢相变组织却明显细化，这是由于未再结晶的奥氏体为铁素体形核提供了更充分的结构和能量条件。

研究了TMCP工艺对低碳钢和含钛钢等温压缩屈服强度的影响。整体上含钛钢的屈服强度远远高于低碳钢。900℃变形和600℃等温时间对低碳钢的压缩屈服强度影响不大。由于形变诱导析出对等温析出发生影响，在900℃保温100s、600℃等温600s时，含钛钢的压缩应力达到峰值。

研究了钛元素对实验钢相变组织显微硬度的影响。含钛钢的晶内显微硬度显著高于低碳钢的，说明纳米碳化物有显著的沉淀强化效果。含钛钢的显微硬度呈双峰分布，说明相间析出在每个晶粒的差异性。显微硬度的平均值与等温压缩屈服强度的变化趋势一致，说明两者都是可以表征纳米碳化物的析出过程和沉淀强化效果的分析手段。

研究了在700℃和600℃实验钢的等温压缩屈服强度随等温时间的变化规律。低碳钢在700℃等温过程中铁素体晶粒略有长大，因此压缩屈服强度随着等温时间延长缓慢降低，在600℃等温相变组织没有发生粗化。受纳米碳化物析出、长大和粗化的影响，随着等温时间延长，含钛钢压缩屈服强度先升高后降低，但在600℃达到峰值时间比700℃显著延长。等温相变和析出的耦合关系，尤其是在等温过程初期两者对压缩屈服强度的影响需要进行深入研究。

参 考 文 献

[1] Mao X P, Huo X D, Sun X J, et al. Strengthening mechanisms of a new 700MPa hot rolled Ti-microalloyed steel produced by compact strip production [J]. Journal of Materials Processing Technology, 2010, 210: 1660-1669.

[2] 方梦龙. 钛对低碳钢再结晶和相变的影响规律研究 [D]. 镇江: 江苏大学, 2020.

[3] 鲜康. 钛元素影响低碳钢屈服强度的作用机理研究 [D]. 镇江: 江苏大学, 2021.

[4] 吕志伟. 钛微合金钢中纳米碳化物等温析出及其强化效果研究 [D]. 镇江: 江苏大学, 2021.

[5] 陈松军. 低碳Ti/Ti-Mo钢物理冶金特征的热模拟研究 [D]. 广州: 华南理工大学, 2021.

[6] Llanos L, Pereda B, Lopez B, et al. Hot deformation and static softening behavior of vanadium microalloyed high manganese austenitic steels [J]. Materials Science and Engineering: A, 2016, 651: 358-369.

[7] 裴新华, 吴申庆, 胡恒法, 等. 低碳钢临界奥氏体区的变形行为 [J]. 机械工程材料, 2006 (4): 26-29.

[8] 李永良, 陈梦谪. 微钛钢中TiN析出对奥氏体晶粒长大的影响 [J]. 北京师范大学学报 (自然科学版), 1999, 35 (1): 38-41.

［9］ Kozasu I, Shimizu T, Kubota H. Recrystallization of austenite of Si-Mn steels with minor alloying elements after hot rolling ［J］. Transactions of the Iron and Steel Institute of Japan, 1971, 11 (6): 367-375.

［10］ 霍向东, 李烈军. 钢的物理冶金: 思考、方法和实践 ［M］. 北京: 冶金工业出版社, 2017: 259.

［11］ 崔忠圻, 刘北兴. 金属学与热处理原理 ［M］. 哈尔滨: 哈尔滨工业大学出版社, 2004.

［12］ 霍向东, 毛新平, 陈康敏, 等. Ti 含量对热轧带钢组织和力学性能的影响 ［J］. 钢铁钒钛, 2009 (1): 29-34.

［13］ Fernández A I, López B, Rodriguez-Ibabe J M. Relationship between the austenite recrystallized fraction and the softening measured from the interrupted torsion test technique ［J］. Scripta Materialia, 1999, 5 (40): 543-549.

［14］ 鲜康, 霍向东, 方梦龙, 等. 钛元素强化低碳钢机理的热模拟研究 ［J］. 材料热处理学报, 2021, 42 (8): 144-152.

［15］ Han Y, Shi J, Xu L, et al. Effect of hot rolling temperature on grain size and precipitation hardening in a Ti-microalloyed low-carbon martensitic steel ［J］. Materials Science and Engineering: A, 2012, 553: 192-199.

［16］ Chen X, Huang Y, Lei Y. Microstructure and properties of 700MPa grade HSLA steel during high temperature deformation ［J］. Journal of Alloys and Compounds, 2015, 631: 225-231.

［17］ Li X L, Lei C S, Deng X T, et al. Precipitation strengthening in titanium microalloyed high-strength steel plates with new generation-thermomechanical controlled processing (NG-TMCP) ［J］. Journal of Alloys and Compounds, 2016, 689: 542-553.

［18］ Campos S S, Morales E V, Kestenbach H J. Detection of interphase precipitation in microalloyed steels by microhardness measurements ［J］. Materials Characterization, 2004, 52 (4): 379-384.

［19］ Cheng L, Chen Y, Cai Q, et al. Precipitation enhanced ultragrain refinement of Ti-Mo microalloyed ferritic steel during warm rolling ［J］. Materials Science and Engineering: A, 2017, 698: 117-125.

［20］ Kamikawa N, Abe Y, Miyamoto G, et al. Tensile behavior of Ti, Mo-added low carbon steels with interphase precipitation ［J］. ISIJ International, 2014, 54 (1): 212-221.

［21］ Wang X, Zhao A, Zhao Z, et al. Precipitation strengthening by nanometer-sized carbides in hot-rolled ferritic steels ［J］. Journal of Iron and Steel Research International, 2014, 21 (12): 1140-1146.

［22］ Jiang L, Marceau R K W, Dorin T, et al. The effect of molybdenum on interphase precipitation at 700℃ in a strip-cast low-carbon niobium steel ［J］. Materials Characterization, 2020, 166: 110444.

［23］ Chen Chih-Yuan, Chen Shih-Fan, Chen Chien-Chon, et al. Control of precipitation morphology in the novel HSLA steel ［J］. Materials Science and Engineering: A, 2015, 634: 123-133.

［24］ Gong P, Liu X G, Rijkenberg A, et al. The effect of molybdenum on interphase precipitation and microstructures in microalloyed steels containing titanium and vanadium ［J］. Acta Materialia,

2018, 161: 374-387.

[25] Wang Y, Tang Z, Xiao S, et al. Effects of final rolling temperature and coiling temperature on precipitates and microstructure of high-strength low-alloy pipeline steel [J]. Journal of Iron and Steel Research International, 2021, https: //doi. org/10. 1007/s42243-021-00659-2.

[26] Xue J, Zhao Z, Tang D, et al. Microstructure, property and deformation and fracture behavior of 800MPa complex phase steel with different coiling temperatures [J]. Journal of Iron and Steel Research International, 2021, 28 (3): 346-359.

[27] Huo Xiangdong, He Kang, Xia Jinian, et al. Isothermal transformation and precipitation behaviors of titanium microalloyed steels [J]. J. Iron Steel Res. Int. , 2021, 28 (3): 335-345.

[28] 何康. 钛微合金钢等温相变及析出行为研究 [D]. 镇江: 江苏大学, 2019.

7 低碳 Ti/Ti-Mo 钢的物理冶金特征

<<<<<<<<<<<<<<<<<<<<<<<<<<<<<<<<<<<<<<<<<<<<<<<<<<<<<<<<<<<<<<<<

　　钛微合金化高强钢的研发分别采用了单一钛微合金化技术、Ti-Mo 复合微合金化技术和 Ti-Nb 复合微合金化技术，并且一般采用了较高的 Mn 含量。其中以 Ti-Mo 复合微合金化技术的应用最为普遍，或者在此基础上再添加其他合金元素[1-4]。

　　此前的研究工作中，都是针对于单一钛微合金化高强钢，延续了珠钢 CSP 开发钛微合金化高强耐候钢的成分设计，因此在钢中都添加了 Cu、Cr、Ni 等元素。对于研究钛微合金化高强钢的物理冶金特征、纳米析出物及其沉淀强化效果，这些元素都不是必需的。另外，在本书第 6 章中虽然进行了低碳钢和同等成分的含钛钢的对比分析，但研究工作尚有待继续深入。

　　在本章中，对比研究了 C-Mn 钢、Ti 钢和 Ti-Mo 钢（后二者以 C-Mn 钢为基础成分，分别添加 Ti 和 Ti-Mo 元素）的相变和再结晶行为，尤其重点分析了 Ti、Mo 元素添加对奥氏体动态再结晶、CCT、TTT 曲线以及相变组织的影响[5]。

7.1　实验材料和方法

　　在低碳钢基础上添加元素 Ti 和 Ti-Mo，研究钛、钼元素对再结晶、相变和析出过程的影响，其中纳米碳化物的析出和控制作为下一章的研究内容。

　　三种实验钢分别在 50kg 真空感应炉中冶炼，并浇铸成铸锭，表 7-1 是三种实验钢的化学成分。铸锭的表层经切除清理后加热到 1160℃保温 2h，然后进行锻造以消除铸造缺陷。开锻温度为 1100℃，终锻温度为 920℃，锻造成横截面 70mm×70mm 的方坯，锻造后方坯空冷至室温。

表 7-1　三种实验钢的化学成分　　　　　　（%）

钢种	C	Si	Mn	P	S	N	Ti	Mo
C-Mn 钢	0.052	0.21	1.62	0.013	0.0037	0.0055	—	—
Ti 钢	0.053	0.23	1.60	0.011	0.0036	0.0048	0.124	—
Ti-Mo 钢	0.050	0.20	1.62	0.012	0.0034	0.0045	0.103	0.22

　　将实验钢加工成 φ10mm×15mm 的圆柱试样，实验在 Gleeble-3800 热模拟实验机上进行，分别进行变形奥氏体的动态再结晶、过冷奥氏体的连续冷却相变和等温相变研究。

　　（1）动态再结晶。将试样以 20℃/s 加热到 1200℃保温 5min，以充分奥氏化并溶解钢中除含氮化合物外的碳化物，随后以 20℃/s 快冷到不同的变形温度等温 15s，最后压缩变形 60% 后淬水。热压缩变形温度区间设定为 850~1100℃，变形速率分别为 0.025s⁻¹、0.05s⁻¹、0.1s⁻¹、1.0s⁻¹、5.0s⁻¹。变形后通过热模拟实验机采集数据获取相应的真应力-应变曲线。实验方案在图 7-1 中给出。

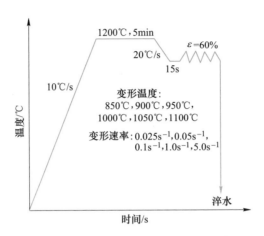

图 7-1 奥氏体高温热压缩变形工艺示意图

（2）连续冷却相变。实验方案如图 7-2 所示，将试样以 10℃/s 的加热速率加热至 1200℃ 保温 5min，再以 20℃/s 的冷却速率快冷到 1050℃，等温 10s 后变形 20%，模拟生产现场的粗轧工艺。试样变形后再以 20℃/s 冷到 900℃ 等温 15s，再次变形 20%，模拟现场生产中的精轧阶段。最后，试样分别以 0.1℃/s、0.3℃/s、0.5℃/s、1℃/s、3℃/s、5℃/s、10℃/s、20℃/s 和 30℃/s 的冷却速率冷到室温。

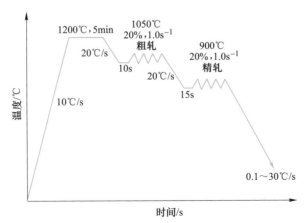

图 7-2 两阶段变形后连续冷却的工艺方案

（3）等温相变。将试样以 10℃/s 的速率加热至 1200℃保温 5min，再以 20℃/s 的速率快冷到 1050℃等温 10s 后变形 20%。再以 20℃/s 的速率冷到 900℃，等温 15s 后变形 20%。随后快速冷却至 700～550℃温度范围，并分别等温不同时间（0～10800s），然后以 1.0s^{-1} 的应变速率进行 30% 的变形，记录应变-应力曲线。同时，在中间阶段（Q1）将试样水淬至室温，以研究实验钢中析出特征和显微硬度的变化。图 7-3 为两阶段变形后等温处理的工艺方案。

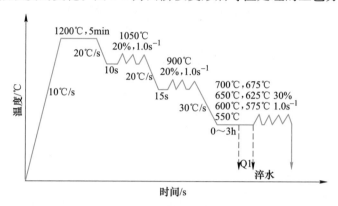

图 7-3   两阶段变形后等温处理的工艺方案

7.2   变形奥氏体的再结晶

7.2.1   真应力-应变曲线

图 7-4～图 7-6 分别为 C-Mn 钢、Ti 钢和 Ti-Mo 钢在不同温度（850～1000℃）以不同应变速率（0.025～1.0s^{-1}）变形 60% 条件下的真应力-应变曲线。在变形初始阶段，三种钢在所有条件下的流变应力均随应变的增加显著上升；随着变形的继续，流变应力增加的速率逐渐降低；之后受应变速率和变形温度的影响，真应力-应变曲线出现三种变化趋势。

（1）在低应变速率和高变形温度下（C-Mn 钢：0.025～0.1s^{-1}，950～1100℃；1.0s^{-1}，1000～1100℃；Ti 钢：0.025～0.05s^{-1}，1000～1100℃；0.1s^{-1}，1050～1100℃；Ti-Mo 钢：0.025s^{-1}，1000～1100℃；0.05～0.1s^{-1}，1050～1100℃），流变应力随应变的增加达到一个峰值应力后开始下降，最后达到一个平稳的状态。应力峰值的出现表明，奥氏体在变形过程中发生了动态再结晶。

（2）在低应变速率和中等变形温度下（C-Mn 钢：0.025～0.05s^{-1}，900℃；Ti 钢：1.0s^{-1}，1100℃；Ti-Mo 钢：0.05s^{-1}，1000℃），应力达到峰值后不下降而是进入一个基本稳定的状态。应力不随应变的增加而变化表明，钢中的动态软化和加工硬化达到了一个平衡状态。

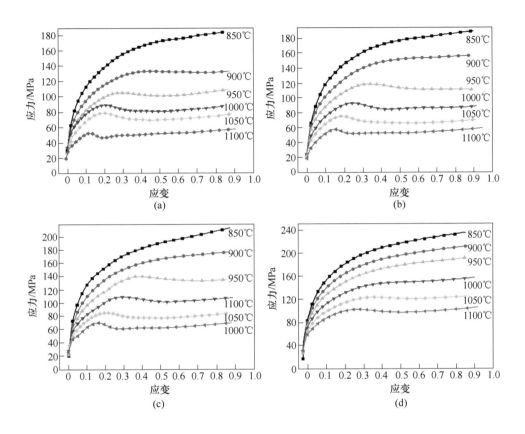

图 7-4 不同变形温度 C-Mn 钢的真应力-应变曲线

(a) 0.025s^{-1};（b) 0.05s^{-1};（c) 0.1s^{-1};（d) 1.0s^{-1}

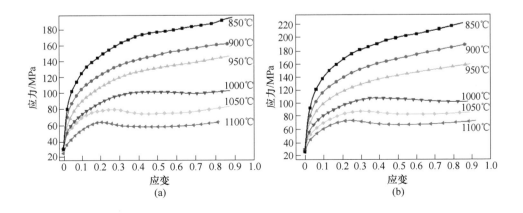

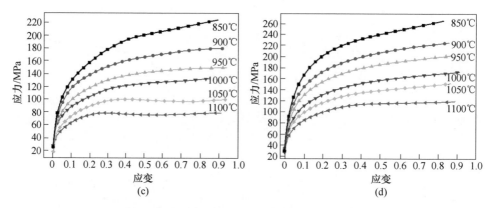

图 7-5　不同变形温度 Ti 钢的真应力-应变曲线

（a）0.025s⁻¹；（b）0.05s⁻¹；（c）0.1s⁻¹；（d）1.0s⁻¹

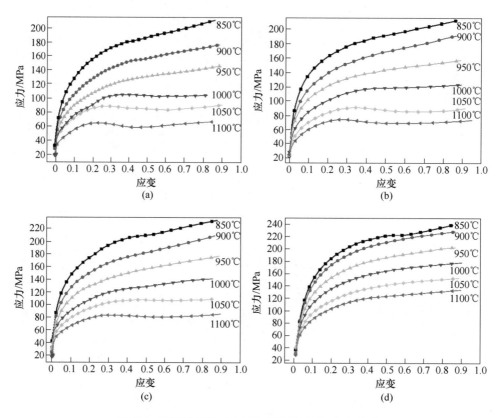

图 7-6　不同变形温度 Ti-Mo 钢的真应力-应变曲线

（a）0.025s⁻¹；（b）0.05s⁻¹；（c）0.1s⁻¹；（d）1.0s⁻¹

（3）低变形温度下（C-Mn 钢：$0.025 \sim 0.05 s^{-1}$，$850 ℃$，$0.1 \sim 1.0 s^{-1}$，$850 \sim 900 ℃$；Ti 钢：$0.025 \sim 1.0 s^{-1}$，$850 \sim 950 ℃$；Ti-Mo 钢：$0.025 \sim 0.05 s^{-1}$，$850 \sim 950 ℃$，$0.1 \sim 1.0 s^{-1}$，$850 \sim 1000 ℃$），流变应力随应变的增加连续增加而无峰值应力出现，但增加的幅度逐渐放缓，应力增加缓慢是由于变形奥氏体的动态回复导致[6]。

变形温度、应变速率和变形量对三种实验钢流变应力有着显著的影响。流变应力的变化反映的是钢在压缩变形过程中组织的变化[7,8]，特别是晶粒取向和位错密度变化[9-11]。

从图7-4~图7-6可以看出，在同一应变速率下变形温度越高流变应力越容易出现应力峰值，而且随着变形温度的升高流变应力曲线出现应力峰值所需要的应变量减小，反映在组织上的表现是奥氏体更容易发生动态再结晶。如 Ti 钢在应变速率为 $0.025 s^{-1}$ 时，变形温度由 $1000 ℃$ 增加到 $1100 ℃$ 时，获得峰值应力所需要的应变量由 0.382 降到 0.206。

从图7-7（a）可知，应变速率越低，在 $1050 ℃$ 出现应力峰值需要的应变也越小，表明发生奥氏体动态再结晶的临界变形量减小；但在温度为 $900 ℃$ 时，即使应变速率降低到 $0.025 s^{-1}$，也不会发生动态再结晶，如图7-7（b）所示。这说明奥氏体动态再结晶受到变形温度、应变速率和变形量的相互作用和共同影响。

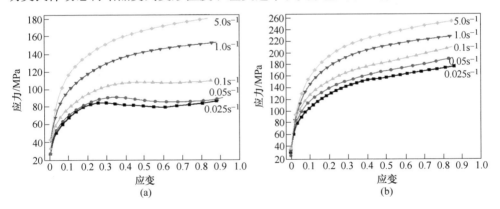

图7-7 Ti-Mo 钢不同应变速率下的真应力-应变曲线

（a）$1050 ℃$；（b）$900 ℃$

奥氏体热变形过程中流变行为的变化主要取决于钢中的位错密度。这包括两个相互竞争的过程：应变过程中的位错连续增值，即加工硬化；动态回复和动态再结晶导致的位错湮灭[12]。变形初始阶段，对于具有低层错能的材料，可以将位错密度视为确定塑性流动应力的单一参数，流变应力随位错的变化可用下式表示[13]：

$$\sigma = \sigma_0 + \alpha \mu M b \sqrt{\rho} \tag{7-1}$$

式中，σ_0 为摩擦应力；α 为取决于位错排列的常数；μ 为剪切模量；M 为泰勒常数；b, ρ 分别为伯氏矢量和奥氏体组织的平均位错密度。

任何给定的小应变量下，不同的变形条件下流变应力都有明显的差异，这意味着存储的位错密度是不同的，这主要是热激活过程中的动态回复导致[14]。连续变形过程中，位错密度的不断增加会使材料的热力学性能变得不稳定，从而导致新的无应变的晶粒（即 DRX）的形核。也就是说 DRX 可以抵消奥氏体变形过程中产生的位错而导致基体软化，然后达到一个稳定的应力状态。Sakai 等研究指出应力从 σ_p 增加到 σ_s（稳态应力）的过程中，应力的增量 $\Delta\sigma$ 和位错密度的变化关系可以表示为[15]：

$$\frac{\Delta\sigma}{\sigma_p} = 1 - \left(\frac{\rho}{\rho_p}\right)^{\frac{1}{2}} \tag{7-2}$$

式中，$\frac{\rho}{\rho_p}$ 为动态再结晶过程中位错等亚结构的不均匀性。

基于式（7-2）和实验结果，在变形的过程中，式（7-2）左侧的数值变化是比较明显的，因此变形过程中加工硬化和软化一直相互作用来影响流变应力曲线的走向。随应变量增加，位错持续增值产生硬化，同时位错也进行攀移和交滑移而相互湮灭导致材料软化。位错湮灭导致的软化大于位错增值带来的硬化时，流变应力曲线表现为应力的下降趋势，相应地变形奥氏体发生了动态再结晶；位错密度降低产生的软化小于位错的增值时，流变应力随应变增加而一直增大；当动态软化和加工硬化达到相互动态平衡时应力随应变的增加而保持不变。后两种情况主要为动态回复起主要作用。变形温度越高，基体的原子更加活跃导致体扩散增加，位错的交滑移能够更充分地进行，大量的位错湮灭导致变形奥氏体更容易发生动态再结晶使变形晶粒等轴化。另外，应变越大原子空位和存储的变形能越多，再结晶驱动力增加，也促进了奥氏体发生动态再结晶。

7.2.2　组织演变

在不同变形条件下 Ti 钢的奥氏体组织如图 7-8 所示。变形速率为 0.05s^{-1} 和真应变为 0.8 时，随着变形温度由 1050℃ 降到 900℃，奥氏体由等轴晶粒转变为沿变形方向拉长的扁平状组织，如图 7-8（a）、（c）所示。对比图 7-5（b）的应力-应变曲线可以看出，在 1050℃ 和 1000℃ 发生了动态再结晶，而在 900℃ 随着应变增加应力持续上升。同 1000℃ 下的组织相比，在 1050℃ 变形真应变 0.8 时，奥氏体晶粒大小更均匀，更接近于等轴状，说明奥氏体动态再结晶更为充分。

同样在 1000℃ 变形 0.8，应变速率由 0.05s^{-1} 增大到 0.1s^{-1}，奥氏体晶粒沿变形方向拉长，但在拉长的晶界上出现细小均匀的晶粒，如图 7-8（d）所示。对比图 7-5（c）的应力-应变曲线，这种情况下没有发生完全动态再结晶，出现了混晶组织。而图 7-5（c）在 1050℃ 变形条件下出现应力峰值后，应力-应变曲线

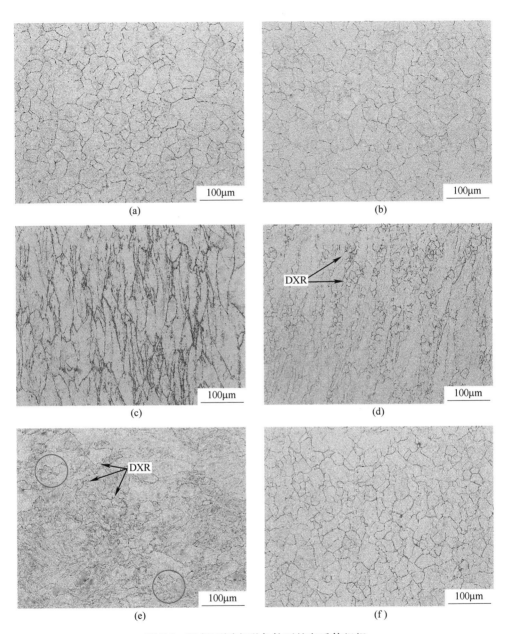

图 7-8 Ti 钢不同变形条件下的奥氏体组织

（a）$0.05s^{-1}$-1050℃-0.8；（b）$0.05s^{-1}$-1000℃-0.8；（c）$0.05s^{-1}$-900℃-0.8；
（d）$0.1s^{-1}$-1000℃-0.8；（e）$0.1s^{-1}$-1050℃-0.34；（f）$0.1s^{-1}$-1050℃-0.8

下降，说明发生了动态再结晶，图 7-8（f）中均匀、等轴的奥氏体晶粒证明了这个结论。图 7-5（c）中 1050℃达到峰值应力的真应变为 0.34，此时对应的奥氏体组织如图 7-8（e）所示，其显著特征是奥氏体晶界上出现了小尺寸的动态再结晶晶粒，这表明变形奥氏体在达到峰值应变前已经开始发生动态再结晶。在没有完全形成的等轴再结晶晶粒上可以发现奥氏体的晶界向外凸起弓出，如图 7-8（e）中红色圆圈区域所示，这反映了变形奥氏体动态再结晶的晶界弓出形核机制。

对图 7-8 中发生动态再结晶的奥氏体晶粒尺寸进行了统计，图 7-8（a）、（b）、（f）的平均晶粒尺寸分别为 30.4±6μm（1050℃，0.05s^{-1}）、28.7±7μm（1000℃，0.05s^{-1}）和 29.6±6μm（1050℃，0.1s^{-1}）。这说明在应变速率 0.05s^{-1}、真应变 0.8 条件下，变形温度对奥氏体动态再结晶晶粒尺寸影响并不显著；而在变形温度 1050℃、真应变 0.8 条件下，应变速率对奥氏体动态再结晶晶粒尺寸影响就更小了。

7.2.3　Ti、Mo 元素对真应力-应变曲线的影响

不仅受变形参数的影响，钢中合金元素也显著影响着奥氏体热变形过程中的流变应力，图 7-9 给出了不同变形温度下三种钢的真应力-应变曲线。和 C-Mn 钢相比，钢中添加 Ti 元素后，相同变形条件下钢的真应力值明显增大，而添加 Ti-Mo 元素后真应力增加更为显著。

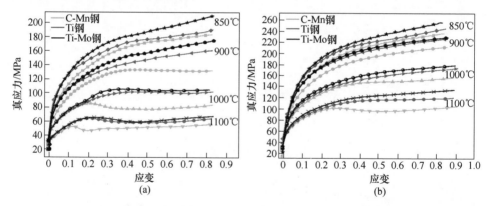

图 7-9　三种实验钢不同变形温度下真应力-应变曲线对比

(a) 0.025s^{-1}；(b) 1.0s^{-1}

表 7-2 为三种实验钢的抗压屈服应力 σ_y（应变偏移 2% 确定的屈服应力）和真应变为 0.8 时的真应力值 $\sigma_{0.8}$。添加 Ti 和 Mo 后，屈服应力 σ_y 和 $\sigma_{0.8}$ 均增加，但 $\sigma_{0.8}$ 增加的幅度更明显。另外和 C-Mn 钢相比，Ti 钢在变形过程中更难以发生动态再结晶，而 Ti-Mo 钢比 Ti 钢更加困难。例如：C-Mn 钢在 0.025s^{-1} 可发生动态再结晶的温度条件为 $T \geq 900℃$，而 Ti 钢和 Ti-Mo 钢只有在 $T \geq 1000℃$ 才能发生动态再结晶；在应变速率为 1.0s^{-1} 时，C-Mn 钢在 $T \geq 1000℃$ 时可发生动态再结晶，而 Ti 钢和 Ti-Mo 钢在变形温度为 850~1100℃ 范围内仅出现奥氏体的动态回

复,即流变应力曲线没有出现应力峰值。

表 7-2 三种实验钢在应变速率为 $1.0s^{-1}$ 下的屈服应力值 σ_y 和最大真应力 $\sigma_{0.8}$

温度/℃		850	900	950	1000	1050	1100
σ_y/MPa	C-Mn 钢	100	105	92	84	74	66
	Ti 钢	129	113	106	91	82	69
	Ti-Mo 钢	137	119	108	92	88	73
$\sigma_{0.8}$/MPa	C-Mn 钢	234	210	190	154	124	102
	Ti 钢	243	224	200	170	150	119
	Ti-Mo 钢	253	227	202	176	152	132

此外 Ti 和 Ti-Mo 的添加,使钢发生动态完全再结晶所需要的应变量也相应增加。由图 7-9 可知,在 1100℃ 以 $0.025s^{-1}$ 的应变速率变形时,C-Mn 钢的峰值应力对应的应变为 0.12,而 Ti 钢和 Ti-Mo 钢分别增加到 0.21 和 0.23。

通过以上对比可以发现,C-Mn 钢中添加 Ti 和 Mo 后明显提高了奥氏体变形流变应力值、峰值应力和峰值应变,并显著抑制了奥氏体动态再结晶的发生,提高奥氏体发生完全动态再结晶温度,且这种抑制效应在 Ti-Mo 钢中比 Ti 钢中更为明显。

普遍认为,添加 Ti、Mo 等元素提高奥氏体变形抗力和抑制奥氏体动态再结晶的机理主要有如下两种:

(1) 奥氏体中固溶元素在晶界和位错附近富集产生的溶质拖曳效应。晶界通常含有较高浓度的合金元素,从而降低了它们的界面能和迁移速率。晶界的移动需要摆脱晶界附近的 Ti、Mo 溶质原子的势垒,从而导致了应力增加,并降低了动态再结晶速率。类似的机制也同样适用于变形过程中位错的运动。

另外,溶质原子半径与铁原子半径相差越大,溶质原子产生的阻力就越大。在表 7-3 中给出了溶质原子在奥氏体中产生的拖曳效应的潜力[16],可以发现 Ti、Mo 的溶质拖曳作用较为显著。Pereda 等的研究也表明,固溶 Mo 原子对奥氏体动态再结晶具有很强的延迟作用[17]。

表 7-3 奥氏体中固溶溶质原子拖曳效应的潜力[16]

	在奥氏体中的最大固溶率/wt. %	原子半径/nm	与铁原子的半径差/%
Fe	—	0.124	0
Ti	4.0	0.147	18.4
Mo	12	0.036	9.4
Nb	1.8	0.143	15.6
Mn	9.8	0.134	7.6

(2) 动态再结晶过程中析出的碳氮化物对移动的晶界和位错的钉扎效应。

傅等指出，当析出粒子的直径小于 10nm 时可以有效地抑制晶界和位错的迁移[18]。奥氏体在高温变形过程中的第二相粒子主要来自应变诱导析出粒子和未溶的碳氮化物。未溶的碳氮化物尺寸较大，难以发生钉扎作用。而应变诱导析出是一个扩散的过程，需要一定的孕育时间，在短时间内完成形核并长大到临界尺寸是困难的。以图 7-9 中应变速率为 $1.0s^{-1}$ 为例，奥氏体在 850~1100℃变形 60%时，变形时间仅为 0.916s。

如图 7-10 为 Ti-Mo 钢在应变速率为 $1.0s^{-1}$，分别在 1050℃和 850℃变形 60%淬水后的 TEM 图。在 1050℃变形后没有观察到析出粒子，而在 850℃变形后仅在位错线上发现极少量析出粒子。有文献指出，钢中添加 Mo、减少 C 和 N 的活性，进而也会抑制碳氮化物粒子的析出[19]。因此可以认为，钢中添加 Ti、Mo 元素抑制奥氏体高温再结晶主要归因于溶质原子的拖曳效应。

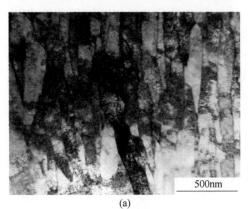 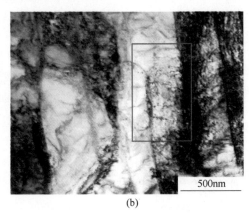

(a)　　　　　　　　　　　　　　　(b)

图 7-10　Ti-Mo 钢应变速率为 $1.0s^{-1}$ 时在 1050℃（a）和 850℃（b）
变形 60%淬水后的 TEM 图

7.3　过冷奥氏体的连续冷却相变

7.3.1　连续冷却的热膨胀曲线

采用切线法确定了 C-Mn 钢、Ti 钢和 Ti-Mo 钢的 A_{c1} 和 A_{c3} 温度，分别为820℃、871℃；835℃、902℃；859℃、915℃。添加 Ti 元素提高了加热时的平衡相变温度，Ti 和 Mo 元素共同添加效果更为显著。

表 7-4 为两阶段变形后三种钢在冷却速率为 0.1~30℃/s 范围内过冷奥氏体发生相变的开始和结束温度。随冷却速率的增加，相变开始和结束温度均下降，这是普遍存在的规律。冷却速率越大，相变开始温度和结束温度的差值也越大。例如，Ti 钢在 0.1℃/s 时的相变开始和结束温度分别为 778.5℃和 712.2℃，两者相差 66.3℃；而当冷却速率增加到 30℃/s 时，相应的温度差值则为 145℃。

表 7-4　三种实验钢不同冷却速率下的奥氏体相变开始和结束温度

冷却速率/℃·s⁻¹		0.1	0.3	0.5	1	3	5	10	20	30
P_s/℃	C-Mn 钢	789.6	778.5	768.4	758.2	741.5	736.5	725.2	715.2	695.5
	Ti 钢	778.5	770.8	764.3	744.3	727.7	659.2	650.9	644.1	633.7
	Ti-Mo 钢	770.5	758.2	745.6	735.5	700.6	650.2	640.6	631.6	618.5
P_f/℃	C-Mn 钢	670.3	665.4	653.2	648.2	600.5	582.4	546.5	535.8	516.4
	Ti 钢	712.2	705.6	690.4	643.2	533.3	524.8	512.1	509.7	488.7
	Ti-Mo 钢	710.8	695.6	678.4	630.4	520.5	520.3	510.2	499.8	470.6

注：P_s 和 P_f 分别表示连续冷却过程中奥氏体相变的开始温度和结束温度。

在同样冷却速率下，C-Mn 钢、Ti 钢和 Ti-Mo 的相变开始温度依次降低，说明钢中添加 Ti 和 Mo 元素增加了过冷奥氏体的稳定性，抑制了奥氏体的相变。另外，和 C-Mn 钢相比，在低冷却速率下（<1℃/s）Ti 钢和 Ti-Mo 钢的相变温度下降不明显；当冷却速率超过 1℃/s 时，随着冷却速率增加，相变温度降低更加显著。

从表 7-4 中可以看出，Ti 钢和 Ti-Mo 钢的相变温度差别不明显。这说明添加约 0.1%Ti 显著提高了过冷奥氏体的稳定性，而继续添加 0.22%Mo 后，稳定过冷奥氏体的作用不够明显。

在第 6 章中也曾经对比了低碳钢和含钛钢在不同冷却速率下的相变温度，表 6-5 和表 6-6 分别是未变形和变形（950℃变形 50%）试样的数据。对于未变形试样，几乎在所有冷却速率下，含钛钢比低碳钢的相变开始温度降低约接近 100℃；对于变形试样，两者的差距缩小，但也仍在 50℃左右。而从表 7-4 中变形（900℃变形 20%）试样的数据中却看不到如此大的差距。从表 6-1 和表 7-1 中可以看出实验钢的成分不尽相同，冷却前变形温度和变形量也有差别。一般认为，Mo 在钢中显著影响相变，但作为微合金化元素的 Ti 对相变的影响被忽略了。越来越多的实验结果表明，Ti 加入 C-Mn 钢中无论对连续相变还是等温相变的影响都很大。

7.3.2　不同冷却速率下的室温组织

7.3.2.1　光学显微镜分析

图 7-11 为 C-Mn 钢两阶段变形后在不同冷却速率下的金相组织。当冷却速率

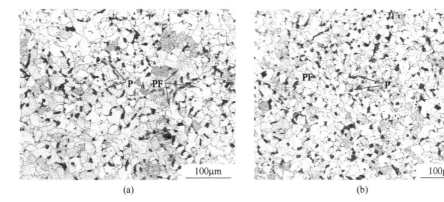

(a)　　　　　　　　　　　　　　　　(b)

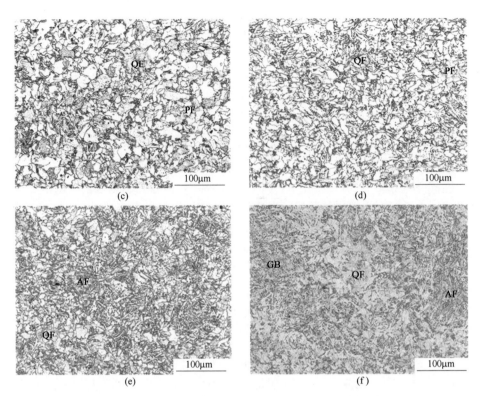

图 7-11 C-Mn 钢两阶段变形后不同冷却速率下的金相组织
(a) 0.1℃/s；(b) 0.5℃/s；(c) 5.0℃/s；(d) 10℃/s；(e) 20℃/s；(f) 30℃/s

为 0.1℃/s，相变组织主要为等轴的多边形铁素体（PF）和少量的珠光体（P）。随着冷却速率的增加，铁素体晶粒细化，珠光体数量减少（0.5℃/s）。冷却速率增加到 5℃/s 时，珠光体转变基本被抑制，铁素体晶界逐渐模糊，并且由规则的多边形向不规则块状和条状转变。冷却速率增加到 10℃/s 时，晶粒尺寸更加减小，细条状的针状铁素体（AF）量继续增加。冷却速率增加到 30℃/s 时，块状的铁素体组织也大量减少，同时出现粒状贝氏体（GB）组织。

图 7-12 为 Ti 钢在不同冷却速率下的室温组织。冷却速率小于 0.5℃/s 时，组织主要为均匀分布的等轴多边形铁素体（PF）和少量在晶界上分布的珠光体（P）。和 C-Mn 钢相比，铁素体晶粒和珠光体尺寸减小，并且珠光体的体积分数明显降低，这是由于钢中纳米 TiC 析出所致。从表 7-4 可以看出，随着冷却速率增加，和 C-Mn 钢相比，Ti 钢的相变温度降低得更加显著，因此两者组织的差别愈发明显，并且进一步细化。

冷却速率提高到 3℃/s，多边形铁素体转变为不规则的块状组织，且分布不均匀。表 7-4 中给出了 0.5℃/s 和 3℃/s 的相变温度范围分别为 764~690℃ 和 727~533℃，正是由于相变温度的降低限制了奥氏体排碳能力，抑制了铁素体晶粒向奥氏体内部长大，出现了针状铁素体组织。

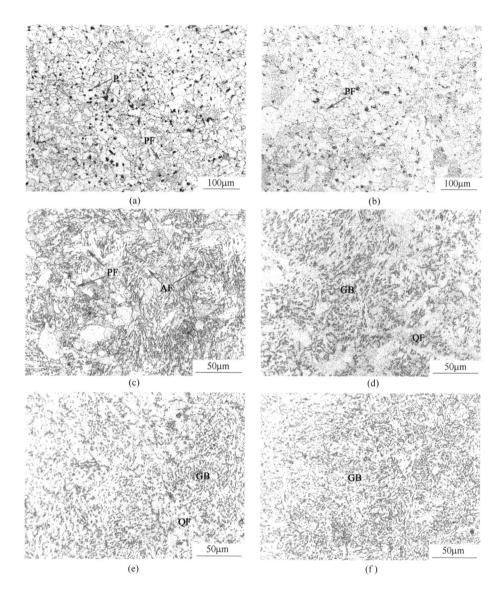

图 7-12 Ti 钢两阶段变形后不同冷却速率下的金相组织
(a) 0.1℃/s；(b) 0.5℃/s；(c) 5℃/s；(d) 10℃/s；(e) 20℃/s；(f) 30℃/s

　　冷却速率为 5℃/s 时，奥氏体相变开始温度显著下降，由 3℃/s 时的
727.7℃下降到 5℃/s 时的 659.2℃，铁素体晶界基本消失，出现大量的岛状
物（M/A 岛），组织主要为粒状贝氏体和准多边形铁素体（QF），两者的体积分
数分别约为 79% 和 21%。进一步提高冷却速率，组织中的铁素体体积分数和尺寸
进一步减小，粒状贝氏体体积分数增多。冷却速率增加到 30℃/s 时，铁素体基

本消失，组织主要为粒状贝氏体。在该冷却速率下，过冷奥氏体的相变温度区间为 633~488℃，过冷奥氏体的铁素体相变几乎被完全抑制。

　　图 7-13 为 Ti-Mo 钢两阶段变形后不同冷却速率下的金相组织。在 0.1℃/s

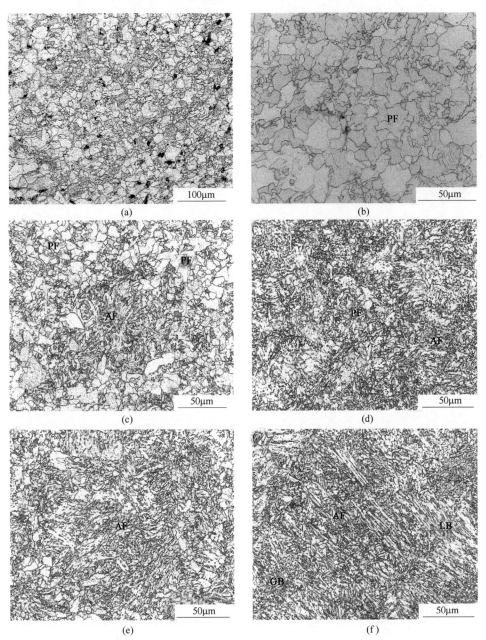

图 7-13　Ti-Mo 钢两阶段变形后不同冷却速率下金相组织

(a) 0.1℃/s；(b) 0.5℃/s；(c) 5℃/s；(d) 10℃/s；(e) 20℃/s；(f) 30℃/s

时，组织为铁素体和很少量的珠光体。冷却速率增加到 0.5℃/s，基体几乎全部为块状的铁素体组织。说明 Mo 的加入进一步抑制了珠光体（或渗碳体）形成，促进了纳米碳化物析出。

冷却速率为 5℃/s 时，铁素体尺寸减小，部分奥氏体转变为针状铁素体。随着冷却速率的继续增加，多边形铁素体数量减少，针状铁素体数量增多。当冷却速率增加到 30℃/s 后，奥氏体相变组织主要为针状铁素体（AF）和粒状贝氏体（GB）并伴随少量的板条贝氏体（LB）。针状铁素体、粒状贝氏体以及板条贝氏体的出现表明奥氏体的扩散型相变被抑制[20,21]。

7.3.2.2 SEM 和 EBSD 分析

图 7-14 为 Ti 钢中粒状贝氏体在扫描电子显微镜（SEM）下的形态，明显的特征是块状的铁素体上和晶界上分布着岛状物。随冷却速率的增加，铁素体晶粒尺寸和岛状物尺寸减小，同时岛状物由不连续的短棒状向连续分布的长条状转变，且分布更加均匀。能谱分析表明岛状物主要包含 Fe、C 和少量的 Mn 元素，通常被称为马/奥岛（M/A 岛）。冷却速率增加使奥氏体相变温度降低，固溶碳原子来不及扩散，增加了奥氏体的稳定性。由于冷却速率越快，碳原子扩散的时间和距离越短，在奥氏体中分布更加均匀，因此生成的 M/A 岛相对均匀细小。

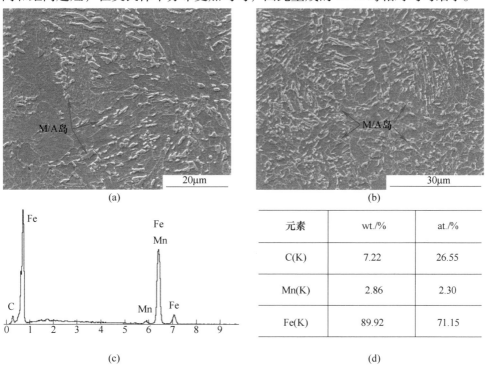

元素	wt./%	at./%
C(K)	7.22	26.55
Mn(K)	2.86	2.30
Fe(K)	89.92	71.15

图 7-14 Ti 钢两阶段变形后不同冷却速率下的 SEM 组织

（a）5℃/s；（b）30℃/s，（c），（d）能谱分析

　　随着冷却速率增加，Ti 钢中多边形铁素体晶粒尺寸减小而体积分数显著降低，铁素体的形态由规则的多边形状向无规则形态转变，最后完全变为粒状贝氏体。这反映了铁素体相变的扩散特征，也就是说新生成的铁素体数量和晶粒大小取决于奥氏体相变过程中奥氏体/铁素体相界面的移动速率和碳原子的扩散速率[3]。

　　图 7-15 为 Ti 钢在冷却速率分别为 0.5℃/s 和 3℃/s 下的 EBSD 图。图中小角度晶界（$\theta < 15°$）用绿色表示，大角度晶界（$\theta > 15°$）用黑色表示。冷却速率为 0.5℃/s 时，晶界主要为大角度晶界，通过测量大角度晶界可以得到有效晶粒尺寸在 10~19μm 范围内。当冷却速率增加到 3℃/s 时，晶粒的有效尺寸减小，小角度晶界比例显著增多，由 0.5℃/s 时的 33.63% 增加到 3℃/s 时的 63.2%，这表明有更多的亚晶形成。由此看出，钢中小角度晶界的数量增加反映了钢中位错密度的增加[22,23]。

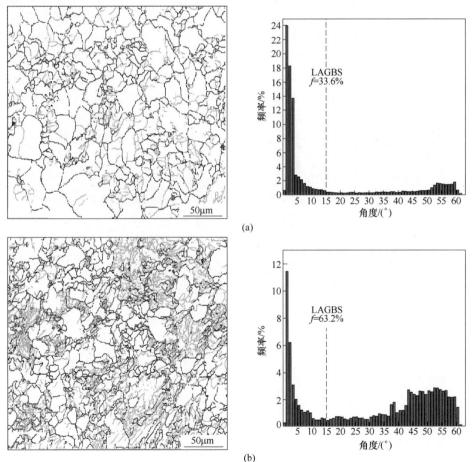

图 7-15　Ti 钢两阶段变形后不同冷却速率下的 EBSD 图
(a) 0.5℃/s; (b) 3℃/s

图 7-16 为 Ti-Mo 钢在冷却速率分别为 20℃/s 和 30℃/s 下的 SEM 组织形貌。在 20℃/s 时其组织主要为针状铁素体，可以看出针状铁素体为无序的分布状态，晶界上分布着数量不同的岛状物，这种针状组织主要和相变温度有关。高的相变开始温度下，先共析铁素体优先在原奥氏体晶界形核。快冷导致奥氏体过冷度增大，相变温度降低，使得奥氏体基体中 C 的扩散降低来不及排出，抑制了铁素体/奥氏体相界面向奥氏体内部推进，进而阻止了铁素体向奥氏体内部长大而形成针状的不规则形态，奥氏体中剩余的 C 则在针状铁素体晶界处形成岛状物。在 30℃/s 时，基体主要有三种形态的相变组织（见图 7-16（b）），把图 7-16（b）中的 A 和 B 区域进一步放大，分别如图 7-16（c）（d）所示。可以看出 Ti-Mo 钢中板条贝氏体的明显特征是板条贝氏体沿原奥氏体晶界形核，板条相互平行地朝向奥氏体晶内生长，板条间分布着不连续的短棒状或长条状的碳化物，如图 7-16（c）所示。在图 7-16（d）中左侧是粒状碳化物分布在基体上形成的粒状贝氏

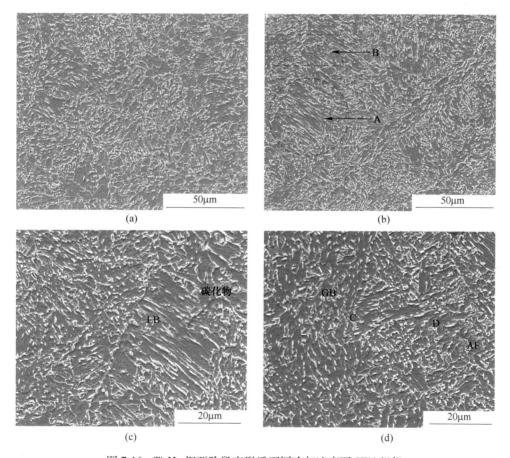

图 7-16　Ti-Mo 钢两阶段变形后不同冷却速率下 SEM 组织

（a）20℃/s；（b）30℃/s；（c）图（b）中 A 区域放大图；（d）图（b）中 B 区域放大图

体（GB）。针状铁素体形态（AF）和粒状贝氏体明显不同，表现出许多细小的铁素体呈现互锁的状态分布。这主要是由它们在变形奥氏体晶内的晶界、位错、亚晶以及变形带上形核导致[24]。

7.3.3　连续冷却转变（CCT）曲线

图 7-17 为基于热膨胀曲线和金相组织确定的三种实验钢两阶段变形后在 0.1~30℃/s 冷却速率范围内的奥氏体连续冷却转变曲线。在冷却速率为 30℃/s 以内，三种实验钢的过冷奥氏体主要发生铁素体、珠光体和贝氏体（针状铁素体、粒状贝氏体和板条马氏体）相变。对比 C-Mn 钢、Ti 钢和 Ti-Mo 钢的连续冷却转变曲线发现，铁素体的相变温度降低，发生铁素体和珠光体相变的区域缩小；反之，发生贝氏体的相变区域扩大。也就是说添加微合金元素 Ti 和 Mo 后，抑制了奥氏体的铁素体相变，促进了贝氏体相转变。

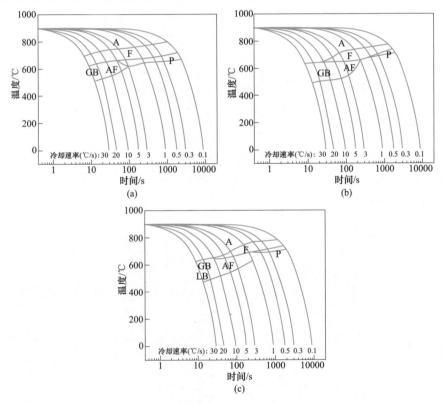

图 7-17　三种实验钢两阶段变形后连续冷却转变曲线
（a）C-Mn 钢；（b）Ti 钢；（c）Ti-Mo 钢

对比 Ti 钢和 Ti-Mo 钢，同一冷却速率下，Ti-Mo 钢的奥氏体相变温度略有下降，两实验钢的相变组织基本类似，但在高冷却速率下相变的贝氏体组织形态有所差异。Ti 钢在冷却速率超过 10℃/s 的相变组织以粒状贝氏体为主，而 Ti-Mo 钢的相变组织以针状铁素体为主，在 30℃/s 时的组织形态更加多样化，以针状铁素体为主，具有粒状贝氏体和板条贝氏体共存的特征。

7.4 过冷奥氏体的等温相变

7.4.1 过冷奥氏体等温相变组织

图 7-18 为 C-Mn 钢等温完全相变后的金相组织。在 550~700℃ 的等温温度范围内，奥氏体完全相变后的组织主要为多边形铁素体。随等温相变温度的降低，多边形铁素体晶粒细化，多边形组织向着无规则的形态转变。等温相变温度为 550℃ 时，出现了很多呈针状形态的铁素体组织。另外，当温度降到 625℃ 时，在多边形铁素体的晶界处出现了珠光体组织。SEM 图像表明这些珠光体呈层片状，如图 7-18（c）所示。这是由于在低的等温温度下，C 元素扩散速率减缓，未转变的奥氏体分解成层片状的珠光体组织。

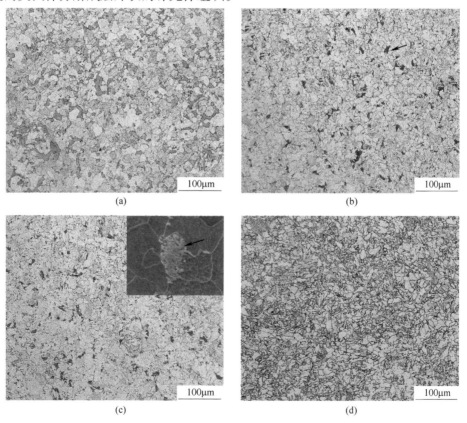

图 7-18　C-Mn 钢等温 1800s 完全相变后的金相组织
（a）700℃；（b）625℃；（c）600℃；（d）550℃

　　图 7-19 为 Ti 钢等温相变后的金相组织。和 C-Mn 钢等温金相组织类似，奥氏体相变组织主要为铁素体。但铁素体的晶粒并不是等轴均匀的，且随着等温相变温度的降低，铁素体晶粒尺寸差异和不均匀性更加明显。Ti 元素的加入抑制了奥氏体和铁素体两相晶界的移动，进而抑制了铁素体的长大。金相图片中没有发现珠光体组织的存在，这与 C 优先于和 Ti 结合形成钛的碳化物而消耗了钢中有限的碳元素有关。另外，等温相变温度降到 600℃ 以下，铁素体相变被抑制，出现了贝氏体组织。在 550℃ 等温时，相变组织基本完全为贝氏体。Ti 的加入抑制了奥氏体向铁素体的等温相变，提高了获得铁素体的临界等温相变温度。

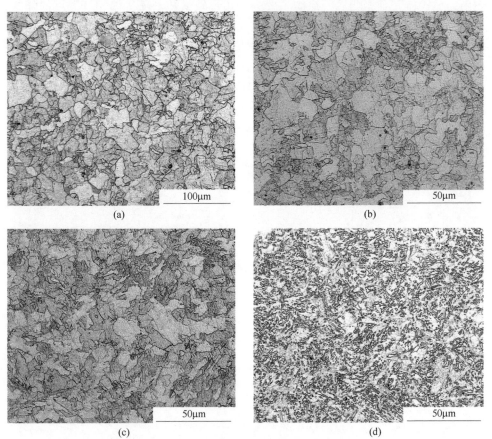

图 7-19　Ti 钢等温 1800s 完全相变后的金相组织
(a) 700℃；(b) 625℃；(c) 600℃；(d) 550℃

　　图 7-20 为 Ti-Mo 钢等温完全相变后的金相组织。在 625℃ 以上，金相组织主要为铁素体。在图 7-20（b）中发现，奥氏体等温相变过程中铁素体优先在变形奥氏体晶界或亚晶形核长大。当等温温度降低到 600℃ 后，沿变形奥氏体晶界形

核的铁素体向奥氏体晶内长大的过程被抑制，形成针状组织穿插入晶内，产生了魏氏体组织（WF）和在晶界附近形成的晶界铁素体晶粒（GBF）。继续降低温度，铁素体向奥氏体晶内长大进一步被抑制，形成粒状的贝氏体组织。

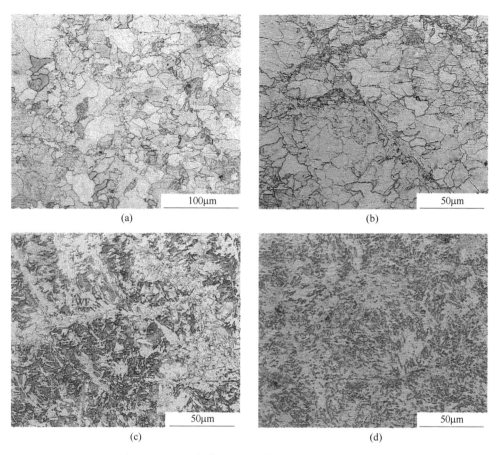

图 7-20 Ti-Mo 钢等温 1800s 完全相变后的金相组织
(a) 700℃；(b) 625℃；(c) 600℃；(d) 550℃

随微合金元素 Ti 和 Mo 的添加，铁素体相变受到抑制，获取完全铁素体的临界相变温度提高。C-Mn 钢、Ti 钢和 Ti-Mo 钢获得完全铁素体的临界相变温度分别为 550℃、600℃和 625℃。另外，珠光体组织相变同样被抑制，取而代之的是贝氏体组织。也就是说，Ti 钢和 Ti-Mo 钢中的扩散型相变被抑制。

表 7-5 为通过线截距法测得的铁素体晶粒尺寸。降低相变温度和添加微合金元素均可以减少晶粒尺寸，且微合金元素越多，晶粒尺寸减小得更明显。在等温相变温度为 675~625℃范围内，合金元素弱化了铁素体晶粒尺寸的均匀性。

图 7-21 为 Ti-Mo 钢奥氏体两阶段变形后快冷到不同温度等温一定时间的反极

表 7-5 实验钢不同等温相变温度等温 1800s 下铁素体的晶粒尺寸

等温温度/℃		700	675	650	625	600	575	550
铁素体的晶粒尺寸/μm	C-Mn 钢	20.5±3.3	17.9±2.9	16.7±2.2	15.9±2.1	14.4±1.8	12.1±1.5	11.6±1.2
	Ti 钢	18.2±3.1	17.5±3.4	15.6±3.9	13.1±3.6	11.8±2.1	6.9±0.8	6.3±0.6
	Ti-Mo 钢	16.2±3.2	15.3±3.5	14.2±3.6	11.7±3.1	10.9±1.5	6.6±0.5	6.0±0.4

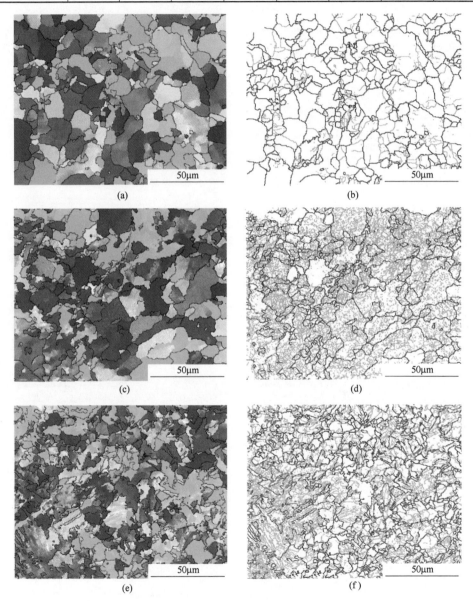

图 7-21 Ti-Mo 钢的反极图彩色取向图和晶界取向分布图
(a), (b) 700℃-1800s; (c), (d) 625℃-5400s; (e), (f) 550℃-10800s

图彩色取向图和晶界取向分布图。其中，绿线表示小角度晶界（2°≤θ<15°），黑线表示大角度晶界（θ≥15°）。在700℃等温1800s，组织几乎为具有大角度晶界的多边形铁素体；等温相变温度降至625℃等温5400s后，部分多边形铁素体变为不规则形状，最显著的特征是晶粒中小角度晶界的数量明显增加；等温相变温度进一步降低到550℃并等温10800s，出现了大量的不规则针状晶粒。平均晶粒尺寸由700℃-1800s时的16.4±3.6μm减少为550℃-10800s时的6.1±0.5μm。此外，随等温相变温度的降低，小角度晶界的数量增加，表明奥氏体两阶段变形引入的位错和亚晶等随着等温相变温度的降低被更多地保留下来。

7.4.2 过冷奥氏体等温相变动力学

图7-22为Ti-Mo钢奥氏体两阶段变形后在700℃等温1200s后沿径向的热膨胀曲线变化。700℃等温一个时间段后，试样径向膨胀量没有保持恒定而是急剧增大，表明奥氏体在等温过程中发生了相变。通过测量热膨胀曲线突变的切点（A点和B点）对应的时间，可以得到过冷奥氏体等温相变的开始时间（T_s）和结束时间（T_f）。另外，可以通过试样径向膨胀量的变化率来反映γ在等温相变过程中相转变量随时间的变化。

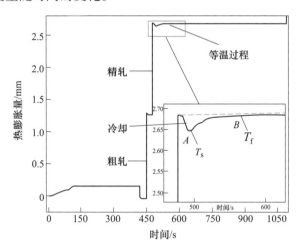

图7-22 Ti-Mo钢在700℃等温1200s的热膨胀曲线

等温过程中，相转变率，也就是相转变体积分数的变化程度，可以通过下式计算：

$$f = \frac{\Delta L_t - \Delta L_{\min}}{\Delta L_{\max} - \Delta L_{\min}} \tag{7-3}$$

式中，$\Delta L_{\max}$为奥氏体完全相变后测得的最大膨胀量变化；$\Delta L_{\min}$为刚开始发生相变时的膨胀量变化；ΔL_t为相变过程中任一时间下的膨胀量变化。

　　基于式（7-3）可以获得三种实验钢不同等温相变温度下的相变体积分数随时间的变化。为简化图和便于观察对比，图 7-23 仅列出三种实验钢在 650℃ 等温过程中的相转变率。可以看出，在 650℃ 等温过程中，C-Mn 钢最先发生奥氏体相变，孕育时间约为 9s；其次为 Ti 钢，最后为 Ti-Mo 钢，相应的孕育时间分别为 22s 和 31s。相应的，C-Mn 钢奥氏体相变完成时间也仍然最短，约为 159s，然后分别为 Ti 钢的 384s 和 Ti-Mo 钢的 563s。因此可见，Ti 和 Mo 的添加明显地抑制了等温过程中的奥氏体相变。

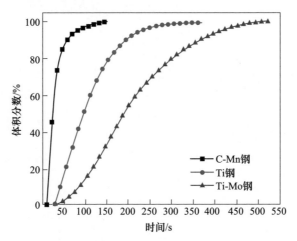

图 7-23　三种实验钢在 650℃ 等温相变体积分数随时间的变化

　　根据测得相变开始和结束时间，绘制了三种实验钢两阶段变形后在 700～550℃ 的温度范围内奥氏体等温相变随温度和时间变化曲线（TTT 曲线），如图 7-24 所示。对比三种实验钢，同一等温温度下，奥氏体相变开始和结束时间用时依次

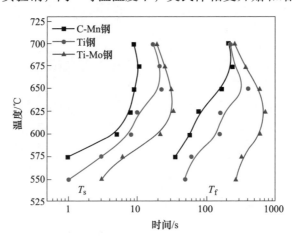

图 7-24　实验钢相变-温度-时间曲线

为 C-Mn 钢、Ti 钢和 Ti-Mo 钢。添加 Ti 和 Mo 元素增加奥氏体稳定性，抑制了奥氏体相变，同时降低了奥氏体相变鼻尖温度。在实验测定的温度范围内，C-Mn钢、Ti 钢和 Ti-Mo 钢的 TTT 曲线都呈现为倒双"C"形，对应的"C"形鼻尖温度则由于化学成分的不同而有所差异，分别为 675℃、650℃和 625℃。

7.5　小结

实验钢的真应力-应变曲线受到变形温度、应变速率和变形量的相互作用和共同影响。一般情况下，变形温度越高、应变速率越慢、变形量越大，发生奥氏体动态再结晶的可能性越大。和 C-Mn 钢相比，钢中添加 Ti 元素后，相同变形条件下钢的真应力值明显增大，显著抑制了奥氏体动态再结晶的发生，提高了奥氏体发生完全动态再结晶临界温度，而添加 Ti-Mo 元素后这种影响更为显著。分析认为，钢中添加 Ti、Mo 元素抑制奥氏体高温再结晶主要归因于溶质原子的拖曳效应。

在 0.1~30℃/s 范围内随冷却速率的增加，两阶段变形后三种实验钢过冷奥氏体发生相变的开始和结束温度均下降；在同样冷却速率下，C-Mn 钢、Ti 钢和Ti-Mo 的相变开始温度依次降低，说明钢中添加 Ti 和 Mo 元素增加了过冷奥氏体的稳定性，抑制了奥氏体的相变。

随着冷却速率增加，相变组织由多边形铁素体（少量珠光体）向针状铁素体、粒状贝氏体，甚至板条贝氏体转变。添加微合金 Ti 和 Mo 元素后，抑制了奥氏体的铁素体相变，促进了贝氏体相转变。冷却速率增加使固溶碳原子来不及扩散，增加了奥氏体的稳定性。冷却速率越大，过冷奥氏体相变温度越低，碳原子扩散的时间和距离越短，在奥氏体中分布更加均匀，生成 M/A 岛更加均匀细小。针状铁素体形态和粒状贝氏体明显不同，表现出许多细小的铁素体呈现互锁的状态分布，这主要是由它们在变形奥氏体晶内的晶界、位错、亚晶以及变形带上形核导致。

在 550~700℃的等温温度范围内，C-Mn 钢中奥氏体完全相变后的组织主要为多边形铁素体；当温度降到 625℃时，在多边形铁素体的晶界处出现了珠光体组织。随 Ti 和 Mo 元素的添加，铁素体相变受到抑制，获取完全铁素体的临界相变温度提高。C-Mn 钢、Ti 钢和 Ti-Mo 钢获得完全铁素体的临界相变温度分别为550℃、600℃和 625℃。珠光体组织相变同样被抑制，取而代之的是贝氏体组织。由于纳米碳化物优先形成消耗了钢中有限的碳元素，在 Ti 钢和 Ti-Mo 钢中几乎观察不到珠光体组织。

在 650℃等温过程中，C-Mn 钢最先发生奥氏体相变，孕育时间最短，奥氏体相变完成时间也是最短，然后依次为 Ti 钢、Ti-Mo 钢，说明 Ti 和 Mo 的添加明显地抑制了等温过程中的奥氏体相变。在 700~550℃的温度范围内，C-Mn 钢、Ti

钢和 Ti-Mo 钢的 TTT 曲线都呈现为倒双 "C" 形，对应的 "C" 形鼻尖温度则由于化学成分的不同而有所差异，分别为 675℃、650℃和 625℃。

参 考 文 献

[1] 衣海龙，毕梦园，方明阳，等. 温度参数对 Ti/Ti-Mo 微合金钢力学性能及强化机制的影响 [J]. 材料热处理学报，2018，39（12）：42-48.

[2] 张可，叶晓瑜，李昭东，等. 铁素体基 Ti-Mo 高强钢连续冷却相变及组织性能 [J]. 钢铁研究学报，2019，31（8）：733-740.

[3] Chen Chih-Yuan, Chen Shih-Fan, Chen Chien-Chon, et al. Control of precipitation morphology in the novel HSLA steel [J]. Materials Science and Engineering：A, 2015, 634：123-133.

[4] Kim Y W, Kim J H, Hong S G, et al. Effects of rolling temperature on the microstructure and mechanical properties of Ti-Mo microalloyed hot-rolled high strength steel [J]. Materials Science and Engineering：A, 2014, 605：244-252.

[5] 陈松军. 低碳 Ti/Ti-Mo 钢纳米碳化物析出规律及作用机理研究 [D]. 广州：华南理工大学，2021.

[6] Mcqueen H J, Yue S, Ryan N D, et al. Hot working characteristics of steels in austenitic state [J]. Journal of Materials Processing Technology, 1995, 53（1）：293-310.

[7] 黄志新，朱琳，杨信文，等. 微合金化 8630 钢热压缩流变行为 [J]. 塑性工程学报，2021，28（12）：140-147.

[8] 姬雅倩，周旭东，陈学文，等. PCrNi3MoV 钢变形抗力模型及热加工图 [J]. 塑性工程学报，2021，28（10）：173-179.

[9] Saadatkia S, Mirzadeh H, Cabrera J M. Hot deformation behavior, dynamic recrystallization, and physically-based constitutive modeling of plain carbon steels [J]. Materials Science and Engineering：A, 2015, 636：196-202.

[10] Lin Y C, Liu G. A new mathematical model for predicting flow stress of typical high-strength alloy steel at elevated high temperature [J]. Computational Materials Science, 2010, 48（1）：54-58.

[11] Sakaia T, Belyakovb A, Kaibyshevb R, et al. Dynamic and post-dynamic recrystallization under hot, cold and severe plastic deformation conditions [J]. Progress in Materials Science, 2014, 60：130-207.

[12] Ding R, Guo Z X. Coupled quantitative simulation of microstructural evolution and plastic flow during dynamic recrystallization [J]. Acta Materialia, 2001, 49（16）：3163-3175.

[13] Lan Liangyun, Zhou Wei, Misra R D K. Effect of hot deformation parameters on flow stress and microstructure in a low carbon microalloyed steel [J]. Materials Science and Engineering：A, 2019, 756：18-26.

[14] Huang K, Log R E. A review of dynamic recrystallization phenomena in metallic materials

［J］. Materials & Design, 2017, 111（12）: 548-574.

［15］ Sakai Taku. Dynamic recrystallization microstructures under hot working conditions［J］. Journal of Materials Processing Technology, 1995, 53（1）: 349-361.

［16］ Lücke K, Detert K. A quantitative theory of grain-boundary motion and recrystallization in metals in the presence of impurities［J］. Acta Metallurgica, 1957, 5（11）: 628-637.

［17］ Pereda B, Fernández A I, López B, et al. Effect of Mo on dynamic recrystallization behavior of Nb-Mo microalloyed steels［J］. ISIJ International, 2007, 47（6）: 860-868.

［18］ Fu Liming, Shan Aidang, Wei Wang. Effect of Nb solute drag and NbC precipitate pinning on the recrystallization grain growth in low carbon Nb-microacloyed steel［J］. Acta Metallurgica Sinica, 2010, 46（7）: 832-837.

［19］ Katsumi Mori, Harue Wada, Robert D Pehlke. Simultaneous desulfurization and dephosphorization reactions of molten iron by soda ash treatment［J］. Metallurgical & Materials Transactions B, 1985, 16: 303-312.

［20］ 陆书萌, 万莉, 卜恒勇, 等. SA508 Gr. 4N 钢的贝氏体等温转变及相变动力学［J］. 材料热处理学报, 2022, 43（3）: 120-127.

［21］ 赵丽洋, 刘东博, 谯明亮, 等. Q500qENH 耐候桥梁钢形变奥氏体连续冷却转变行为研究［J］. 上海金属, 2022, 44（1）: 35-39.

［22］ Liu Z, Li P, Xiong L, et al. High-temperature tensile deformation behavior and microstructure evolution of Ti55 titanium alloy［J］. Materials Science and Engineering: A, 2017, 680: 259-269.

［23］ Li Y, Li W, Min N, et al. Effects of hot/cold deformation on the microstructures and mechanical properties of ultra-low carbon medium manganese quenching-partitioning-tempering steels［J］. Acta Materialia, 2017, 139: 96-108.

［24］ Zhao H, Wynne B P, Palmiere E J. Conditions for the occurrence of acicular ferrite transformation in HSLA steels［J］. Journal of Materials Science, 2018, 53: 3785-3804.

8 钛微合金化高强钢中纳米碳化物的析出和作用机理

<<<<<<<<<<<<<<<<<<<<<<<<<<<<<<<<<<<<<<<<<<<<<<<<<<<<<<<<<<<<<<<<<<

纳米碳化物的析出控制是钛微合金化高强钢生产的关键技术，因此该钢种物理冶金研究的重点在于纳米碳化物析出及其沉淀强化效果。尽管此前对形变诱导析出和等温析出有了一些研究，但对纳米碳化物和再结晶、等温相变的关系研究有待继续深入；另外，中厚板生产终轧后是一个连续冷却过程，即使热轧带钢卷取后也是一个缓慢冷却的过程，而连续冷却过程中纳米碳化物的析出研究是此前未曾涉及的。

珠钢 CSP 和日本 JFE 几乎在同时（2004 年）开始了钛微合金高强钢的研发，尽管产品屈服强度都超过 700MPa，但两者对纳米碳化物的沉淀强化效果报道相去甚远，分别为 158MPa 和约 300MPa。JFE 采用了 Ti-Mo 复合微合金化技术，而珠钢 CSP 主要采用了单一钛微合金化技术。虽然 JFE 的计算方法值得商榷，但在钛微合金钢中 Mo 对纳米碳化物析出的影响还缺乏系统、深入的研究。

在本章中，通过 C-Mn 钢、Ti 钢和 Ti-Mo 钢的对比，采用应力松弛法、等温压缩法、显微硬度法与 SEM、TEM、APT 等先进的微观分析手段，研究了钛微合金化高强钢在变形奥氏体中、连续相变和等温相变过程中纳米碳化物的析出和作用机理，以及 Mo 元素对纳米碳化物析出及其沉淀强化效果的影响，构建了700℃等温过程中相变和析出的耦合关系模型[1-3]。

8.1 形变诱导碳化物析出

8.1.1 形变诱导析出动力学

图 8-1 为 Ti 钢中奥氏体在不同温度下的应力松弛曲线和形变诱导碳化物析出的 PTT 曲线。如图 8-1（a）所示，随时间延长，不同温度下应力松弛曲线可被分为三个阶段：（1）初次下降段，由于回复和静态再结晶，应力随时间延长而逐渐降低；（2）迟滞平台段，由于析出物的存在，应力降低的趋势被滞后并暂时停止，甚至在相对较低的温度下略有增加，这意味着奥氏体的静态再结晶被完全阻止；（3）再次下降段，随着等温时间的增加，应力再次减小，这表明奥氏体再次软化。

另外，在迟滞阶段之前，在不同温度应力松弛曲线的下降斜率并不相同，表明了奥氏体变形后的软化机制不同。在 940℃ 及以上等温，应力松弛曲线先缓慢

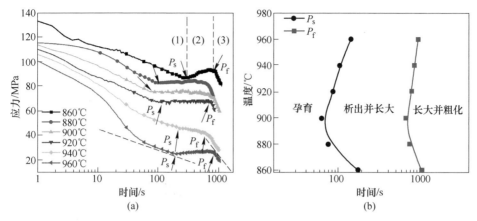

图 8-1　Ti 钢奥氏体应力松弛曲线（a）和 PTT 曲线（b）
（图中 P_s 和 P_f 分别为应变诱导析出发生的开始时间和结束时间，分别为三组实验的平均值）

下降，然后由于发生静态再结晶而迅速下降。当温度低于 940℃ 时，应力松弛曲线缓慢降低直至出现一个平台，这与相应的回复软化机制相对应。因此，可以把 940℃ 作为 Ti 钢静态再结晶的临界温度，在此等温温度以上，Ti 钢变形后的主要软化机制由回复向静态再结晶机制转变。

通过切点法确定应力松弛曲线在迟滞阶段的开始和结束时间通常被认为是奥氏体应变诱导析出的开始时间（P_s）和结束时间（P_f）[4,5]。需要注意的是，P_s 点和 P_f 点分别表示在变形后的等温过程中应变诱导析出可以有效延缓静态再结晶发生的开始和结束时间。此外，P_f 点也并不表示析出相体积分数达到平衡值的时间[6]。根据获得的应力松弛曲线可以比较容易地测量出应变诱导析出的开始和结束时间，由此作出两阶段变形后等温过程中的 PTT 曲线，如图 8-1（b）所示。PPT 曲线呈典型的 "C 形"，其鼻尖温度约在 900℃，对应着应变诱导析出开始和结束的最短时间，分别约为 60s 和 680s。

8.1.2　形变诱导碳化物析出的粒子特征

在 940℃ 和 920℃ 等温 1200s 后，Ti 钢中析出粒子的 TEM 形貌和相应的成分在图 8-2 中给出。图 8-2（a）中样品在 940℃ 等温 1200s，应变诱导析出粒子的平均直径为 21.2±2.9nm，粒子主要呈现两种形态：（1）区域Ⅰ中的棒状或球形粒子；（2）区域Ⅱ中尺寸小于 5nm 的球形颗粒。图 8-2（b）是对区域Ⅰ图像的放大，可以发现在位错线上析出粒子的数量比较少，析出粒子主要分布在位错胞（区域Ⅲ中标红圈位置）和亚晶界上（绿色虚线位置）。另外，析出粒子的尺寸大小和形貌与粒子的形核位置有关。位于区域Ⅲ中位错胞状结构上的析出粒子尺寸最大，其次是沿亚晶界或其附近的粒子，最后是位于其他缺陷上的粒子。

在920℃等温1200s后，析出粒子如图8-2（c）中蓝框方形和红框圆形区域所示。其形貌和分布虽然与图8-2（a）、（b）中类似，但析出粒子的平均直径减小到17.5±2.4nm。另外，由于奥氏体静态再结晶被抑制，奥氏体中的位错密度有所增加。

图8-2（d）的EDS分析表明，应变诱导析出粒子主要含有Ti和C，两种元素的原子比约为1∶1。通过比较不同形核位置的晶粒尺寸和形貌，可以得出应变诱导析出粒子在变形奥氏体中是非均匀分布的，优先在位错和亚晶界上形核。此外，每个奥氏体晶粒中粒子的形核长大和粗化也是同时发生的。需要注意的

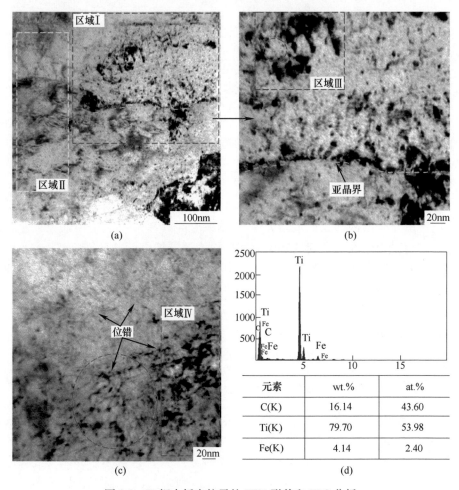

元素	wt.%	at.%
C(K)	16.14	43.60
Ti(K)	79.70	53.98
Fe(K)	4.14	2.40

(c) (d)

图8-2 Ti钢中析出粒子的TEM形貌和EDS分析

（a）940℃保温1200s试样中不均匀分布粒子的TEM图；（b）图（a）中的局部放大图像，
显示析出相优先在位错和亚晶界上形核；
（c），（d）样品在920℃等温1200s析出相的TEM图和相应的EDS图

是，析出粒子的粗化会大量消耗固溶在奥氏体中的有限 Ti 含量，这势必会减少在 γ→α 相变后续和过饱和铁素体中形成的纳米析出物的数量。因此，应尽量控制在位错和亚晶界上形成过多的应变诱导析出粒子，使析出粒子均匀分布。

为进一步研究 Ti 钢奥氏体应力松弛过程中形成的析出粒子的形态和晶格常数，对直径约为 14.5nm 的类球形粒子进行高分辨率透射电子显微镜（HRTEM）观察，如图 8-3（a）所示。通过对高分辨电镜图像进行快速傅里叶变换（见图 8-3（b））和反傅里叶变换（见图 8-3（c））分析确认析出粒子为 NaCl 晶体结构和晶格常数约为 0.431nm 的 TiC。

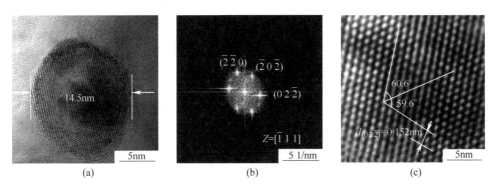

图 8-3　Ti 钢中析出粒子的形态和晶格常数

（a）样品 920℃变形等温 1200s 后的高分辨率 TEM 图；（b）快速傅里叶变换衍射图；
（c）反快速傅里叶变换图

图 8-4 揭示了试样在 900℃分别等温 100s、600s 和 1800s 后析出的 TiC 粒子的演变。随等温时间的延长，析出的 TiC 粒子的数量和尺寸均增加。在 100s 的等温时间内，高密度位错的马氏体板条形态清晰可见，并且在位错上不均匀地分布着少量的平均尺寸为 10.2±2.1nm 的球形粒子；等温时间增加到 600s，板条形态马氏体模糊化和消失，奥氏体中的位错密度也明显降低。析出粒子平均尺寸增加到 14.8±2.5nm。此外，还观察到一些尺寸大于 20nm 的析出粒子（图 8-4（b）中的红色箭头所示）；当等温时间增加到 1800s 时，奥氏体中呈现大量的析出粒子。将图 8-4（c）中的析出物放大如图 8-4（d）所示，可以清晰地发现这些析出粒子紧密地聚集和附着在一起。继续将图 8-4（d）的红色虚线框中粒子放大，可以看到许多尺寸大于 35nm 方形粗大粒子，如图 8-4（d）的蓝色箭头标记所示。

从图 8-5 可以看出，析出粒子的尺寸遵循着一个正态分布函数。随着等温时间从 100s 增加到 1800s，TiC 粒子的平均粒径从 10.2±2.1nm 增加到 25.2±2.8nm，同时尺寸分布范围变宽，从 4.5~22nm 增加到 9~44nm。此外，等温

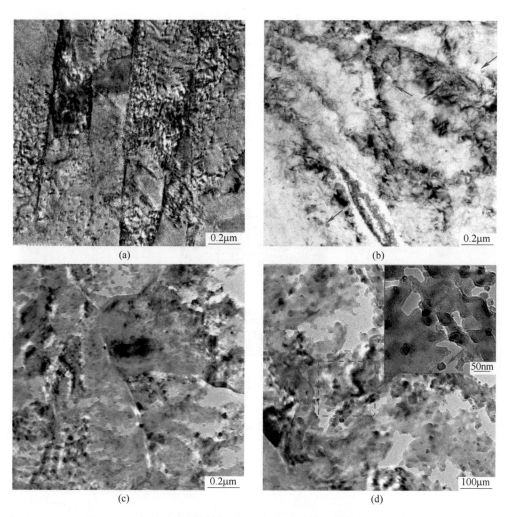

图 8-4 Ti 钢中应变诱导析出粒子在 900℃等温不同时间处的演变

（a）100s；（b）600s；（c）1800s；（d）试样中碳化物在 900℃等温 1800s 的高倍图

1800s 后，粒径大于 15nm 的粒子比例达到 85%，这表明应变诱导析出已经进入粗化阶段。随等温时间的增加，析出相的数量和尺寸都不断增加，这导致粒子对位错或晶界上的钉扎力呈现先增大后减小的趋势，这种变化与图 8-1 中应力松弛曲线中观察到的三个阶段一致。

8.1.3 奥氏体静态再结晶和应变诱导析出的相互作用

在图 8-1 所示的应力松弛曲线中，应力基本都出现了下降—平台—再下降的变化趋势，也就是说 Ti 钢在两阶段变形后的等温过程中发生了软化（静态再结晶和回复）和应变诱导析出。事实上，应变诱导析出和再结晶存在一种竞争关

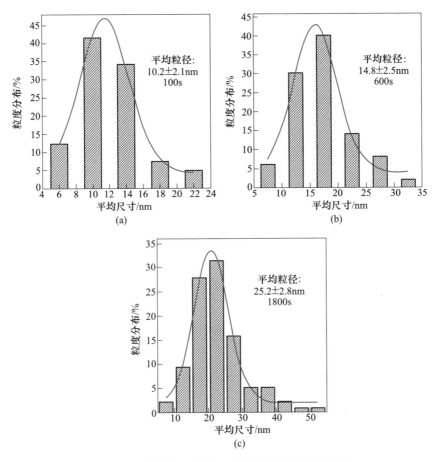

图 8-5　应变诱导析出粒子 900℃ 等温不同时间粒度分布

（a）100s；（b）600s；（c）1800s

系[7]。如果应变诱导析出先发生，细小的析出物就会抑制晶界迁移，减缓或抑制静态再结晶的发生；如果静态再结晶先发生，应变诱导析出则会被推迟。例如，在 940℃ 以上等温时，应力松弛曲线缓慢下降后就开始快速下降，表明静态再结晶发生在应变诱导析出之前。静态再结晶的优先发生会消耗变形奥氏体中的空位、位错和亚晶等缺陷数量，减少了应变诱导析出的形核地点，抑制了变形后的应变诱导析出，延长了应变诱导析出的孕育时间。变形后的等温过程中，奥氏体静态再结晶的驱动力来自变形储能。由于奥氏体变形后的回复效应较弱，假设回复效应忽略不计，那么奥氏体静态再结晶的驱动力就近似等于变形的储能，可以用下式表示[8]：

$$F_R = \frac{1}{2}\rho G b^2 \tag{8-1}$$

式中，ρ 为奥氏体变形后的位错密度；G 为剪切模量，约为 $4\times10^4\,MPa$；b 为稳定位错的伯氏矢量，约为 $2.53\times10^{-10}\,m$。

Veidier 等人指出变形奥氏体中的位错密度和 $(\sigma-\sigma_y)^2$ 有关，关系如下[9,10]：

$$\rho = \left(\frac{\sigma_y - \sigma_m}{M\alpha Gb}\right)^2 \tag{8-2}$$

式中，M 为泰勒常数（FCC 为 3.1）；α 为常数，约为 0.15；σ_m，σ_y 分别为没有析出产生的奥氏体在变形时的最大应力和屈服应力，可以通过没有添加微合金元素的 C-Mn 钢来确定。

因此，可以通过位错密度计算出变形后奥氏体再结晶的驱动力，见表 8-1。Znener 和 Smith 的研究表明，纳米析出粒子对晶界的钉扎力可以表示为[11]：

$$Z_P = \frac{3\gamma_{GB}F_v}{2r} \tag{8-3}$$

式中，γ_{GB} 为晶界能；F_v，r 分别为析出粒子的体积分数和平均直径。

表 8-1 不同温度变形后奥氏体的位错密度和相应的再结晶驱动力

$T/℃$	σ_m/MPa	σ_y/MPa	$\sigma_m-\sigma_y/MPa$	ρ/m^{-2}	F_R/MPa
960	126.45	81.94	44.51	9.31×10^{13}	0.0462
940	135.37	86.71	48.66	11.13×10^{13}	0.0555
920	142.39	92.11	50.28	11.88×10^{13}	0.0589
900	149.69	97.25	52.04	12.73×10^{13}	0.0631
880	156.42	102.31	54.11	13.76×10^{13}	0.0682
860	161.45	106.53	55.12	14.28×10^{13}	0.0708

式（8-3）揭示出高体积分数的大量细小粒子对晶界产生显著的钉扎效应，从而减缓奥氏体晶界的迁移；相反，由于奥氏体的静态再结晶减少了用于应变诱导析出粒子形核的缺陷数量，降低了析出形核率。因此，奥氏体静态再结晶和应变诱导析出的相互作用是一个和等温时间相关的函数，可以表示为：

$$G(t) = \frac{1}{2}\rho(t)Gb^2 - \frac{3\gamma_{GB}F_v(t)}{2r(t)} \tag{8-4}$$

从式（8-4）可以看出，再结晶的状态与应变诱导析出过程中再结晶驱动力和粒子钉扎力的竞争作用有关。在应力松弛过程中，析出粒子对晶界的钉扎效应是在不断变化的。在等温时间未达到 P_s 时，析出粒子刚刚形核且体积分数很小，由此产生的 Zener 钉扎力不足以阻止奥氏体静态再结晶或者回复。随等温时间延长到约 P_s 时，由于析出数量的相对增加和产生的 Zener 钉扎力超过了再结晶驱动力，变形奥氏体的静态再结晶受到抑制。最后等温时间延长到 P_f 后，由于析出粒子的不断长大和粗化，Zener 钉扎力再次下降到再结晶驱动力以下，奥氏体重新出现软化。也就是在应变诱导析出开始之前，（$G(t)>0$），变形奥氏体发生了静态再结晶。在 TiC 粒子的形核和长大阶段（$G(t)<0$），析出粒子几乎完全抑制了奥氏体晶界的迁移。然而，在粗化阶段（$G(t)>0$），析出相钉扎效应减弱，静态再结晶再次发生。

8.2　连续冷却相变过程中的碳化物析出

8.2.1　纳米碳化物的析出特征

　　Ti 钢在两阶段变形后不同冷却速率（0.1~3C/s）下室温组织的析出粒子形貌如图 8-6 所示。由图 8-6 可以看出，析出粒子主要存在两种不同的形态：（1）如图 8-6（a）~（c）所示，具有规则列状分布的相间析出；（2）如图 8-6（d）、（e）所示，在基体上呈随机分布的弥散析出。析出物呈列状分布说明 Ti 钢在两阶段变形后能够发生相间析出。可以看出，冷却速率对纳米碳化物析出有着显著的影响。

　　如图 8-6（a）所示，冷却速率为 0.1℃/s 时，析出粒子为面间距相等的平面型相间析出，相间析出的平均列间距和平均粒子尺寸分别为 50.2nm 和 12.7nm。另外，在一些区域中可以观察到不均匀分布的析出粒子且部分已经长大粗化。

　　冷却速率增加到 0.5℃/s 时，密集分布在铁素体基体上的析出粒子数量显著增加，如图 8-6（b）所示。进一步放大如图 8-6（c）所示，这些析出粒子仍然呈现较为规则的列状分布特征。与 0.1℃/s 冷却速率相比，0.5℃/s 冷却速率下的相间析出粒子的列间距明显减小，为 20.2nm；析出粒子的平均粒径也减小到 7.7nm。

　　继续提高冷却速率到 1℃/s 后，基体中的析出粒子数量急剧减少且未观察到相间析出粒子，如图 8-6（d）所示。

　　冷却速率达到 3℃/s 时，仅在基体中观察到极少量的尺寸小于 5nm 的析出粒子，说明在该冷却速率下析出几乎被完全抑制。而随着冷却速率增加，在粗轧和精轧阶段由于变形引入的高密度位错被更多地保留下来，如图 8-6（d）、（e）所示。这些位错多数弯曲且呈不规则排列，位错线之间的距离在 20~150nm 之间。另外观察到，为数不多的细小析出粒子也主要在位错线上分布。由于位错可以减少析出粒子和铁素体基体之间的错配度，同时充当了 Ti 元素的有效扩散路径，提高扩散速率，因此这些位错为粒子形核析出提供了择优位置。

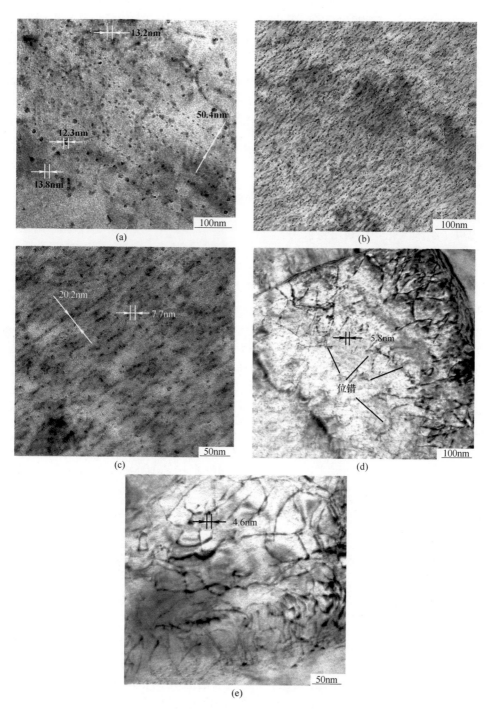

图 8-6 Ti 钢两阶段变形后不同冷却速率下的 TEM 图

(a) 0.1℃/s；(b) 0.5℃/s；(c) 图 (b) 的放大图；(d) 1℃/s；(e) 3℃/s

图 8-7 为冷却速率 0.5℃/s 下 Ti 钢中相间析出粒子的高倍 TEM 图、傅里叶和反傅里叶转换图以及相应的能谱图。通过进行 HRTEM 分析确定了纳米析出粒子的晶格参数，晶体结构以及相间析出粒子与铁素体的位向关系。结果表明，相间析出粒子是具有面心立方结构的（B1 NaCl 结构）TiC 粒子。通过快速傅里叶变换和逆傅里叶变换分析计算得出粒子晶格常数为 0.432nm。另外，相间析出粒子和铁素体基体保持 B-N 取向关系：$[001]_{TiC} /\!/ [001]_{Fe}$，$(100)_{TiC} /\!/ (100)_{Fe}$。能谱结果表明，析出粒子成分除少量 Fe 元素外，主要为 Ti 和 C，两者的原子比约为 1，这与 HRTEM 的分析结果一致。

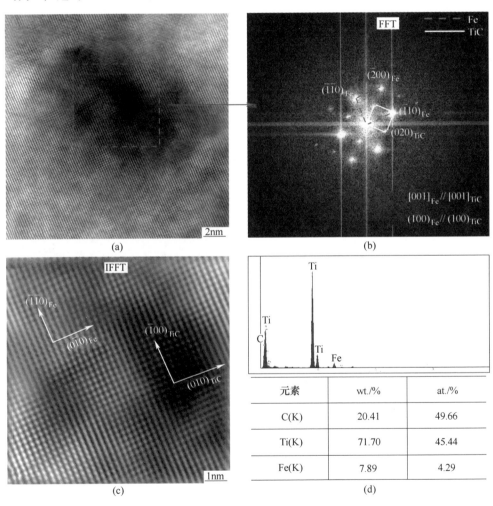

元素	wt./%	at./%
C(K)	20.41	49.66
Ti(K)	71.70	45.44
Fe(K)	7.89	4.29

图 8-7 Ti 钢冷却速率为 0.5℃/s 下的高倍 TEM 图

（a）高倍明场图像；（b）高倍明场像的快速傅里叶转换图像；

（c）反傅里叶转换图像；（d）粒子能谱结果

图 8-8 为 Ti-Mo 钢两阶段变形后不同冷却速率下析出粒子的 TEM 图。同样的，粒子的析出形态也受冷却速率的显著影响。在 0.1℃/s 时，基体上的粒子呈弥散的随机分布，可以明显观察到两种不同粒径尺度的析出粒子，即尺寸约为 18nm 的较大析出粒子和尺寸在 10nm 左右的小粒子，如图 8-8（a）所示。

冷却速率为 0.5℃/s 时，析出粒子数量明显增多且粒子尺寸减小，双尺度尺寸的析出粒子现象消失。观察图 8-8（b）的明场像发现一些粒子沿着位错线上析出分布，且在位错线上的粒子尺寸比基体上其他粒子尺寸略大。图 8-8（c）暗场像的观察表明，部分粒子析出分布呈现类似环状，而环状内粒子数量很少（如虚线红圆圈所示），这可以用位错环为析出粒子提供了优先形核位置来解释。析出物粒子的能谱分析在图 8-8（f）中给出，结果表明析出粒子主要为含 Ti、Mo 和 C 元素的化合物。结合能谱结果，对粒子衍射花样分析确定析出粒子为（Ti，Mo）C，与基体服从位向关系：$[011]_{(Ti,Mo)C}$ ∥ $[011]_{Fe}$，$(01\bar{1})_{(Ti,Mo)C}$ ∥ $(100)_{Fe}$。

如图 8-8（d）所示，当冷却速率增加到 1℃/s 时，析出粒子数量明显减少，仅在位错线上有少量分布。

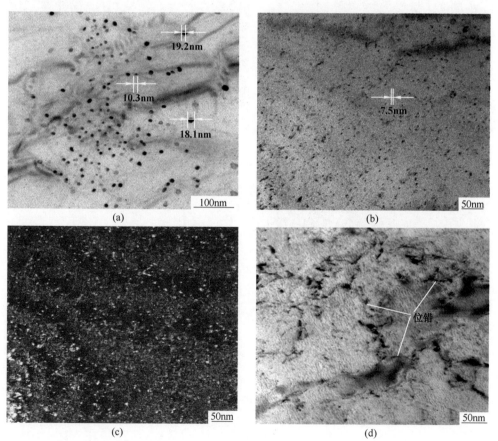

(a)

19.2nm

10.3nm

18.1nm

100nm

(b)

7.5nm

50nm

(c)

50nm

(d)

位错

50nm

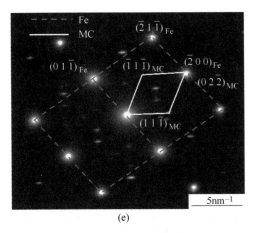 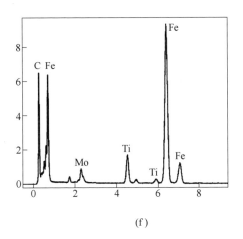

(e)　　　　　　　　　　　　　　　　　(f)

图 8-8　Ti-Mo 钢两阶段变形后不同冷却速率下析出粒子的 TEM 图
（a）0.1℃/s；（b），（c）0.5℃/s；（d）1.0℃/s；（e）图（b）中粒子的选区电子衍射图；（f）能谱图

图 8-9 为 Ti 钢和 Ti-Mo 钢两阶段变形后不同冷却速率下析出粒子的平均尺寸。可以看出，析出粒子尺寸对温度非常敏感，冷却速率的轻微变化就会对粒子尺寸产生明显的影响。冷却速率从 0.1℃/s 增加到 3℃/s，Ti 钢中析出粒子的平均粒径由 12.7±2.0nm 急剧减小到 4.3±0.5nm；Ti-Mo 钢中的粒子平均尺寸由 0.1℃/s 时的 12.2±1.8nm 显著减小为 1℃/s 时的 4.6±0.5nm。随着冷却速率的继续增加，粒子尺寸的减小趋势逐渐减缓且粒子尺寸的粒度分布也趋于均匀。另外，在相同冷却速率下，Ti-Mo 钢的析出粒子平均尺寸均比 Ti 钢中的更小，析出粒子的尺寸分布也相对更加集中（标准方差减小），这表明 Ti 钢中添加 Mo 元素可以抑制连续冷却过程中析出粒子的长大，使析出粒子保持更好的尺寸稳定性。

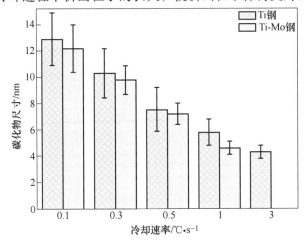

图 8-9　Ti 钢和 Ti-Mo 钢不同冷却速率下的析出粒子平均尺寸

当冷却速率为 0.1℃/s 时，Ti 钢和 Ti-Mo 钢的铁素体基体上均观察到一些尺寸明显偏大（$d>15$nm）的析出粒子。图 8-10 为 Ti 钢在 0.1℃/s 冷却速率下这类析出粒子的 TEM 图，可以看出：析出粒子呈类球形；有趣的是，这些相对较大的粒子似乎分布在不规则的曲线上，曲线之间的距离为 60～150nm。选区电子衍射图谱分析（见图 8-10（b））表明，这些相对较大的粒子为具有 NaCl 晶格结构的 TiC，它们与铁素体基体之间的取向关系为：$[011]_{TiC}//[\bar{1}11]_{Fe}$，$(\bar{1}01)_{TiC}//(\bar{1}00)_{Fe}$。然而，这种取向关系和铁素体中随机析出或相间析出的粒子和铁素体保持的 Baker-Nutting（B-N）取向关系不同[12]，说明它们是在奥氏体中形成的，这类析出粒子是奥氏体应变诱导析出碳化物[13]。

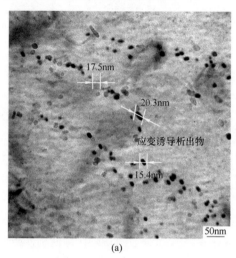 

（a）   （b）

图 8-10   Ti 钢 0.1℃/s 冷却速率下的应变诱导析出粒子的 TEM 图像（a）
和相应的选区电子衍射图（b）

8.2.2   连续冷却相变下的显微硬度

图 8-11 是三种实验钢在两阶段变形后不同冷却速率下的平均显微硬度。对于 C-Mn 钢，显微硬度随冷却速率的增加而连续增加，冷却速率由 0.1℃/s 增大到 30℃/s，平均显微硬度值由 HV138.6±5.2 增大到 HV204.9±9.3。

随冷却速率的增加，Ti 钢和 Ti-Mo 钢的显微硬度呈现三种阶段性的变化趋势。（1）冷却速率在 0.1～0.5℃/s 之间，显微硬度值随着冷却速率的增加而快速增加，均在冷却速率为 0.5℃/s 时达到一个峰值应力，分别为 HV279.5±18.9 和 HV265.6±15.8。（2）随后 Ti 钢在冷却速率为 0.5～3℃/s 之间时，显微硬度值随冷却速率的增加而降低；而 Ti-Mo 的显微硬度随冷却速率增加而降低的冷却速率范围为 0.5～1℃/s。（3）继续增加冷却速率，显微硬度值随冷却速率增加而连续增大。

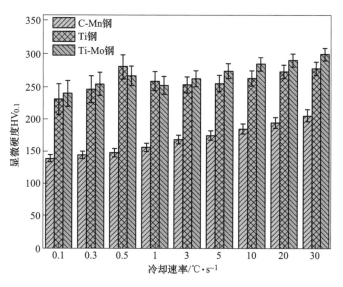

图 8-11　三种实验钢在不同冷却速率下的平均显微硬度

值得注意的是：在 0.1 ~ 30℃/s 的冷却速率范围内，Ti 钢在冷却速率为 0.5℃/s 时具有最大的显微硬度值为 HV279.5±18.9；而 Ti-Mo 钢显微硬度尽管在冷却速率为 0.5℃/s 出现了一个峰值，但在冷却速率为 30℃/s 时才达到最大值，为 HV299±9.8。

在图 8-11 中还对比了三种实验钢在同一冷却速率下平均显微硬度值的标准方差。尤其在低冷却速率范围内，C-Mn 钢显微硬度值的标准方差远远低于 Ti 钢和 Ti-Mo 钢的。图 8-12 为 Ti 钢和 T-Mo 钢在不同冷却速率下显微硬度值的分布变化。冷却速率为 0.1℃/s 时，Ti 钢显微硬度的分布范围为 HV160 ~ 310，硬度值分布在平均值附近 10 以内（HV$_{平均}$ ± 10）的占比为 22%；而在冷却速率为 0.5℃/s，相应的分布区间和占比分别为 HV230 ~ 310，29%。对于 Ti-Mo 钢，冷却速率为 0.5℃/s 时，显微硬度值的分布范围在 HV240 ~ 310 之间，约占比为 33% 的数值在 HV255 ~ 275 之间，而冷却速率增加到 30℃/s 时，显微硬度值的分布范围明显变窄，在 HV280 ~ 320 之间，与平均硬度值差值在 10 以内数值占比增加到 67%。

在连续冷却条件下，C-Mn 钢的显微硬度只和相变组织有关，随着冷却速率增加，过冷奥氏体相变被推向更低温度，因此室温组织的显微硬度平均值是持续上升的；而 Ti 钢和 Ti-Mo 钢的显微硬度受到相变组织和析出物粒子的双重影响，前面的实验结果表明，0.5℃/s 析出粒子具有最大的沉淀强化效果，因此显微硬度出现第一个峰值，随着冷却速率增加相变被推向低温，析出受到抑制，但相变组织的硬度持续上升，因此出现第二个峰值。

用析出物的沉淀强化效果同样可以解释 C-Mn 钢与 Ti 钢、Ti-Mo 钢标准方差

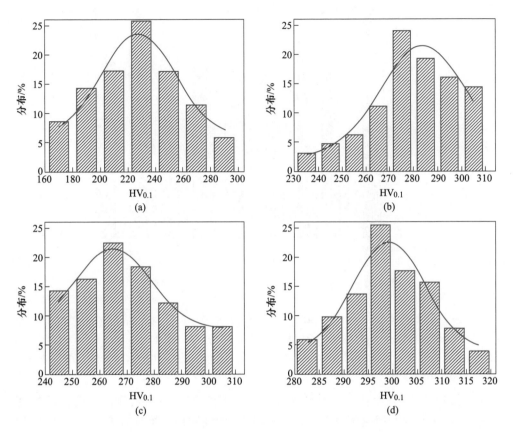

图 8-12 不同冷却速率下的显微硬度值分布

（a）Ti 钢-0.1℃/s；（b）Ti 钢-0.5℃/s；（c）Ti-Mo 钢-0.5℃/s；（d）Ti-Mo 钢-30℃/s

的不同。C-Mn 钢测试的是相变组织的显微硬度，而 Ti 钢和 Ti-Mo 钢不但反映了相变组织的显微硬度，而且受到析出物的影响。相变组织是相对均匀的，但是析出的情况较为复杂，在每个晶粒内部的析出特征并不完全一致，甚至在某些晶内根本就没有发生析出。因此 C-Mn 钢的标准方差较低，且随冷却速率增加没有明显变化；反观 Ti 钢和 Ti-Mo 钢，在低于 0.5℃/s 析出没有受到抑制条件下标准方差很大，高于 0.5℃/s 析出逐渐受到抑制方差减小，直到完全被抑制，就和 C-Mn 钢差别不大了。

图 8-12 中不同冷却速率下的显微硬度分布规律，同样可以从析出物粒子的沉淀强化得到解释。无论 Ti 钢还是 Ti-Mo 钢在冷却速率低于 0.5℃/s 时显微硬度分布范围较宽，而集中度很低，这是由于纳米碳化物在相变组织晶粒内部析出的不均匀决定的；而在 30℃/s 冷却速率下析出被完全抑制，显微硬度只是相变组织的反映，因此分布范围较窄，而集中度提高了。

8.2.3 Mo 元素对钛微合金钢连续冷却相变组织和性能的影响

在 0.1~0.5℃/s 的冷却速率范围内，Ti 钢中观察到明显的相间析出粒子，而 Ti-Mo 钢中只有弥散的析出粒子。也就是说 Mo 元素的加入抑制了连续冷却相变过程中相间析出的发生，相间析出的发生取决于原子的扩散速率和相界面的移动速率。由表 7-4 中的数据可知，同一冷却速率下，Ti-Mo 钢的相变温度低于 Ti 钢的相变温度，这是由于固溶更多的溶质元素增加了奥氏体的稳定性。相变温度的降低增加了奥氏体相变的驱动力，使 γ/α 相界面迁移速率增加。另外，Tanaka 等人研究发现钢中加入 Mo 元素可以降低 C 在奥氏体中的活性[14]，使 C 不能及时有效地和 Ti 元素结合形成碳化物。因此，γ/α 相界面移动速率的增加和元素扩散速率的降低是相间析出没有发生的主要原因。

朱成林等通过 Thermo-calc 软件计算指出钢中添加 Mo 元素可以提高纳米析出粒子的体积分数，增强析出强化效应[15]。但在此次连续冷却相变实验中 Ti-Mo 钢并没有表现出比 Ti 钢更优异的析出强化效应。在有析出产生的冷却速率范围内，仅在 0.1℃/s 和 0.3℃/s 的冷却速率下，Ti-Mo 钢的显微硬度略高于 Ti 钢约 HV8，而在 0.5℃/s 的冷却速率下要比 Ti 低约 HV13.9，这说明 Ti-Mo 钢在连续冷却相变过程中析出粒子的强化效应被弱化或者粒子并没有充分析出。从 900℃ 以 0.1℃/s 冷却到室温时需要约 2.5h 的时间，这个过程有足够的时间使得钢中 Ti、Mo 和 C 元素的扩散结合和析出以及长大，图 8-6 和图 8-8 观察到比较大的析出粒子也证明了这一点。该冷却速率下，尽管充分析出，但 Ti 钢和 Ti-Mo 钢的析出强化效应由于粒子的粗化而被明显弱化。

在 0.5℃/s 下，根据显微硬度检测结果，Ti 钢和 Ti-Mo 钢的沉淀强化效果都达到最大，但由图 8-6（b）和图 8-8（b）可以明显看出 Ti-Mo 钢基体上的粒子数量密度小于 Ti 钢的。这说明在 0.5℃/s 的冷却速率下，Ti-Mo 钢由于相变温度降低和元素扩散缓慢而并没有充分析出。析出形态的变化表明，Ti 钢中加入 Mo 元素后，粒子的析出对冷却速率的变化更加敏感，析出温度窗口更窄。

继续增加冷却速率，两实验钢的粒子析出基本被完全抑制，而 Ti-Mo 钢由于相变温度更低，获得更多更加细小的贝氏体组织，显微硬度明显增加且超过 Ti 钢。

8.3 过冷奥氏体等温过程中碳化物析出

8.3.1 等温过程中的压缩强度

图 8-13 为 C-Mn 钢在不同相变温度等温 600s 后立即变形 30% 的真应力-应变曲线。随等温相变温度的降低，C-Mn 钢的等温应力增加。采用 2% 应变偏移法确定了在不同等温相变温度等温 600s 的等温抗压屈服强度，以下简称等温屈服强

度。如图 8-13 （b） 所示，屈服强度与等温温度基本呈线性关系，温度每下降
25℃，等温屈服强度约增加 30MPa。

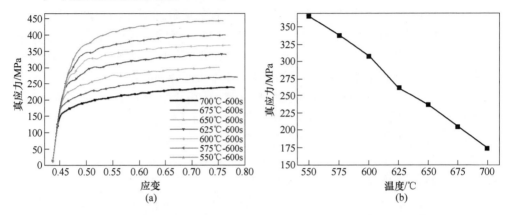

图 8-13　C-Mn 钢在 700~500℃等温 600s 后变形 30% 的真应力-应变曲线 （a）
及相应的等温屈服强度随温度变化曲线 （b）

　　另外，测量了在同一温度下不同等温时间的屈服强度。结果表明，C-Mn 钢
完全相变后，继续增加等温时间，钢的等温应力-应变曲线几乎一致，也就是具
有相同的等温屈服强度。例如，在 700℃分别等温 300s、600s、1200s、1800s，
相应的屈服强度分别为 174.6MPa、173.4MPa、173.8MPa 和 172.2MPa，几乎保
持不变。在其他温度等温也有着相同的结果，说明 C-Mn 钢完全相变后，等温时
间对等温屈服强度的影响很小。

　　对 C-Mn 钢等温相变前奥氏体的屈服强度也进行了测定。结果表明，C-Mn
钢中过冷奥氏体在相变前后的等温屈服强度发生了变化，强度差值与等温温度有
关。例如：在 700℃等温，相变前和完全相变后的等温屈服强度分别为 170MPa
和 174MPa；而在 650℃分别为 220MPa 和 236MPa，600℃分别为 288MPa 和
310MPa。总的来说，在 700~550℃等温相变温度下，相变会影响等温应力，但
差值的最大变化在 30MPa 以内。

　　用同样方法得到，Ti 钢和 Ti-Mo 钢在 700~550℃范围内等温不同时间后变形
30% 的真应变-应力曲线和等温屈服强度。结果如图 8-14 所示。在同一温度下随
等温时间的延长，Ti 钢和 Ti-Mo 钢的真应力变化和 C-Mn 钢有着明显的差异。

　　可以看出，Ti 钢和 Ti-Mo 钢的等温屈服强度随温度和时间的变化趋势大致相
同。根据等温温度不同，可以将图 8-14 中两种钢的屈服强度随等温时间的变化
分为两种类型：

　　（1） 在等温相变温度低于 600℃时，等温屈服强度先在短时间内迅速增加，
然后随等温时间延长而增速变缓。屈服强度迅速增加处于过冷奥氏体等温相变的
开始阶段，这种变化趋势与奥氏体等温相变动力学曲线一致。对于 Ti-Mo 钢，在

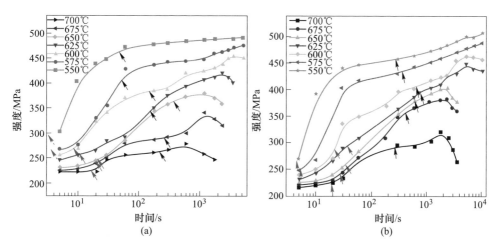

图 8-14 Ti 钢（a）和 Ti-Mo 钢（b）在 700~550℃等温 5~10800s 后变形 30%
的等温屈服强度-温度-时间变化曲线
（红色和黑色箭头分别代表 γ→α 相转变的开始时间和结束时间）

575℃和 550℃等温，等温时间从 3600s 增加到 10800s，相应的等温屈服强度仅分别增加 18MPa 和 16MPa。总的来说，在 600℃以下等温，奥氏体相变结束以后，继续延长等温时间屈服强度增加缓慢；并且等温相变温度越低，等温屈服强度越高，而随时间延长增加得更加缓慢。

（2）等温相变温度在 600℃及以上时，Ti 钢和 Ti-Mo 钢的等温屈服强度与等温时间的关系曲线近似于钟形。等温一定时间后，等温屈服强度达到一个峰值，继续增加等温时间，强度开始下降。另外，随等温相变温度降低达到峰值时间（T_p）增加。和 Ti 钢相比，Ti-Mo 钢在某一温度下的强度峰值更高，对应的 T_p 也更长。例如，在 700℃、675℃、650℃、625℃和 600℃，Ti-Mo 钢获得峰值等温屈服强度的时间分别为 1800s、2400s、2400s、5400s 和 5400s；相应的 Ti 钢的 T_p 分别为 600s、1200s、1800s、2400s 和 3600s。此外，等温时间超过 T_p 后继续增加，等温温度越高，屈服强度的降幅越大。在 700℃等温时间从 1800s 增加到 3600s 时，Ti-Mo 钢的屈服强度降低了 265MPa；而在 625℃和 600℃，等温时间从 5400s 延长到 10800s，屈服强度分别降低了 15MPa 和 6MPa。这表明等温屈服强度达到峰值后，相对于等温时间，等温温度对应力的影响更为显著。而在同样的温度和时间，Ti-Mo 钢的等温屈服强度下降比 Ti 钢要少，表现出更好的强度稳定性。

8.3.2 等温相变后的显微硬度

对 Ti 钢和 Ti-Mo 钢在 700~550℃等温 T_p（获得最大等温屈服强度的时间）

后淬水到室温的显微硬度进行了测量。另外，对 C-Mn 钢在不同温度等温 10min（奥氏体相变已经结束）后的显微硬度也进行了测量，实验结果在图 8-15 中给出。

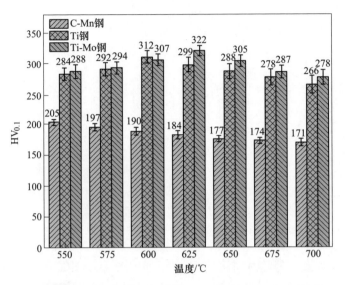

图 8-15 实验钢在不同温度等温 T_p 时间后淬水组织显微硬度

（C-Mn 钢 T_p 时间统一设置为 600s）

由图 8-15 中可以看出，C-Mn 钢显微硬度随等温温度降低而逐渐升高，由 700℃时的 HV171±6.3 增加到 550℃时的 HV205±5.1。Ti 钢和 Ti-Mo 钢的显微硬度则随等温温度降低呈现先增后减的规律，分别在 600℃、3600s 和 625℃、5400s 达到最高值 HV312±10.7 和 HV322±8.2。可见在 C-Mn 钢中加入少量的 Ti、Mo 元素，显微硬度显著提高。随着等温温度降低相变组织细化，这是 C-Mn 钢显微硬度升高的主要原因；尽管 Ti 钢和 Ti-Mo 钢的相变组织也随着温度降低而细化，但由于纳米碳化物的沉淀强化，因此它们分别在 600℃和 625℃出现硬度峰值。

8.3.3 析出-温度-时间（PTT）曲线

在等温过程的初期，依据等温屈服强度随等温时间的变化，确定纳米碳化物开始析出的时间 P_s。如图 8-16（a）所示，红色箭头指示奥氏体相变开始时间 T_s，Ti 钢在 700℃、650℃和 600℃等温屈服强度开始明显升高的时间分别为 20s、10s 和 5s，以此确定 600℃以上等温过程中析出开始时间 P_s。另外，把在不同温度等温达到屈服强度峰值对应的时间 T_p 定义为析出结束时间 P_f，据此绘制了 Ti 钢中纳米碳化物等温析出动力学曲线，如图 8-16（b）所示。采用同样方法，绘制了 Ti-Mo 钢的等温析出-温度-时间曲线。

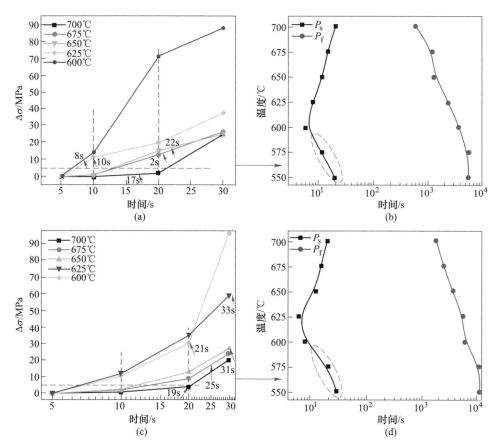

图 8-16　奥氏体在 700~550℃等温相变前等温屈服强度增量随等温时间
的变化和析出-温度-时间（PTT）曲线

（a），（b）Ti 钢；（c），（d）Ti-Mo 钢

　　纳米碳化物等温析出的研究和控制是钛微合金化高强钢的关键技术，因此等温析出动力学（PTT）曲线十分关键。本书中出现了三种方法绘制 PTT 曲线，第 4 章中给出了两种方法，这是第三种方法。

　　（1）第一种方法。根据室温压缩的屈服强度增量，由 Ashby-Orowan 模型反推出析出物体积分数随时间的变化曲线，以此为依据绘制 PTT 曲线。室温压缩虽然更接近于真实产品的屈服强度，但是等温不同时间后冷却到室温的过程中，相变组织复杂，尤其是等温相变没有完成的试样在冷却过程中会继续发生相变，屈服强度增量包含了析出物的沉淀强化和相变组织的细晶强化。因此，由室温压缩的强度增量反推析出物的体积分数是不准确的，用此方法得到析出的鼻尖温度在 600℃。

　　（2）第二种方法。由于构成 PTT 的两条曲线分别表示在不同温度等温纳米碳化物析出的开始点 P_s 和结束点 P_f，因此关键在于这两点的定义和确定。以等温压缩达到屈服强度峰值的时间定义 P_f，以等温初期相变组织维氏硬度快速上升的时间定义 P_s。目前基本可以认为，相变结束后等温压缩屈服强度的变化主要和析出过程有关，因此 P_f 如此定义将纳米碳化物析出及其沉淀强化效果联系起来。定义 P_s 点的前提是相变组织显微硬度的变化主要受到晶内析出的影响，基本与相变过程无关。尽管还需要进行深入研究，但可以认为这个假设的前提是合理的，用此方法得到析出的鼻尖温度在 700℃。

（3）第三种方法。图 8-16 中低于 600℃ 的 P_s 点不是实验结果，而是推测出来的；把高于 600℃ 的 P_s 点定义为等温压缩屈服强度开始明显上升的时间也并不合理。前面的实验结果表明，C-Mn 钢中过冷奥氏体在相变前后的等温屈服强度发生了变化，等温温度越低，强度差值越大。因为 C-Mn 钢是没有析出的，说明相变也会影响等温压缩强度，因此用等温压缩屈服强度的变化来表征析出开始时间就存在较大的问题，用此方法得到析出的鼻尖温度约在 600℃。

根据经验，钛微合金化高强钢的卷取温度一般设定在 600~625℃，这应该是沉淀强化效果最显著的温度，而并不一定是析出最快的温度。从不同温度下等温屈服强度和等温时间的关系表 4-4 中看出，在 700℃ 等温 180s 屈服强度达到峰值，在所有温度下是最快的。如果 PTT 曲线是标准的"C"形，在此温度下析出开始时间也应该是最短的，700℃ 就是"C"曲线的鼻子点。而在不同温度下室温屈服强度和等温时间的关系表 4-2 中可以看出，在 600℃ 室温压缩屈服强度达到峰值在 3600s，尽管屈服强度值最高，但峰值时间并不是最短的，在 670℃ 等温 300s 屈服强度达到峰值。

对比以上三种方法得到的 PTT 曲线认为，第二种方法更为合理，结果也较为准确。

8.3.4 等温析出纳米碳化物的 TEM 表征

8.3.4.1 Ti 钢中等温析出碳化物

在图 8-17 中给出了在 700℃ 等温 220s 和 1800s 后析出粒子的形貌特征。Ti 钢在 700℃ 相变结束时间为 220s，在试样中存在两种类型的析出粒子，分别呈现列状分布和弥散分布，如图 8-17（a）、（b）所示。列状分布的粒子是相变过程中在 γ/α 相界面上形核长大的，通常被称为相间析出；而弥散分布的粒子是在相变铁素体晶粒内部的位错线上形核长大的，也被称为弥散析出。

随着等温时间延长到 1800s，析出粒子长大，并且粒子间距离增大，分布更为稀疏。相间析出列间距也略有增大，由等温 220s 时的 25.7nm 增大为 30.8nm，如图 8-17（c）所示。图 8-17（e）为相间析出放大的形貌像，可以看出，这些析出粒子的排列不再呈现出规律性。从图 8-17（d）可以看出，弥散析出粒子也明显长大粗化，特别是位错线上的析出粒子具有更大的尺寸。

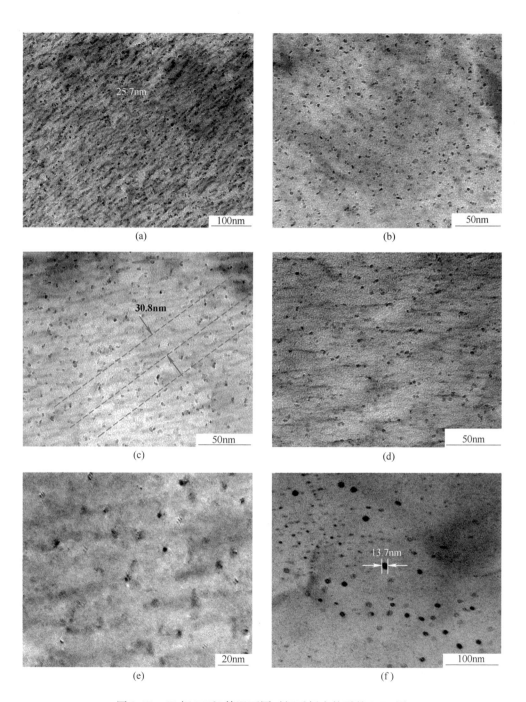

图 8-17　Ti 钢 700℃等温不同时间后析出粒子的 TEM 图

(a)，(b) 220s；(c)~(f) 1800s

　　在等温1800s的试样中还观察到一些较为粗大的粒子，尺寸达到约13.7nm。这些粒子应该是在变形奥氏体或等温相变前的过冷奥氏体中形核，并在随后的等温过程中长大和粗化的应变诱导析出碳化物。

　　图8-18给出了Ti钢在600℃和550℃等温不同时间的析出粒子形貌特征。在600℃等温15s时，在位错线上观察到细小零散的少量析出粒子。等温时间增加到600s，观察到大量弥散析出，没有出现相间析出的特征。另外，在图8-18（b）中可以看到，相邻铁素体晶粒内部析出粒子的密度和尺寸存在明显差异，晶界左右两侧析出粒子的平均尺寸分别约为5nm和7nm，说明了纳米碳化物等温析出的不均匀性。继续延长等温时间到3600s，图8-18（c）析出粒子更多，分布也更趋于均匀，因此不论是等温压缩还是室温压缩，试样都有更高的屈服强度。

　　如图8-18（d）所示，等温时间延长到5400s时，位错线上的析出粒子明显长大，粒子尺寸差异明显增加，这表明粒子已经进入了粗化阶段。选区电子衍射表明弥散析出为NaCl结构的TiC粒子，且与铁素体基体保持着Baker-Nutting（B-N）位向关系：$(100)_{TiC}//(100)_{Fe}$，$[110]_{TiC}//[100]_{Fe}$。能谱分析表明，析出粒子中Ti和C的原子比约1.15。

　　图8-18（e）为Ti钢在550℃等温5400s后的粒子形貌特征。尽管等温时间很长，铁素体基体中析出粒子数量依然很少，且主要分布在位错线上。这表明温度降低到550℃，纳米碳化物的等温析出明显受到抑制。

　　通过对比700~500℃等温不同时间的析出特征，可以得出结论：等温温度决定着纳米碳化物能否析出，以及析出物的分布特征，例如相间析出发生在较高的相变温度；随着等温时间延长，析出粒子的尺寸逐渐增大，而粒子的数量先增后减，经历了形核、长大到粗化的过程。

8.3.4.2　Ti-Mo钢中等温析出碳化物

　　图8-19为Ti-Mo钢在625℃分别等温30s、600s、3600s、5400s和7200s的TEM照片。随等温时间的延长，析出粒子数量增加，并且仅观察到弥散析出。

　　等温30s时在位错上非均匀分布着少量析出粒子；到相变结束时间600s，在铁素体基体上出现大量析出粒子；在等温时间增加到5400s的过程中，析出相数量继续增多，在铁素体中均匀分布，并保持细小的粒子尺寸。另外，还观察到一些在位错线上析出相对较大的粒子，如图8-19（d）中蓝色箭头指示。

　　当等温时间增加到7200s，大部分析出粒子仍保持细小尺寸，但有些粒子尺寸略微增加，减弱了粒子尺寸的均匀性。分析小尺寸粒子的衍射花样，为NaCl结构，晶格常数约为0.431nm。同样，析出粒子和铁素体基体保持着一种B-N位向关系：$[001]_{MC}//[001]_{Fe}$，$(100)_{MC}//(100)_{Fe}$。

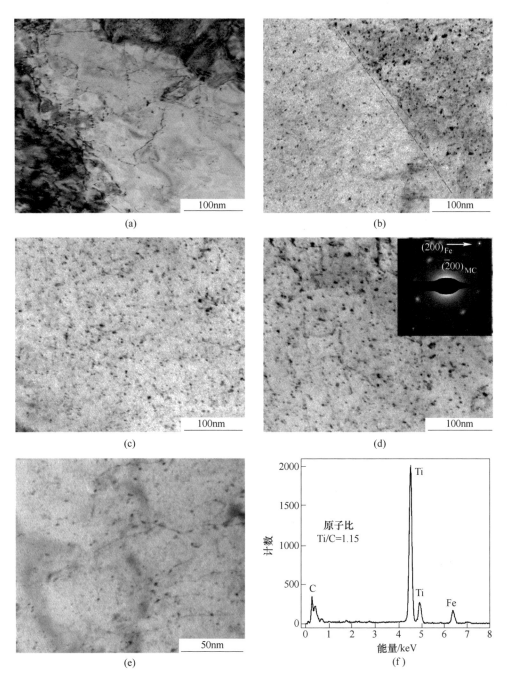

图 8-18 Ti 钢在 600℃和 550℃等温不同时间析出粒子的 TEM 图
（a）600℃-15s；（b）600℃-600s；（c）600℃-3600s；（d）600℃-5400s；（e）550℃-5400s；
（f）600℃等温析出粒子能谱图

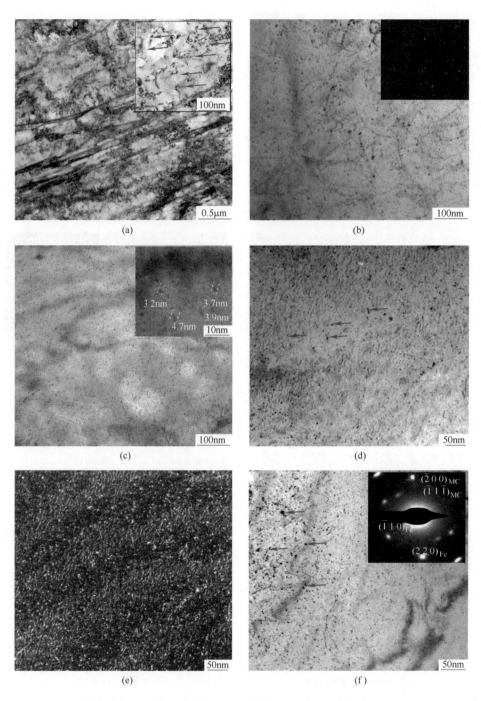

图 8-19　Ti-Mo 钢在 625℃等温不同时间下的弥散析出粒子 TEM 图
（a）30s；（b）600s；（c）3600s；（d）5400s；（e）5400s（暗场像）；（f）7200s

图 8-20 为 Ti-Mo 钢在 625℃ 分别等温 30s 和 5400s 析出粒子的能谱分析结果。可以看出：等温时间为 30s 时，析出粒子主要含有 Ti、C 以及 Fe 元素，并没有检测到 Mo 元素，说明在析出的早期阶段 Mo 元素不参与形核析出，或者是碳化物中 Mo 元素过少，低于能谱仪的检测极限。当等温时间增加到 5400s 时，析出物中检测出 Mo 元素，C、Ti、Mo 的原子比为 27：55：17。Mo 是 Ti-Mo 钢中扩散最慢的元素之一，从铁素体基体向析出相迁移需要较长的时间，这应该是试样在 625℃ 等温 30s 没有检测到 Mo 元素的原因。

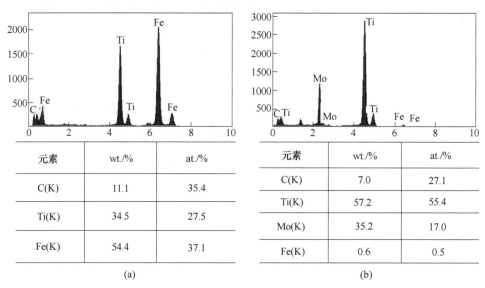

元素	wt./%	at./%
C(K)	11.1	35.4
Ti(K)	34.5	27.5
Fe(K)	54.4	37.1

(a)

元素	wt./%	at./%
C(K)	7.0	27.1
Ti(K)	57.2	55.4
Mo(K)	35.2	17.0
Fe(K)	0.6	0.5

(b)

图 8-20　Ti-Mo 钢 625℃ 等温不同时间析出粒子的能谱图

(a) 30s；(b) 5400s

图 8-21 为 Ti-Mo 钢在不同温度等温屈服强度达到峰值对应时间的析出粒子 TEM 图。与 Ti 钢相同，在 700℃ 等温 1800s 时，析出粒子主要为呈规则列状分布的相间析出；但不同的是，同一晶粒内部相间析出呈现两种形态分布。如图 8-21 (a)、(b) 所示，一种为区域 A 中平均列间距约 27.5nm，另一种为区域 B 中列间距约 53.8nm。但两种形态的粒子尺寸并没有明显的差异，均为约 7.24nm。列间距的大小反映了 γ/α 相界面移动的速度，通常相间析出粒子的列间距越大，γ/α 相界面的移动速率则越慢。同一晶粒内部相间析出粒子列间距的显著差异，说明奥氏体的分解速率是实时动态在不断变化的。当等温温度下降到 575℃ 等温 10800s 后析出粒子数量明显减少。进一步下降到 550℃ 等温 10800s，此时在基体中很难观察到析出粒子。此时，大量位错被保留下来，并与析出粒子相互作用缠结形成位错壁。也就是说，在 550℃ 等温，纳米碳化物析出受到强烈抑制，并且形核和长大需要更长时间。

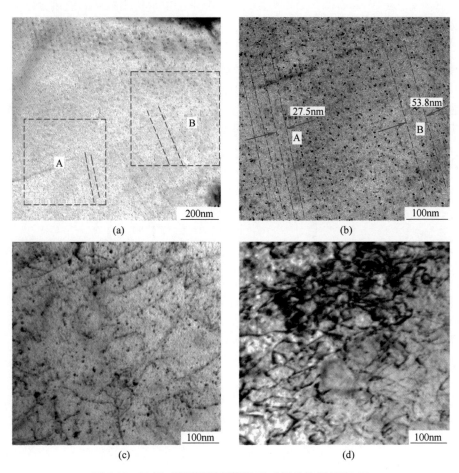

图 8-21 Ti-Mo 钢不同温度等温 T_p 时间的粒子 TEM 图

(a)，(b) 700℃-1800s；(c) 575℃-10800s；(d) 550℃-10800s

8.3.4.3 Ti 钢和 Ti-Mo 钢等温析出特征比较

Ti 钢和 Ti-Mo 钢中析出粒子的平均尺寸与等温温度和时间关系的统计结果如图 8-22 所示。在图 8-22 （a）中可以看出，随等温温度升高、等温时间延长，析出粒子的平均尺寸普遍增大；而在相同温度和时间，Ti-Mo 钢中粒子尺寸一般比 Ti 钢更小。例如：在 700℃ 等温 90s，Ti 钢和 Ti-Mo 钢中平均粒子尺寸分别为 2.5±0.2nm 和 2.2±0.2nm；等温时间延长到 5400s，相应的数据分别为 7.8±0.6nm 和 7.1±0.4nm。即使同 600℃ 等温 Ti 钢比较，625℃ 等温 Ti-Mo 钢在相同时间的析出粒子也更为细小。

等温时间对析出粒子尺寸的影响很大程度上取决于等温温度。如在 90～3600s、700℃ 等温的 Ti 钢中粒子平均尺寸约增加 5.08nm，而在 600℃ 等温只增加了 3.4nm。新相形核后的长大过程就是新相界面向母相迁移的过程，在只考虑扩散控制的情况下，球形析出粒子的长大遵循下面的关系：

$$d = \alpha \sqrt{Dt} \qquad (8-5)$$

式中，d 为经时间 t 长大后粒子的直径；D 为体扩散系数；α 为过饱和度的函数。

其中，温度越高，体扩散系数 D 越大，即在相同的时间内，温度越高，析出粒子的长大速度越快。

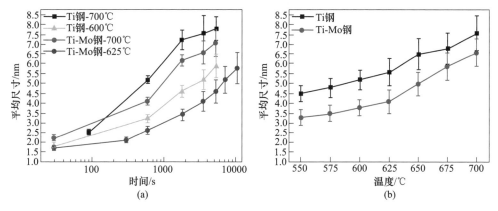

图 8-22　不同等温时间的析出粒子平均尺寸（a）和不同相变
温度等温 3600s 时析出粒子的平均尺寸（b）

在某一等温温度，上式给出了粒子尺寸和等温时间的关系。例如：在 625℃ 等温的 Ti-Mo 钢，当等温时间从 30s 延长到 10800s，析出粒子的平均尺寸由 1.7± 0.3nm 增加到 5.8±0.8nm；而在达到最大等温屈服强度对应的等温时间 5400s 时，平均粒子尺寸为 4.6±0.6nm。计算表明，析出物粒子尺寸和等温时间的平方根近似呈线性关系。

图 8-22（b）给出了 Ti 钢和 Ti-Mo 钢在不同温度等温 3600s 时，析出粒子的平均尺寸。在 550~625℃ 区间，粒子平均尺寸差别较小，例如：在 550℃ 和 625℃ Ti-Mo 钢中粒子平均尺寸分别为 3.3±0.4nm 和 4.1±0.6nm，差别仅为 0.8nm；而在 625℃ 和 700℃ 等温，粒子平均尺寸差别达到 1.5nm。这表明等温温度越高，对析出粒子尺寸的影响就更为显著。因此总的说来，等温温度和时间共同决定了析出粒子尺寸，而同等温时间相比，温度是更为关键的决定性因素。

Ti 钢在 600℃ 达到等温屈服强度峰值的时间为 3600s，而 Ti-Mo 钢在 625℃ 的这一时间增加到 5400s。从图 8-23 可以看出，和 Ti 钢相比，尽管在更高温度等温更长时间，Ti-Mo 钢中的析出粒子仍旧尺寸更小，而粒度分布更加均匀。说明和 Ti 钢相比，Ti-Mo 钢中的纳米碳化物具有更强的稳定性，也就是说，析出粒子有更优异的抵抗粗化的能力。

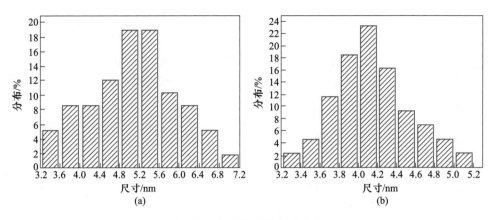

图 8-23 析出粒子的尺寸分布

(a) Ti 钢, 600℃-3600s; (b) Ti-Mo 钢, 625℃-5400s

8.3.5 等温析出纳米碳化物的 APT 表征

用三维原子探针技术分析了两阶段变形后在 600℃ 等温 3600s 的 Ti 钢试样，共采集了约 4290225 个原子，结果如图 8-24 所示。可以看出，基体内的溶质原子 Ti 和 C 相互聚集，达到一定数量后形成圆盘状的 TiC 粒子，其明显特征是小粒子依附在一个大粒子上，或者几个粒子聚集在一起形成一个较大的粒子。据此可以归纳出析出粒子的长大机理：（1）析出粒子不断吸收偏聚在附近的溶质原子而长大；（2）几个长大的析出粒子融合在一起，形成一个较大的析出粒子。

对碳化物的原子进行分析，如图 8-24（c）所示。可以看出，碳化物中主要为 Ti、C 原子，并且靠近粒子边界的原子数量减少，但仍呈现聚合的特征，边界以外的原子相对分散。在图 8-24（d）中分析了碳化物界面附近的元素浓度，基体中每种原子的浓度基本保持不变，接近析出粒子的边界处，Ti、C 原子浓度开始明显增加，Fe 原子浓度逐渐下降。这说明粒子的形核和长大是一个扩散过程，粒子中元素的平均化学计量比约为 $Ti_{54}C_{46}$。

用三维原子探针技术对 625℃ 等温 90s 的 Ti-Mo 钢中的 Ti、Mo 和 C 元素进行分析，如图 8-25 所示。在此图中并没有发现溶质原子明显地聚集成碳化物析出粒子，与 TEM 观测到少量析出粒子的结果不符，这可以从析出粒子数量少、碳化物析出不均匀得到解释。通过原子的分布特征发现，元素 C、Ti 和 Mo 并不是在基体中均匀分布，而是在局部已经开始出现偏聚，只是还未达到临界形核浓度。

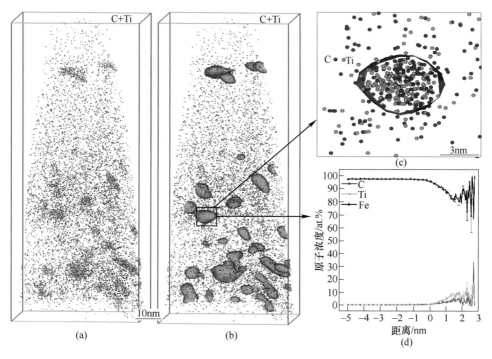

图 8-24 Ti 钢在 600℃等温 3600s 的 APT 数据

（a）Ti-C 原子图；（b）TiC 粒子的断层扫描；（c）图（b）中粒子的原子图；

（d）通过图（b）中粒子界面的元素分布直方图

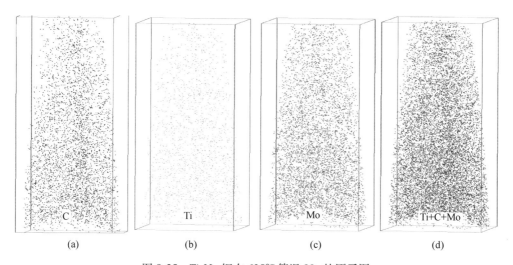

图 8-25 Ti-Mo 钢在 625℃等温 90s 的原子图

　　用三维原子探针技术对 625℃等温 5400s 的 Ti-Mo 钢试样进行了分析，如图 8-26 所示。可以看出，Ti、Mo 和 C 聚集在一起的原子数量增多，形成了有比较明显相界面的扁圆片状粒子。同样可以观察到大小不等的析出粒子聚集在一起，分布在基体中。对析出相界面处的元素浓度进行统计分析，结果表明析出粒子的主要组成元素是 Ti、Mo 和 C，远离析出相界面处的基体中的元素浓度基本不变，靠近析出相边界，元素浓度出现起伏，三种元素的原子数量增多。粒子中元素的平均化学计量比接近于（$Ti_{45}Mo_{23}$）C_{32}。通过 APT 数据测得 Ti-Mo 钢中的析出相平均尺寸为 4.1±0.5nm，而 Ti 钢在 600℃等温 3600s 时的析出粒子平均尺寸为 4.7±0.7nm，这两组数据均小于在 TEM 照片中测得的粒子尺寸。

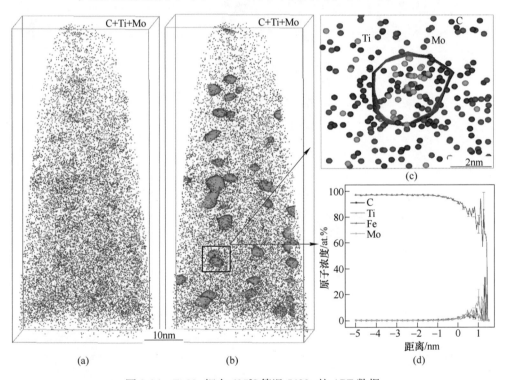

图 8-26   Ti-Mo 钢在 625℃等温 5400s 的 APT 数据
（a）Ti-C-Mo 原子图；（b）粒子的断层扫描；（c）图（b）中粒子的原子图；
（d）通过图（b）中粒子界面的元素分布直方图

　　表 8-2 为 600℃等温 3600s Ti 钢和 625℃等温 5400s Ti-Mo 钢的基体中固溶元素的质量分数。Ti 钢和 Ti-Mo 钢中的 C 元素基本完全消耗，Ti 元素约剩余十分之一仍处于固溶状态。而钢中还有较多的 Mo 固溶在基体中，约为 0.12%。另外，对析出粒子数量密度统计发现，添加 Mo 元素后增加了单位体积内的粒子数量，增加量约 2.4 倍，这得益于粒子尺寸的减小和 Mo 取代了粒子中的 Ti。

表 8-2　Ti 钢在 600℃等温 3600s 与 Ti-Mo 钢在 625℃等温 5400s 后
基体中固溶元素的质量分数和析出相的数量密度

钢种	基体元素浓度（质量分数）/%				析出粒子密度/m⁻³
	Fe	C	Ti	Mo	
Ti 钢	98.2	0.006	0.013	—	4.38×10^{23}
Ti-Mo 钢	97.3	0.004	0.012	0.12	1.05×10^{24}

8.3.6　钼对于等温相变和析出的作用

在 625℃ 等温 30s 后 Ti-Mo 钢的纳米碳化物中没有发现 Mo 原子，说明 Mo 元素有可能不参与初始形核过程。根据热力学数据[16,17]，在 500~700℃的温度范围内，以 625℃ 为例，生成 TiC 和 MoC 的吉布斯自由能（ΔG_f）分别为 -170kJ/mol和 -70kJ/mol，因此 Ti-Mo 钢在等温过程中 TiC 优先形核。另外，TiC 和 MoC 两种碳化物在奥氏体中的固溶度积可以用下式表示[18]：

$$\lg([\%Ti][\%C]_\gamma) = -7000/T + 2.75 \qquad (8-6)$$
$$\lg([\%Mo][C\%]_\gamma) = -3468/T + 4.25 \qquad (8-7)$$

式中，[%Mo]，[%C] 分别为奥氏体中 Mo 和 C 的浓度；T 为绝对温度，K。

Ti、Mo 和 C 在奥氏体和铁素体中固溶度积和温度的关系如图 8-27 所示。在同一温度的奥氏体和铁素体中，MoC 的固溶度积都远远大于 TiC 的固溶度积，因此更为稳定的 TiC 粒子优先析出。Mo 在等温的初始阶段主要参与了 $\gamma \rightarrow \alpha$ 相变过程，这降低了 Mo 参与 TiC 粒子形核和长大的可能性[19]。随着等温时间的增加，Mo 进入 TiC 析出相取代碳化物中的 Ti 原子，降低（Ti,Mo）C 与铁素体基体的界面能，使析出相与基体保持良好稳定性。

Mo 在钛微合金钢中作用明显，主要表现在：减小铁素体晶粒尺寸，抑制奥氏体的相变动力学并降低 TTT 曲线的鼻尖温度，缩小生成铁素体的相变温度区间，改变碳化物粒子的析出形态，减小碳化物粒子尺寸和尺寸分布范围，降低粒子粗化速率，延长碳化物有效析出时间（T_p），提高铁素体显微硬度和增加基体内显微硬度的均匀性。其影响机理如下：影响 γ/α 相界面移动速率，微合金元素在基体和相界面的扩散速率，改变析出碳化物和基体间的界面结构。

Ti-Mo 中添加 Mo 元素，首先是增加了奥氏体的稳定性，使过冷奥氏体发生相变需要更大的过冷度，而温度降低抑制了钢中 C 的扩散，促进了贝氏体组织的形成；其次，奥氏体稳定性提高延长了 $\gamma \rightarrow \alpha$ 相变的孕育期，同时减缓了 γ/α 相界面的迁移速率，为碳化物在移动的相界面上形核提供更为充足的时间，有利于相间析出的发生[20]。这也是 Ti-Mo 钢在 700℃ 等温时主要为相间析出碳化物，并且列间距略大于 Ti 钢的主要原因。

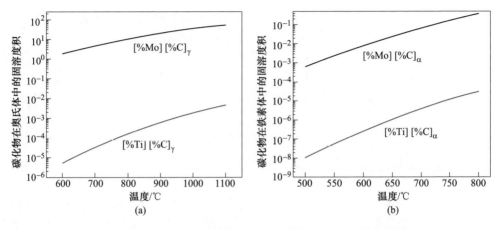

图 8-27　TiC 和 MoC 在奥氏体（a）和铁素体（b）中的固溶度积

在相同等温温度和时间，Ti-Mo 钢中纳米碳化物比 Ti 钢中尺寸更小，并且温度越高效果更为明显。这说明在等温过程中，添加 Mo 元素抑制了析出粒子的粗化。另外，碳化物粒子尺寸在等温初期的长大速率较快，等温后期则较为缓慢。等温相变过程中，粒子长大主要取决于元素在基体的体扩散、相界面扩散以及位错的管通道扩散。在 Ti 钢和 Ti-Mo 钢中，由于 C 元素的扩散大于钢中 Ti 的扩散，因此 Ti 的扩散对控制碳化物的长大和粗化是起决定性作用的[21]。Jang 等利用 Lifshitz-Slyozov-Wagner（LSW）提出的体积扩散控制机制建立了 Ti 的析出物的粗化模型[22-24]：

$$r_t{}^3 - r_0{}^3 = \frac{8}{9} \times \frac{\gamma V_\mathrm{m}^2 D C_\mathrm{e}}{RT} t \tag{8-8}$$

式中，r 为碳化物的平均尺寸；γ 为析出粒子和基体之间的界面能；C_e 为基体中溶质的浓度；V_m 析出粒子的摩尔体积分数；R，T 分别为气体常数和绝对温度；t 为等温时间。

在相变初期，溶质浓度较高，因此粒子长大速率较快。

从式（8-8）可知，元素的扩散、基体和粒子的相界面能以及摩尔体积分数粗化速率呈正相关关系。在 Ti-Mo 钢中，形成的（Ti，Mo）C 主要是 Mo 置换了面心立方结构 TiC 中的 Ti 原子。Jiang 的研究指出，TiC 中的 Mo 取代 Ti 降低了基体中的平衡 Ti 含量，从而降低了基体中 Ti 的扩散速率，进而抑制了碳化物的长大和粗化。另外，固溶在基体中的 Ti 和 Mo 相互影响，两元素的 Wagner 相互作用系数为[25]：

$$\varepsilon_\mathrm{Ti}^\mathrm{Mo} = -5.42 + \frac{86.5}{T} \tag{8-9}$$

在 550~700℃，Ti 和 Mo 的 Wagner 相互作用系数为负数，这说明 Mo 元素的加入降低了 Ti 的活度。同样，Mo 进入 TiC 粒子中也降低了粒子的摩尔体积分数[26]。上文的计算可知，(Ti，Mo)C 的晶格常数小于 TiC 的晶格常数，即 Mo 的加入降低了铁素体和碳化物之间的错配度，使两者能够更好地共格。通过计算可知，TiC 和铁素体的错配度约为 6.87%，而（Ti，Mo）C 和铁素体的错配度约为 4.85%。因此，Mo 取代碳化物中的 Ti 降低了与铁素体之间的界面能，使碳化物更加稳定而保持小的尺寸粒度，稳定的粒度尺寸降低了粒径的分布范围，铁素体内粒子的析出强化效应更一致。另外，碳化物和基体之间界面能减少的同时降低了碳化物的临界形核尺寸、提高了形核率，使更多体积分数的碳化物析出，增加析出强化效应。相比 Ti 钢，Ti-Mo 钢由于降低了 Ti 在基体中的扩散速率，则需要提高等温相变温度和更长时间的扩散来使碳化物充分析出。

8.3.7　700℃等温相变碳化物析出的理论模型

Ti 钢和 Ti-Mo 钢中主要有三种类型的碳化物析出，分别为奥氏体中应变诱导析出、γ→α 相变中相间析出和铁素体中的弥散析出。随等温相变温度的降低，相间析出的特征逐渐消失。等温相变温度降到 600℃以下，弥散析出也受到明显的抑制，粒子数量显著减少。

特别值得注意的是，Ti 钢和 Ti-Mo 钢在 700℃等温时出现的相间析出粒子，由于合金元素含量不同以及等温时间的变化，相间析出粒子也出现了不同的分布特征。即同一等温温度下相间析出和弥散析出粒子同时存在，以及同一铁素体晶粒内出现不同面间距的相间析出粒子。

Davenport 等[27]指出，铁素体形核过程中通过形成小台阶面并且和奥氏体优先形成共格或者低能量的相界面。当低能量的共格界面的移动被奥氏体中溶质原子的拖曳力减缓时，γ/α 相界面就会成为碳化物析出的首要形核位置。碳化物通过相界面上的合金元素扩散迅速长大，从而产生有利的 C 浓度梯度，进一步促进 γ/α 界面向前移动。γ/α 界面向奥氏体内部移动的过程中，界面上的碳化物以规则的间隔重复析出，形成了均匀排列的相间析出粒子。相间析出粒子主要是在移动的 γ/α 相界面形核，因此决定相间析出是否发生的关键是 γ/α 相界面的移动速率。另外，碳化物的形核和长大是一个扩散过程。当钢中 Ti、Mo 和 C 元素在相界面上的扩散速率和 γ/α 相界的移动速率相匹配时，界面上就会形成列状规则的相间析出粒子。图 8-28 为相间析出粒子形成示意图[28]。

在 Ti 钢和 Ti-Mo 钢中决定析出特征的主要因素是 γ/α 相界面的移动速率[29]，通常 γ/α 相界面移动速率和等温相变温度成反比。较高的相变温度降低了奥氏体相变的驱动力，减小了 γ/α 相界面的移动速率，促进了相间析出的可能。另外，同一等温相变温度下，奥氏体相变驱动力并不是固定不变的。在准平衡条件下，

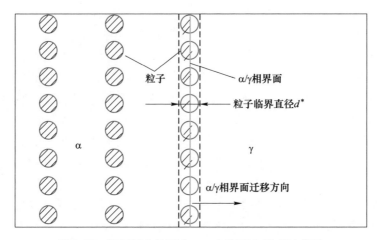

图 8-28   相间析出粒子在 γ/α 相界面上形成示意图

γ/α 相界的迁移由相邻奥氏体中碳的浓度梯度来驱动，随着相变的进行，奥氏体中的 C 浓度会不断地发生变化。

γ→α 相变初期的相变驱动力大，相变被加速，促进 γ/α 相界面的迁移，而在奥氏体相变的后期，相变驱动力降低，抑制了 γ/α 相界面的移动，铁素体相变速率被减缓[30]。基于奥氏体相变动力学曲线，构建了 Ti 钢在 700℃ 等温过程中相变和析出的耦合关系模型，把纳米碳化物析出分为三个阶段，如图 8-29 所示。

在相变开始之前，为第（Ⅰ）阶段，主要为变形奥氏体中的应变诱导析出粒子，由于快速冷却到等温相变温度，时间很短，产生的应变诱导析出粒子并不多。奥氏体相变前期，为第（Ⅱ）阶段，多边形铁素体晶粒通常首先在奥氏体晶界处形核并沿晶界稳定长大。由相变动力学曲线可知，铁素体相变体积分数急剧增加，这表明此阶段 γ→α 相变速率很快，即 γ/α 相界面的移动速率也同样很快。此时，合金元素沿 γ/α 相界面的扩散速率不能够与 γ/α 相界面迁移速率相匹配，γ/α 相界面上形核的碳化物不能稳定地长大而留在铁素体中。这些被保留在铁素体中的 Ti 和 C 通过位错线上扩散或者体扩散结合形成弥散分布的碳化物，如图 8-29 中深红色的圆点所示。奥氏体相变后期，为第（Ⅲ）阶段，γ→α 相变速率减缓，Ti 和 C 在 γ/α 相界面的扩散速率和 γ/α 相界面移动速率吻合，可以形成规则的列状排列的相间析出粒子，如图 8-29 中绿色圆点所示。另外，随着奥氏体相变的进行，奥氏体中应变诱导析出碳化物也不断地长大和粗化，如图 8-29 中浅红色圆点所示。

Lagneborg[31] 和 Okamoto[32] 研究表明随 γ/α 相界面移动速率的降低，相间析出的面间距会增大。奥氏体相变过程中，由于相间析出的碳化物在 γ/α 相界上形核，因此铁素体的长大速率会对 γ/α 相界面上的析出有显著影响。铁素体的长大受基体中 C 的体扩散控制，铁素体生长的尺寸可以用 Zener 等提出的线性成分梯度模型表示[33]：

$$r = \sqrt{\frac{(C_\gamma - C_0)^2 D_C^\gamma}{(C_\gamma - C_\alpha)(C_0 - C_\alpha)}} t^{0.5} \tag{8-10}$$

式中，r 为铁素体晶粒半径；C_0 为基体中 C 的初始浓度；C_γ 和 C_α 分别为准平衡状态下 γ/α 相界处奥氏体区域和铁素体区域的 C 浓度；D_C^γ 为 C 在奥氏体中的扩散速率；t 为奥氏体相变时间。

基于式（8-10）可以推导出奥氏体相变过程中铁素体的长大速率：

$$\frac{dr}{dt} = \frac{1}{2} \frac{(C_\gamma - C_0)^2}{(C_\gamma - C_\alpha)(C_0 - C_\alpha)} D_C^\gamma \cdot \frac{1}{r} \tag{8-11}$$

通过式（8-11）可以得出铁素体长大速率和铁素体的晶粒尺寸成反比，也就是随着铁素体晶粒的长大，铁素体前沿的 γ/α 界面的迁移速率会减小，影响形成的相间析出粒子的列间距。

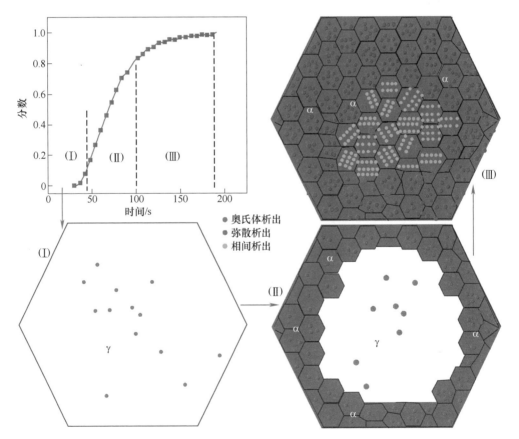

图 8-29　Ti 钢 700℃等温奥氏体相变速率对铁素体内碳化物析出影响示意图

基于 Ti-Mo 钢在 700℃奥氏体相变动力学曲线，构建了等温相变和等温析出的耦合关系模型，如图 8-30 所示。与图 8-29 基本类似，但和 Ti 钢不同，在 Ti-Mo 钢的同一铁素体晶粒内形成了面间距差别很大的两类相间析出。

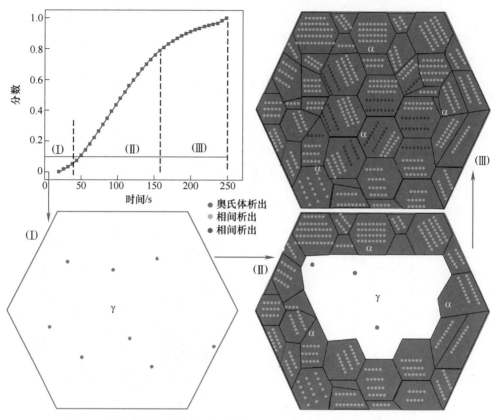

图 8-30　Ti-Mo 钢 700℃等温铁素体长大速率对碳化物析出影响示意图

通过对比相变动力学曲线发现，Mo 元素的加入抑制了奥氏体的相变，即减缓了 γ/α 相界面移动速率。因此，在第（Ⅱ）阶段，微合金元素和 C 沿 γ/α 相界面的扩散能够使碳化物在 γ/α 相界面上稳定地形核和长大，形成了规则的列状排列的相间析出粒子。随着铁素体晶粒的长大，γ/α 相界面移动速率降低，穿过碳化物尺寸为 d^* 的区域需要更多的时间。γ/α 界面上的析出粒子有更充分的时间形核和长大，会消耗 γ/α 相界面的奥氏体区域更多的 C，增加了奥氏体侧的 C 浓度梯度。由于 γ/α 相界面奥氏体附近的 C 大量消耗，γ/α 相界面需要迁移更远的距离才能获得形成稳定尺寸的碳化物，因此慢的 γ/α 相界面迁移速率导致同一铁素体内形成了另一种面间距大的相间析出粒子，如图 8-30 中的深红色圆点所示，也就是说不同面间距大小的相间析出粒子是由于铁素体长大速率不同导致。

Ti 钢和 Ti-Mo 钢奥氏体两阶段变形后的连续冷却和等温相变过程中在铁素体

形成的相间析出和弥散析出粒子均与铁素体基体保持着 B-N 位向关系，这与很多研究的结果一致[34,35]。对于体心立方结构的基体上析出的面立方结构的碳化物，两相最合适的位向关系为 B-N 位向关系[36]。对于相间析出粒子来说，在共格的 γ/α 相界面上，碳化物和基体保持一种 B-N 位向关系可以使三相的密排面相互平行，从而使相间析出碳化物的形核自由能最小化。Gong 研究指出，面间距相等的相间析出粒子主要是台阶机制形成，通过台阶机制形核的碳化物可以保持尺寸的稳定不易长大粗化。另外，铁素体上弥散析出粒子和铁素体保持 B-N 位向关系，有利于降低两相之间晶格错配度和降低界面能[37,38]。

8.4　小结

（1）采用应力松弛的方法研究了 Ti 钢中形变诱导碳化物析出动力学。随时间延长，不同温度下应力松弛曲线可被分为初次下降、迟滞平台和再次下降三个阶段。在 940℃ 及以上温度，初次下降段斜率很大，可以把 940℃ 作为 Ti 钢静态再结晶发生的临界温度。由于形变诱导析出，抑制了奥氏体回复和再结晶的软化进程，在应力松弛曲线上出现平台。通过切点法确定应力平台的开始和结束点，作为某一温度应变诱导析出的开始时间（P_s）和结束时间（P_f），将不同温度的 P_s 和 P_f 连接成 PTT 曲线。

应变诱导析出粒子在变形奥氏体中是非均匀分布的，优先在位错和亚晶界上形核。在 940℃ 和 920℃ 等温 1200s，应变诱导析出粒子的平均直径随温度降低而减小，奥氏体中的位错密度有所增加。HRTEM 分析表明，析出物为晶格常数约 0.431nm NaCl 结构的 TiC 粒子。在 900℃ 随等温时间的延长，析出的 TiC 粒子的数量和尺寸均增加；等温不同时间的析出粒子尺寸按正态分布。在应力松弛过程中，应变诱导析出和再结晶存在着竞争关系。

（2）不同冷却速率（0.1~3℃/s）下 Ti 钢中析出粒子主要存在"规则分布的相间析出"和"随机分布的弥散析出"两种形态。0.5℃/s 比 0.1℃/s 相间析出的列间距明显减小；冷却速率为 1~3℃/s 时，基体中只能观察到弥散析出粒子。相间析出粒子是具有面心立方结构的 TiC 粒子，晶格常数为 0.432nm，和铁素体基体保持 B-N 取向关系。

在连续冷却的 Ti-Mo 钢中没有观察到相间析出。在 0.1℃/s 时，析出粒子呈弥散随机分布；0.5℃/s 时，析出粒子数量明显增多且粒子尺寸减小；当冷却速率增加到 1℃/s 时，析出粒子数量明显减少，仅在位错线上有少量分布。

随冷却速率增加析出物平均粒径急剧减小。同样冷却速率下，Ti-Mo 钢的粒子尺寸比 Ti 钢更小，尺寸分布也相对更加集中（标准方差减小）。这表明在连续冷却过程中 Mo 抑制了碳化物长大，并更好地保持了尺寸稳定性。

不同冷却速率下 C-Mn 钢室温组织的显微硬度随冷却速率增加而不断增加。

随冷却速率增加，Ti 钢和 Ti-Mo 钢的显微硬度变化分为三个阶段：0.1~0.5℃/s 随冷却速率增加而快速增加；随冷却速率增加而降低，Ti 钢为 0.5~3℃/s，Ti-Mo 钢为 0.5~1℃/s；冷却速率继续增加，显微硬度又持续继续增大。Ti 钢的显微硬度最大峰值出现在 0.5℃/s，而 Ti-Mo 钢在 0.5℃/s 和 30℃/s 出现了两个峰值，后者更高。

C-Mn 钢显微硬度值的标准方差，尤其在低冷却速率范围内，远远低于 Ti 钢和 Ti-Mo 钢。在连续冷却条件下，C-Mn 钢的显微硬度只和相变组织有关，而 Ti 钢和 Ti-Mo 钢的显微硬度受到相变组织和析出物粒子的双重影响。0.5℃/s 时析出粒子具有最大的沉淀强化效果，因此显微硬度出现第一个峰值；此后随冷却速率增加，析出受到抑制，显微硬度主要和形变组织有关。由于纳米碳化物在相变组织晶粒内部析出的不均匀性，导致了 Ti 钢和 Ti-Mo 钢在低冷却速率下显微硬度分布范围较宽，而集中度很低。

（3）C-Mn 钢的等温压缩屈服强度与等温温度基本呈线性关系，温度每下降 25℃，等温屈服强度约增加 30MPa；C-Mn 钢在 700℃相变终止后，等温压缩屈服强度基本不随时间变化，说明晶粒粗化的倾向较小；在 700~550℃，相变前后等温压缩屈服强度的差值随温度降低而增大，但最大变化在 30MPa 以内。

Ti 钢和 Ti-Mo 钢在温度低于 600℃时，等温压缩屈服强度在随时间延长迅速增加后增速放缓；在 600℃及以上时，等温压缩强度在一定时间后达到峰值，温度越高，到达峰值所需的时间越短，而随后强度下降越显著。而在同样的温度和时间，Ti-Mo 钢的等温屈服强度下降比 Ti 钢要少，表现出更好的强度稳定性。

对 C-Mn 钢等温 10min（奥氏体相变已经结束）后的显微硬度随等温温度降低而逐渐升高。Ti 钢和 Ti-Mo 钢在 700~550℃等温 T_p（获得最大等温屈服强度的时间）后淬水到室温的显微硬度随等温温度降低呈现先增后减的规律。尽管 Ti 钢和 Ti-Mo 钢的相变组织也随着温度降低而细化，但由于纳米碳化物的沉淀强化，因此分别在 600℃和 625℃出现硬度峰值。

（4）对比了本书中出现的三种绘制 PTT 曲线的方法：1）根据室温压缩的屈服强度增量，由 Ashby-Orowan 模型反推出析出物体积分数随时间的变化曲线，以此为依据绘制 PTT 曲线，析出的鼻尖温度在 600℃；2）以等温压缩达到屈服强度峰值的时间定义 P_f，以等温初期相变组织维氏硬度快速上升的时间定义 P_s，根据纳米碳化物等温析出的开始点 P_s 和结束点 P_f 绘制 PTT 曲线，析出的鼻尖温度在 700℃；3）以等温压缩屈服强度开始明显升高对应的时间作为 600℃以上纳米碳化物析出的 P_s，把在不同温度等温达到屈服强度峰值对应的时间 T_p 定义为析出结束时间 P_f，PTT 曲线的鼻尖温度为 600℃。

尽管在生产中，钛微合金化高强钢的卷取温度一般设定在 600~625℃，这应该是沉淀强化效果最显著的温度，而不应该是析出最快的温度。如果纳米碳化物等温析出 PTT 曲线是"C"形的, 鼻子点就对应着最快的析出开始和结束温度, 而由于析出物粒子的长大和粗化, 使纳米碳化物不可能在鼻子温度发挥最显著的沉淀强化效果。对比以上三种方法得到的 PTT 曲线认为, 第二种方法更为合理, 结果也较为准确。

(5) 在 700℃ 等温的 Ti 钢中纳米碳化物存在相间析出和弥散析出, 随等温时间延长, 析出粒子长大, 且粒子间距离增大。600℃ 等温没有观察达到相间析出的特征, 随时间延长, 析出粒子更多, 分布趋于均匀, 等温 5400s 时粒子已进入粗化阶段。而在 550℃ 等温 5400s 析出粒子数量依然很少, 说明等温析出明显受到抑制。

Ti-Mo 钢在 625℃ 等温, 仅观察到弥散析出, 随等温时间的延长, 析出粒子数量增加。纳米碳化物为 NaCl 结构, 晶格常数 0.431nm, 和铁素体基体保持着 B-N 关系。析出粒子的能谱分析表明, 析出的早期阶段 Mo 元素不参与形核析出, 当等温时间增加到 5400s 时, 析出物中检测出 Mo 元素。Mo 的扩散速度缓慢, 从铁素体基体向析出相迁移需要较长的时间。Ti-Mo 钢在 700℃ 等温 1800s 时, 析出粒子主要为呈列状分布的相间析出。在 550℃ 等温 10800s, 在基体中很难观察到析出粒子, 说明纳米碳化物析出受到强烈抑制。

等温温度和时间共同决定了析出粒子尺寸, 而同等温时间相比, 温度是更为关键的决定性因素。在相同温度和时间, Ti-Mo 钢中粒子尺寸一般比 Ti 钢更小。Ti 钢在 600℃ 达到等温屈服强度峰值的时间为 3600s, 而 Ti-Mo 钢在 625℃ 的这一时间增加到 5400s, 说明 Ti-Mo 钢中的纳米碳化物具有更强的稳定性。

600℃ 等温 3600s Ti 钢的 APT 分析表明, 析出粒子通过吸收溶质原子或彼此合并的方式长大。625℃ 等温 90s 的 Ti-Mo 钢中元素 C、Ti 和 Mo 已经在局部开始偏聚, 尚未达到临界形核浓度; 等温 5400s, 析出粒子中元素的平均化学计量比接近于 $(Ti_{45}, Mo_{23})C_{32}$。通过 APT 数据测得 Ti 钢和 Ti-Mo 钢中的析出相平均尺寸均小于在 TEM 照片中测得的粒子尺寸。对析出粒子数量密度统计发现, 添加 Mo 元素后约增加单位体积内的粒子数量达 2.4 倍, 这得益于粒子尺寸的减小和 Mo 取代了粒子中的 Ti。

(6) 热力学计算表明, 在同一温度的奥氏体和铁素体中, MoC 的固溶度积都远远大于 TiC 的固溶度积, 因此 Ti-Mo 钢在等温过程中 TiC 优先形核。随着等温时间延长, Mo 取代纳米碳化物中的 Ti 原子。Mo 元素增加了过冷奥氏体的稳定性, 促进生成贝氏体组织, 同时降低 γ/α 相界面的迁移速率, 有利于相间析出。Mo 元素的加入降低了 Ti 的活度, 减小了铁素体和碳化物之间的错配度, 使碳化物更加稳定而保持小的尺寸粒度。

基于奥氏体相变动力学曲线, 构建了 Ti 钢和 Ti-Mo 钢在 700℃ 等温过程中相变和析出的耦合关系模型。在 Ti 钢的 γ→α 相变初期相界面的迁移速率快, 合金元素的扩散速率无法匹配，保留在铁素体中形成弥散析出；后期相变速率减缓，与 Ti 和 C 的扩散速率吻合，形成相间析出。Mo 元素的加入抑制了奥氏体的相变，即减缓了 γ/α 相界面移动速率，因此在 Ti-Mo 钢的相变初期形成相间析出粒子，随着相变进行，γ/α 相界面迁移速率降低，导致形成面间距更大的相间析出粒子。

参 考 文 献

［1］ 陈松军. 低碳 Ti/Ti-Mo 钢纳米碳化物析出规律及作用机理研究 ［D］. 广州：华南理工大学，2021.

［2］ Chen S, Li L, Peng Z, et al. Strain-induced precipitation in Ti microalloyed steel by two-stage controlled rolling process ［J］. Journal of Materials Research and Technology, 2020, 9 (6)：15759-15770.

［3］ Chen S, Li L, Peng Z, et al. On the correlation among continuous cooling transformations, interphase precipitation and strengthening mechanism in Ti-microalloyed steel ［J］. Journal of Materials Research and Technology, 2021, 10：580-593.

［4］ Liu W J, Jonas J J. A stress relaxation method for following carbonitride precipitation in austenite at hot working temperatures ［J］. Metallurgical Transactions A, 1988, 19 (6)：1403-1413.

［5］ Liu W J, Jonas J J. Ti (CN) precipitation in microalloyed austenite during stress relaxation ［J］. Metallurgical Transactions A, 1988, 19 (6)：1415-1424.

［6］ Wang Zhenqiang, Sun Xinjun, Yang Zhigang, et al. Carbide precipitation in austenite of a Ti-Mo-containing low-carbon steel during stress relaxation ［J］. Materials Science and Engineering：A, 2013, 573：84-91.

［7］ Zhang Zhaohui, Liu Yongning, Liang Xiaokai, et al. The effect of Nb on recrystallization behavior of a Nb micro-alloyed steel ［J］. Materials Science & Engineering A, 2008, 474 (1)：254-260.

［8］ Zurob H S, Brechet Y, Purdy G. A model for the competition of precipitation and recrystallization in deformed austenite ［J］. Acta Materialia, 2001, 49 (20)：4183-4190.

［9］ Verdier M, Brechet Y, Guyot P. Recovery of AlMg alloys：Flow stress and strain-hardening properties ［J］. Acta Materialia, 1998, 47 (1)：127-134.

［10］ Crooks M J, Garratt-Reed A J, Sande J B Vander, et al. Precipitation and recrystallization in some vanadium and vanadium-niobium microalloyed steels ［J］. Metallurgical Transactions A, 1981, 12 (12)：1999-2013.

［11］ Zener C. Grains, phase, and interfaces：An interpretation of microstructure ［J］. Trans. Am. Inst. Min. Metall. Soc., 1948, 175：82-92.

［12］ Gong P, Liu X G, Rijkenberg A, et al. The effect of molybdenum on interphase precipitation and microstructures in microalloyed steels containing titanium and vanadium ［J］. Acta

Materialia, 2018, 161: 374-387.

[13] Yang Zhigang, Masato Enomoto. Calculation of the interfacial energy of B1-type carbides and nitrides with austenite [J]. Metallurgical and Materials Transactions A-Physical Metallurgy and Materials Science, 2001, 32 (2): 267-274.

[14] Tanaka T, Enami T I. Metallurgical variables involved in controlled rolling of high tensile steels and its application to hot strip [J]. Tetsu-to-Hagane, 1972, 58 (13): 1775-1790.

[15] 朱成林, 高彩茹, 朱长友, 等. V 微合金析出强化型高强钢中 Mo 的作用 [J]. 钢铁钒钛, 2019, 40 (1): 62-68.

[16] Chen Chih-Yuan, Chen Chien-Chon, Yang Jer-Ren. Microstructure characterization of nanometer carbides heterogeneous precipitation in Ti-Nb and Ti-Nb-Mo steel [J]. Materials Characterization, 2014, 88 (11): 69-79.

[17] Barin Ihsan. Thermochemical Data of Pure Substances [M]. Third Edition, VCH, 2008.

[18] 曹建春. 铌钼复合微合金钢中碳氮化物沉淀析出研究 [D]. 昆明: 昆明理工大学, 2006.

[19] Mukherjee Subrata, Timokhina Ilana, Zhu Chen, et al. Clustering and precipitation processes in a ferritic titanium-molybdenum microalloyed steel [J]. Journal of Alloys and Compounds, 2017, 690: 621-632.

[20] Jang J-H, Heo Y-U, Lee C-H, et al. Interphase precipitation in Ti-Nb and Ti-Nb-Mo bearing steel [J]. Materials Science and Technology, 2013, 29 (3): 309-313.

[21] Jang Jae-Hoon, Lee Chang-Hoon, Heo Yoon-Uk, et al. Stability of (Ti, M) C (M=Nb, V, Mo and W) carbide in steels using first-principles calculations [J]. Acta Materialia, 2012, 60 (1): 208-217.

[22] Lifshitz I M, Slyozov V V. The kinetics of precipitation from supersaturated solid solutions [J]. Journal of Physics and Chemistry of Solids, 1961, 19 (1): 35-50.

[23] Ardell A J. The effect of volume fraction on particle coarsening: Theoretical considerations [J]. Acta Metallurgica, 1972, 20 (1): 61-71.

[24] Jang J-H, Lee C-H, Han H-N, et al. Modelling coarsening behaviour of TiC precipitates in high strength, low alloy steels [J]. Materials Science and Technology, 2013, 29 (9): 1074-1079.

[25] Wang F M, Li X P, Han Q Y, et al. A model for calculating interaction coefficients between elements in liquid and iron-base alloy [J]. Metallurgical and Materials Transactions B, 1997, 28 (1): 109-113.

[26] Gong P, Liu X G, Rijkenberg A, et al. The effect of molybdenum on interphase precipitation and microstructures in microalloyed steels containing titanium and vanadium [J]. Acta Materialia, 2018, 161: 374-387.

[27] Davenport A T, Honeycombe R W K. Precipitation of carbides at γ-α boundaries in alloy steels [C]. Proceedings of the Royal Society A Mathematical Physical & Engineering Sciences, 1971, 322 (1549): 191-205.

[28] 徐洋. 钛微合金化钢中铁素体相变及纳米相析出行为与机理研究 [D]. 沈阳: 东北大

学, 2015.

[29] Chen Chih-Yuan, Chen Shih-Fan, Chen Chien-Chon, et al. Control of precipitation morphology in the novel HSLA steel [J]. Materials Science and Engineering: A, 2015, 634: 123-133.

[30] Mukherjee S, Timokhina I B, Zhu C, et al. Three-dimensional atom probe microscopy study of interphase precipitation and nanoclusters in thermomechanically treated titanium-molybdenum steels [J]. Acta Materialia, 2013, 61 (7): 2521-2530.

[31] Lagneborg R, Zajac S. A model for interphase precipitation in V-microalloyed structural steels [J]. Metallurgical and Materials Transactions A, 2001, 32 (1): 39-50.

[32] Okamoto R, Borgenstam A, Ågren J. Interphase precipitation in niobium-microalloyed steels [J]. Acta Materialia, 2010, 58 (14): 4783-4790.

[33] Zener Clarence. Theory of growth of spherical precipitates from solid solution [J]. Journal of Applied Physics, 1949, 20 (10): 950-953.

[34] Chen Chih-Yuan, Chen Chien-Chon, Yang Jer-Ren. Dualism of precipitation morphology in high strength low alloy steel [J]. Materials Science and Engineering: A, 2015, 626: 74-79.

[35] Bu F Z, Wang X M, Yang S W, et al. Contribution of interphase precipitation on yield strength in thermomechanically simulated Ti-Nb and Ti-Nb-Mo microalloyed steels [J]. Materials Science and Engineering: A, 2015, 620: 22-29.

[36] Li X L, Lei C S, Deng X T, et al. Precipitation strengthening in titanium microalloyed high-strength steel plates with new generation-thermomechanical controlled processing (NG-TMCP) [J]. Journal of Alloys and Compounds, 2016, 689: 542-553.

[37] Cheng L, Chen Y, Cai Q, et al. Precipitation enhanced ultragrain refinement of Ti-Mo microalloyed ferritic steel during warm rolling [J]. Materials Science and Engineering: A, 2017, 698: 117-125.

[38] Xiong Z, Timokhina I, Pereloma E. Clustering, nano-scale precipitation and strengthening of steels [J]. Progress in Materials Science, 2021, 118: 100764.

9 钛微合金化高强钢发展方向和应用前景

<<<<<<<<<<<<<<<<<<<<<<<<<<<<<<<<<<<<<<<<<<<<<<<<<<<<<<<<<

作为国内第一条薄板坯连铸连轧生产线,珠钢早在 2004 年就已开始进行钛微合金化高强钢的研发[1,2]。近二十年后的今天,应用钛微合金化技术生产热轧高强钢已经被越来越广泛地接受[3,4]。但在产品开发过程中,仍然普遍存在着依赖工艺和性能之间直观经验的现象,而没有深刻认识到"组织"是"工艺"和"性能"之间的桥梁。正是对组织的深入研究揭示了各种表象背后的机理,并推动着工艺技术的进步和先进材料的发展[5]。这是本书作者一直在强调的理念,并且在本书中得到了集中体现。

另外,钛微合金化高强钢应该可以扩大到冷轧带钢、中厚板和建筑钢筋等更大的生产领域,满足更多行业对钢材力学性能、物理性能、化学性能、工艺性能的使用要求。在本章中我们试图归纳出钛微合金化高强钢可能存在的发展方向和应用前景,希望能够抛砖引玉,引发更多人的关注和思考,共同推动钛微合金化技术的发展。

9.1 热轧带钢

9.1.1 生产工艺参数

钛微合金化热轧高强钢的组织特征应该是在充分细化的铁素体基体组织(+少量珠光体)上弥散分布着大量纳米尺度的碳化物。其基本化学成分应为低碳(约 0.05%)、中锰(1.0% ~ 1.5%)、微钛(约 0.10%),或者采用以 Ti 为主的微合金化技术,考虑另外添加 Nb、Mo、V 等元素[6-9]。

纳米碳化物的沉淀强化是钛微合金化高强钢中最重要的强化机制,而卷取温度是热轧带钢生产钛微合金化高强钢最关键的工艺参数。600 ~ 620℃ 的卷取温度可以充分发挥纳米碳化物的沉淀强化效果,这已经被热轧带钢的生产实践和热模拟的实验结果所证实[10,11]。但研究表明,此温度并不是析出最快的鼻子点温度,而是纳米碳化物能够充分析出而又不至于过分长大的温度。

终轧温度是另外一个重要的工艺参数[12,13]。终轧温度降低会促进奥氏体中的形变诱导析出,纳米碳化物即使在热连轧及其后的层流冷却过程中来不及析出,也会在卷取后的 $\gamma \rightarrow \alpha$ 相变之前形核与长大。研究表明,在钛微合金化高强钢中,形变诱导析出和等温析出存在着竞争关系,如果在奥氏体中析出越多,就会降低纳米碳化物在等温过程中析出的体积分数,从而影响其沉淀强化效果[14,15]。分别采用双道次压缩和应力松弛的方法研究了形变诱导析出动力学，PTT 曲线的鼻子点温度均在 900 ~ 925℃ 范围之内。双道次压缩实验表明，在 925℃ 以下，即使道次间隔时间延长，再结晶软化率仍然很低，约在 20%。因此可以认为，在此温度以下处于奥氏体未再结晶区，这为通过未再结晶控制轧制细化成品组织提供了一个工艺窗口。

珠钢 CSP 生产钛微合金化高强钢 ZJ700W 的终轧温度和卷取温度分别为 880℃ 和 600℃，关键工艺参数的选择是完全合理的。尽管由于形变诱导析出影响到随后卷取过程中纳米碳化物的析出，并降低其沉淀强化效果，但是未再结晶轧制细化了成品组织，这在一定程度上弥补了强度损失，更为重要的是晶粒细化改善了高强钢的韧性[16,17]。实验室的 TMCP 工艺研究证明了这个结论，具体数据在表 3-3 中给出。另外，也可以通过控制卷取或等温温度的方法达到细化组织的目的。从第 5 章的图 5-2 可以看出，随着等温温度由 750℃ 降低，组织逐渐得到细化。但是温度继续降低，会出现大量的贝氏体组织，并且由于纳米碳化物的析出受到抑制，从而造成强度的显著降低，这已被生产实践所证明。因此应该综合考虑形变诱导析出、等温相变和等温析出，优化道次变形量、终轧温度和卷取温度等工艺参数，生产具有优良综合力学性能的钛微合金化高强钢。而要达到这个目的，PTT 曲线和 TTT 曲线的测定就是非常必要的了。

动态再结晶的发生是有条件的，要求变形温度高、变形速率低、变形量大。第 6 章表 6-3 和表 6-4 分别给出了低碳钢和含钛钢在 50% 变形发生动态再结晶的条件。热连轧各道次的变形速率远远大于 1，所以实际生产中发生动态再结晶是相当困难的，但也不排除由于应变累积发生动态再结晶的可能性。此前对珠钢 CSP 生产的低碳钢 ZJ330 研究表明，六道次轧制中前四道次都发生了再结晶。在钛微合金化高强钢的生产中应在最大程度上应用再结晶控轧和未再结晶控制轧制细化晶粒，以弥补显著的沉淀强化对韧性的损害[18]。

钛微合金化高强钢的性能波动问题经常为人所诟病。在提高钛铁收得率、严格控制 TiN 液析的前提下，主要通过对纳米碳化物的析出控制，以实现钛微合金化高强钢的稳定生产。本书的研究成果已基本阐明了纳米碳化物的析出规律和工艺控制方法。热轧带钢卷取后不同部位的冷却速率存在差异，这也会影响到纳米碳化物析出，尤其需要注意的是带卷尾部较快的冷却速率。尽管纳米碳化物析出对温度和冷却速率非常敏感，但随着机理性研究的深入，是可以解决热轧带钢性能波动和通板不均的问题的。

9.1.2 复合钛微合金化技术

研究表明，在钛微合金化高强钢中添加 Mo，比含 Ti 钢抑制奥氏体再结晶和 γ→α 相变的效果更为显著，增加了纳米碳化物的体积分数，并使碳化物更加稳定而保持更小的粒子尺寸[19-22]。本书第 8 章中图 8-14 的研究结果表明,在同样的等温温度下,Ti-Mo 钢比 Ti 钢的强度峰值更高,而达到峰值强度的时间更长。可见,同单一 Ti 微合金化技术相比,Ti-Mo 钢中纳米碳化物具有更高的沉淀强化效果,产品也具有更好的稳定性。但是战略性元素 Mo 的加入无疑会增加生产成本,压缩产品的利润空间。在掌握纳米碳化物析出规律的基础上,优化生产工艺,尤其是卷取工艺参数,采用单一钛微合金化技术稳定生产高强钢目前是没有问题的。据了解,在钛微合金化高强钢的生产中,国内钢铁企业也很少选择加入 Mo。

Nb 加入钢中,通过未再结晶控制轧制细化晶粒,可以同时达到提高强度和改善韧性的目的。采用 Nb-Ti 复合微合金化技术目的就是发挥 NbC 细化晶粒和 TiC 沉淀强化的各自优势,改善高强钢的韧性[23-25]。由于 TiN 的形成温度更高,提前消耗了钢中的氮原子(电炉钢约 0.0070%,即 70ppm;转炉钢 0.003% ~ 0.005%,即 30~50ppm),NbN 一般不会形成。高强钢采用低碳成分设计,NbC 的提前析出降低了固溶碳含量,以至于在后来的等温过程中没有足够的 C 原子和 Ti 结合,纳米碳化物体积分数减少,降低了沉淀强化效果。有的生产厂家为了提高强度,想当然地增加 Nb 含量,由于碳含量不足,效果却适得其反。因此,钢中 Nb、Ti 和 C 的原子配比是需要关注的问题。另外,尽管纳米 TiC 的固溶和析出规律已较为清楚,但 Nb 的加入却不能看作晶粒细化在沉淀强化基础上的简单叠加,NbC 和 TiC 的竞争析出关系和相互作用规律仍需要深入研究。

传统的再结晶控轧(RCR)采用的 V-Ti 复合微合金化技术,主要是利用了 TiN 细化晶粒和 VC 沉淀强化的作用。而由于纳米 TiC 已经发挥了显著的沉淀强化作用,除非为了开发更高强度级别的钢种,没有必要在钛微合金化高强钢中再加入钒;并且由于沉淀强化损害了材料的韧性,采用 Ti-V 复合在追求超高强度的同时,韧性问题需要引起特别关注。

9.1.3 产品性能和用途

在本书第 2 章"2.1.3 钛微合金化高强耐候钢的研发过程"中,通过珠江 CSP 的研发实践给出了第一手资料。0.04% 是一个关键的 Ti 含量,低于此含量沉淀强化作用难以发挥,高于此含量对细晶强化几乎没有贡献。而当 Ti 含量超过 0.12%,又显著增加了 TiN 液析的可能性。因此 Ti 含量的控制范围应为 0.04% ~ 0.12%,结合生产工艺控制,就可以生产不同强度级别的高强钢。

强度是最重要的力学性能指标,由于能够满足许多行业"增强减重"的需要,高强钢的应用领域十分广泛。例如,珠钢 CSP 生产的高强耐候钢,就曾在集装箱行业大量使用,"高强"主要通过纳米碳化物的沉淀强化作用,"耐候"发挥了电炉钢中 Cu、Cr、Ni 等元素含量高的优势。

日本 JFE 报道为了满足汽车行业"减重"的需要，采用 Ti-Mo 复合微合金化技术开发了抗拉强度 780MPa 级别的高强钢，主要用于生产车身和底盘的各类加强件、臂类和梁类零件，以及车架零件等。通过加入 1.5%Mn 降低了 $\gamma \rightarrow \alpha$ 相变温度、阻止碳化物长大；0.2%Mo 抑制了珠光体或大尺寸渗碳体在晶界形成，得到了纳米碳化物沉淀强化的铁素体钢。由于基体为均匀的铁素体组织，缺乏应力集中区域，通过提高伸长率显著改善了钢材的拉伸凸缘成型性能[26,27]。

9.2　冷轧带钢

9.2.1　热轧—冷轧—退火工艺

再结晶退火是将冷塑性变形的金属加热到再结晶温度以上、A_{c1} 以下，经保温后冷却的工艺。在本书第 2 章"2.3　钛微合金化冷轧高强钢的再结晶规律研究"中，对热轧—冷轧—退火过程中高强钢的组织演变规律进行了研究，结果表明：由于纳米碳化物钉扎位错的作用，提高了冷轧后退火的再结晶温度，采用 0.5h 等温法测定的再结晶温度约为 700℃，明显高于普通冷轧板的再结晶温度。对冷轧高强钢的再结晶动力学研究表明：在 630℃ 即使退火时间达到 25h，也没有出现以等轴晶为主要特征的再结晶组织。同退火时间相比，退火温度对完全再结晶的影响更为关键。

对钛微合金化高强钢冷轧后退火过程中再结晶的机理研究，关键是钢中纳米碳化物对再结晶热力学和再结晶动力学的影响。在热轧层流冷却后的卷取过程中，等温相变对纳米碳化物的粒子尺寸和体积分数有显著的影响，而添加 Mo 影响了等温过程的 $\gamma \rightarrow \alpha$ 相变和纳米碳化物析出，这都会影响到后来的冷轧和退火工艺。因此，纳米碳化物在热轧过程中的析出规律是生产钛微合金化冷轧高强钢的基础和依据，在本书中已经基本阐明了这个问题。

冷轧板一般采用罩式退火和连续退火两种工艺。此前只对罩式退火的再结晶规律进行了初步研究，纳米碳化物的粒子尺寸和体积分数与退火温度和时间之间的关系规律尚不清楚，纳米碳化物对再结晶热力学和再结晶动力学的影响机理仍需要进行深入的研究。同罩式退火相比，连续退火的生产节奏快、退火时间短，同样钢种需要更高的退火温度，纳米碳化物和再结晶之间的关系规律也是制定连续退火工艺的关键。

另外，冷轧工艺对再结晶有着显著的影响，这主要取决于加工硬化的程度。即使采用相同的变形量，冷轧过程中不同强度级别的钢种加工硬化程度也会有很大差别。此外，高强度热轧带钢基板还会对冷轧设备带来很大的压力。在热轧带钢生产中抑制纳米碳化物析出，通过弱化沉淀强化效果降低钢材强度，控制其在冷轧后的退火过程中析出，这样就可以减轻冷轧设备的压力。热轧带钢只是中间产品，最终的目的是为了得到冷轧高强钢。

需要在如下方面进行深入研究：（1）冷轧加工硬化程度和退火过程中再结晶之间的关系规律；（2）钢中纳米碳化物（主要是粒子尺寸和体积分数）和退火过程中再结晶之间的关系规律。如何控制 Ti、C 等元素在热轧带钢中处于固溶状态，而使纳米碳化物在冷轧后的退火过程中析出，也是一个关键问题，这些都是钛微合金化高强钢未来重要的研究方向。

9.2.2 冷轧高强钢的工艺性能

钛微合金化冷轧高强钢能够广泛应用于汽车、建筑、工程机械等领域，满足这些行业"增强减重"的需要。此外，钛微合金化技术还存在一项突出优势，就是通过碳氮化物固定钢中的间隙原子 C 和 N，改善冷轧钢的工艺性能，这是生产无间隙原子高强钢的基本思路。

无间隙原子钢（IF 钢）概念的提出（1949 年，Comstock）已过去 70 多年，基本思路是添加足够的 Ti（或 Nb）将钢中的间隙原子 C、N 固定，它并不关注 TiC 的沉淀强化效果。目前冶金技术的进步实现了超低碳 IF 钢（C≤0.003%，即 30ppm）的大规模生产[28]，IF 钢的生产除了真空精炼以外，还要确保钢水在钢包、中间包、结晶器中不增碳，显著增加了生产成本。此外，IF 钢的主要缺陷是低强度水平（屈服强度≤200MPa，抗拉强度≤360MPa），尽管采取了添加 P、Mn、Si 等置换原子等措施强化 IF 钢[29,30]，其抗拉强度仍局限在 450MPa 以内，并不是真正意义的高强钢，不符合汽车用钢增强减重的发展趋势。

为保证 IF 钢的非时效性，不允许间隙原子碳存在，因此钢中的碳被看作有害元素；但是纳米尺寸碳化物却可发挥有益的沉淀强化作用，能够弥补 IF 钢强度低的缺陷。目前生产的 IF 钢均为超低碳水平，纳米尺寸碳化物的强化效果有限。如果适当提高钢中的碳含量，加入足够 Ti 原子固定钢中的碳原子，并控制形成纳米尺寸碳化物，就会获得这样的组织：在无间隙原子的铁素体基体中分布着大量弥散的纳米析出物。这种新型的结构材料大幅提高强度、伸长率、扩孔率，具有良好的非时效性，并可通过后续的冷轧和退火处理提高成型性和深冲性能。利用纳米碳化物的沉淀强化效果生产无间隙原子高强钢，在理论上是可行的。

9.2.3 冷轧高强钢的物理性能（电磁性能）

众所周知，晶粒细化是同时提高强度和改善韧性的唯一手段。但不幸的是，固溶、位错、细晶、沉淀等所有的强化方式无一例外都会影响磁畴的移动，从而损害电工钢的磁性能[31]。新能源汽车驱动电机用无取向硅钢要求具有高强度，如果能以电磁性能的较小损失换取强度的显著提高，就可以为钛微合金化技术在无取向高强电工钢生产中的应用提供依据。

无取向硅钢主要用于制造在旋转磁场中工作的电机，是大中型发电/电动机、通用交流发电机、密封电动机、小型电动机和断续工作电动机铁芯的核心材料。随着科技的发展，对硅钢片的要求越来越苛刻，迫切希望生产出更低铁损和更高磁性能的硅钢片节约能源消耗[32]。

近年来新能源汽车发展迅速，更有专家预测，2035 年将禁售燃油车。新能源汽车主要包括纯电动汽车、插电式混合动力汽车、燃料电池汽车等，新能源汽车驱动电机要求调速范围广、功率密度高、过载能力强、轻量小型、安全可靠。作为新能源汽车驱动用电机发展的主流，永磁同步电机要求具有效率高、转矩高、安全性高、体积小等特点。因此对铁芯材料——无取向硅钢的总体要求是高磁感、低铁损和高强度，以保证新能源汽车在高速行驶时稳定、安全和高续航能力。

新能源汽车高速行驶需要电机转子以 6000~15000r/min 的速度高速运转，因此要求电工钢片具有足够高的强度抵抗离心力。但是，钢中所有的强化机制都在一定程度降低电磁性能，增加铁损。因此，如何调和材料电磁性能与强度指标之间的矛盾，成为新能源汽车驱动电机用无取向硅钢重要的研究方向[33-36]。

铁损的来源是磁性材料在磁化和反磁化过程中消耗的能量，铁损 P_T 主要由磁滞损耗 P_h、涡流损耗 P_e 和剩余损耗 P_c 组成。制造电机用的无取向硅钢的铁损主要是磁滞损耗，但有时涡流损耗也不可忽视。

电子由于自旋而产生磁矩。在自发磁化的过程中，铁磁体材料会自发地发生磁矩重新分布，形成磁畴。磁畴壁是一个类似于晶界的过渡区。一般来说，磁滞来源于畴壁移动和磁畴转动的不可逆变化。磁滞使能量的转换发生损耗，磁滞损耗与磁滞回线面积成正比关系。畴壁移动速度快表示材料易于磁化，磁滞损耗 P_h 和矫顽力 H_c 降低。因此，影响 P_h 的因素也就是影响畴壁移动的主要因素。一般认为，固溶强化、位错强化、细晶强化和沉淀强化是钢中最主要的四种强化方式，这些强化方式无一例外地影响畴壁移动[37]。

间隙原子 C 对 H_c（矫顽力）和 P_h（磁滞损耗）最有害，这是由于其原子半径和铁原子相差很大，使点阵严重畸变，引起大的内应力，因此冷轧电工钢中的碳含量都要求小于 0.0035%（35ppm）。退火再结晶的主要目的就是为了消除冷轧过程中的加工硬化，位错强化与之背道而驰，并且会产生很大的内应力，影响畴壁移动，增加铁损。晶界是晶粒之间的过渡区域，空位和位错等晶粒缺陷多，内应力大。晶粒细化增大晶界面积，增加磁滞损耗 P_h；但由于磁畴尺寸的减小，可以降低涡流损耗 P_e。因此为了降低铁损 P_T，晶粒尺寸要求在 30~200μm 范围内。为了提高电工钢的强度，可以按下限控制晶粒尺寸[38]。

有文献报道，当析出物尺寸畴壁相近时（100~200nm），钉扎畴壁的能力最强，对磁滞损耗 P_h 的影响最大。钛微合金化高强钢中的纳米碳化物，究竟如何影响畴壁移动，对磁滞损耗有怎样的影响，目前尚不清楚，这项研究很有必要。同时，纳米碳化物固定了钢中的间隙原子 C，把增加铁损的不利因素转化为提高强度的有利因素，这可以说是采用钛微合金化技术进行"新能源汽车驱动电机用无取向高强电工钢"研发的理论基础。

另外，钢中四种常用的强化机制对电磁性能，尤其是铁损的影响规律可以通过钛微合金化冷轧高强钢进行对比研究，这是因为位错密度、晶粒尺寸、碳原子固溶和纳米碳化物析出在钛微合金化冷轧高强钢的生产中都是可以控制的。

9.3 中厚板生产

根据轧机组成和布置形式，板带材生产可以分为中（厚）板和热轧带钢两种形式。与热轧带钢连续轧制不同，中厚板一般采用双机架的布置形式，完成粗轧和精轧阶段的往复轧制。冷却方式是两者之间的又一显著差别，终轧后经层流冷却的中厚板矫直后上冷床，在空气中自然冷却；热轧带钢终轧后经层流冷却穿带，卷取后缓慢冷却，相当于等温过程。用热连轧方式生产的热连轧带钢根据用户需要可成卷交货，也可按张交货，由于厚度提高，已经占有了传统中板的相当一部分市场。

轧制后高温奥氏体组织受加热、轧制温度、变形量、道次间隙时间等因素的影响，其组织状态（奥氏体再结晶状态、奥氏体晶粒大小）是不同的，要想控制相变后的组织，必须注意对相变前的奥氏体组织进行控制，包括加热条件（温度、时间）、轧制条件（轧制温度、变形量）、空延时间（道次之间、轧后到相变前）等[39]。

控轧控冷工艺在热轧带钢生产中受到很大限制。（1）传统带钢生产采用粗轧机组和精轧机组的布置形式，在一定程度上，也可以实现再结晶和未再结晶两阶段轧制。但一般精轧机组采用连续轧制，终轧温度受到入口开轧温度的制约，变形制度一经确定后调整相当困难。另外，高速连续轧制使再结晶和形变诱导析出在较高温度都来不及发生，通过应变累积造成奥氏体硬化。因此，热轧带钢难以实现再结晶轧制和未再结晶轧制的精确控制[40]。（2）热轧带钢在层流冷却后的卷取阶段，冷却速率缓慢，相当于等温处理，这是生产钛微合金化热轧高强钢的关键工艺环节。关于等温过程中纳米碳化物的析出及其与等温相变的关系，已进行了深入研究，纳米碳化物析出受到等温温度和等温时间的影响。需要指出，热轧带钢在卷取后自然冷却，无法对等温时间进行控制。另外，卷取后带钢的温度缓慢降低，且带卷的内部和外部冷却速率存在差别。纳米碳化物析出对温度和冷却速率非常敏感，这些都是造成产品性能波动和通板性能不均的重要原因。

与热轧带钢相比，中厚板生产可以灵活、有效地实现控制轧制，变形制度、温度制度、空延时间等工艺参数都可以被精确控制[41-43]。在前期研究中，由双道次压缩法和应力松弛法得出了形变诱导析出 PTT 曲线，鼻尖温度的孕育期只有几十秒，中厚板生产可以通过调整道次间隔时间，控制纳米碳化物在变形奥氏体中的析出过程。至于未再结晶控制轧制细化晶粒的效果究竟如何，在多大程度上可以起到改善韧性的作用，还需要结合现场生产进行研究。

热轧带钢生产中，起沉淀强化作用的纳米碳化物主要在轧后的卷取过程中析出。在第 3 章"3.2　TMCP 工艺对高强耐候钢组织和性能的影响"中，已经明确轧后空冷抑制了钢中纳米碳化物析出，与在 600℃等温 1h 相比，屈服强度相差约 200MPa。似乎可以得出结论：在中厚板生产中，轧后冷却方式抑制了纳米碳化物析出，这制约了钛微合金化技术的应用。

本书第 8 章"8.2　连续冷却相变过程中的碳化物析出"的研究结果表明，在连续冷却条件下，纳米碳化物析出对冷却速率非常敏感，只有在冷却速率低于 0.5℃/s 时，才可以发挥显著的沉淀强化效果。表 7-4 中给出了含 Ti 钢在该冷却速率下的相变温度区间为 764.3~690.4℃，低于 0.5℃/s 冷却速率相变温度略有提高。因此，控制好钢板在 700~800℃ 的冷却速率不高于 0.5℃/s，是采用连续冷却方式生产钛微合金化高强钢的可行性方案之一。

我们曾在珠钢 CSP 生产线上实测了不同层流冷却方式下带钢的冷却速率[44]。对中厚板在轧后冷却过程中冷却速率的测量十分重要，这是实验室研究成果在现场生产中应用的关键。而钢板厚度、季节不同、南北差异等因素都会影响钢板冷却速率。厚规格的钢板空冷的速度较慢，应该可以满足纳米碳化物析出对冷却速率的要求。另外可以采取降低相变过程中冷却速率的方法，如堆垛处理、感应加热、喷热蒸汽等方式，促进纳米碳化物的析出，生产钛微合金化高强中厚板。

中厚板层流冷却后在线或离线增加一座热处理炉，控制纳米碳化物等温析出的效果应该是最为理想的。热轧带钢卷取后缓慢冷却，虽然相当于等温过程，但由于时间无法控制，造成纳米碳化物过分长大，很难保证其沉淀强化效果。采用 Ti-Mo 复合微合金化技术的重要目的之一就是抑制纳米碳化物长大，而 Mo 的添加会显著增加成本，并且也很难保证纳米碳化物达到最佳的沉淀强化效果。中厚板轧后增加等温工艺环节，通过对等温温度和时间的精确控制，不仅能充分发挥纳米碳化物的沉淀强化效果，减少对战略化元素 Mo 的依赖，而且可以通过对相变组织和析出物的合理调控，使产品获得优良的综合力学性能。

9.4　建筑钢筋

概括起来，我国建筑钢筋的发展趋势主要有高强度、低成本、抗震耐火与耐腐蚀等几个方向。一般认为，生产高强度钢筋主要可通过微合金化技术、余热处理工艺和细晶粒钢生产技术。

自 2018 年 11 月 1 日起，钢筋新标准 GB/T 1499.2—2018 正式实施，强度级别提高了，而对金相组织的要求更为严格。标准取消了 335MPa 级钢筋，增加了 600MPa 级钢筋，形成了 400MPa、500MPa、600MPa 强度系列级别；标准要求钢筋的金相组织主要是铁素体加珠光体，基圆不得出现回火马氏体组织。

新标准实施后，余热处理工艺受到很大影响。以往采用的强穿水工艺，将热轧后的钢筋迅速冷却到回火温度，在钢筋心部形成铁素体+珠光体组织，表面形成回火马氏体组织，能够明显提高建筑钢筋的屈服强度和抗拉强度。但新标准明确规定：基圆不得出现回火马氏体组织，强穿水工艺显然不能满足国标的这一要求[45]。

21 世纪前后，细晶粒钢和超细晶粒钢的研究取得重要进展，变形诱导铁素体相变（DIFT）在建筑钢筋生产中得到应用，以获得细化的铁素体加珠光体。但是在轧制温度略高于 A_{r3} 施加大变形量对设备要求高，并且成品存在高屈强比、超细晶组织不稳定等缺点。因此，细晶粒钢筋生产技术也在一定程度上受到制约。

新标准实施后，采用微合金化技术结合控轧控冷工艺成为生产高强度钢筋的主要途径。常用的微合金化元素主要是指 Nb、V、Ti，目前普遍通过增加合金量来提高钢筋性能，主要通过硅锰的固溶强化和 V（C，N）的沉淀强化提高钢筋的强度，造成生产成本显著提高。也有企业选择用 Nb 代替 V，主要通过未再结晶控制轧制细化成品组织，但在生产上较难控制，添加铌会增加轧制难度。而与 Nb、V 相比，Ti 微合金化技术仍未受到足够重视，目前大多仅是采用微钛合金化处理[46,47]。

同铌铁、钒铁相比，钛铁价格要便宜得多，因此钛微合金化技术具有绝对的成本优势。此外，生产钛微合金化高强钢筋至少还存在以下优势：（1）目前已基本阐明了 TiC 的析出规律和作用机理，在生产中采用 TMCP 工艺控制 TiC 析出，充分发挥其沉淀强化效果，必将显著提高建筑钢筋的强度；（2）由于建筑钢筋是升温轧制，形变诱导 TiC 析出不容易发生，同热轧带钢和中厚板生产相比，明显增加起沉淀强化作用的纳米碳化物的体积分数；（3）钛微合金化高强钢不需要提高碳含量以增加强度，反而采取低碳的成分设计，这可以在很大程度上提高建筑钢筋的焊接性能，改善其韧性。

但是，毋庸讳言，钛微合金化技术在建筑钢筋生产中的应用还有很长的一段路要走。钛铁的收得率是首先要解决的问题。伴随着冶金技术的进步，尤其是洁净钢的生产，这个问题已经在热轧带钢和中厚板生产中得到有效解决。同 Nb、V 相比，钛易氧化的特点决定了钛微合金化技术对"精炼"的依赖。但在建筑钢筋生产中，钢包精炼并不是必备的工艺环节。

本书中的研究结果表明，钛微合金化高强钢中的纳米碳化物主要是在轧后的等温过程中析出的，即使能在连续冷却过程中析出，对冷却速率的要求十分苛刻。同中厚板一样，生产钛微合金化建筑高强钢筋的理想方案是在轧后增设一座热处理炉，以实现对纳米碳化物析出及其沉淀强化效果的精准控制。但这也并不是必需的，控制轧后的冷却速率保证纳米碳化物的析出是完全可行的，而掌握和控制钢筋热轧后各种冷却方式的冷却速率就十分关键了。

由于盘条生产中轧后采用卷取工艺，在冷却线上盘条的冷却缓慢，有利于纳米碳化物析出，通过钛微合金化技术生产高强钢有更大的可行性。

9.5 结语

钛微合金化高强钢具有低成本、高强度的明显优势。同其他强化方式相比，纳米碳化物的沉淀强化是提高钢材强度的经济、有效的手段，钛微合金化技术理应得到更为广泛地推广和应用。在本书中，主要针对热轧带钢进行现场实验和热模拟实验研究，并且进行了"钛微合金化冷轧高强钢的再结晶规律研究"和"钛微合金化高强钢的控轧控冷研究"，基本阐明了钛微合金化高强钢的物理冶金特征和高强钢中纳米碳化物的析出规律。可以说，本书为钛微合金化技术在冷轧带钢、中厚板、建筑钢筋等生产中的推广和应用提供了理论依据。

另外，纳米碳化物在提高强度的同时，还具有固定钢中间隙原子 C 和 N 的作用，这为"无间隙原子高强钢"和"无取向冷轧高强电工钢"的生产提供了丰富的想象空间。当然，钛微合金化高强钢的工艺性能、化学性能（耐候性和耐蚀性）、物理性能（电磁性能）及其影响因素还需要进行深入系统的研究。对于钛微合金化高强钢的韧性研究也还是比较欠缺的。

作为重要的微合金化元素，钛在 20 世纪 20 年代最早得到应用，主要利用其形成热稳定性高的 TiN 粒子抑制焊接过程中奥氏体晶粒长大，改善钢材的韧性和焊接性能。尽管后来认识到纳米 TiC 显著的沉淀强化作用，但直到进入 21 世纪，钛微合金化高强钢的研究和开发才引起广泛地关注。化学冶金技术的进步、尤其是炉外精炼的推广，为稳定提高钛铁回收率创造了条件，围绕着纳米碳化物析出的物理冶金研究成为了关键。

本书按照时间顺序阐述了作者团队从 2004 年开始进行的工作：定量研究了钛微合金高强钢的强化机理；发现并证实了等温（或卷取）是纳米碳化物析出的关键工艺环节；提出并运用了纳米碳化物析出动力学的室温（或等温）压缩的研究方法；进行了形变诱导析出和再结晶、等温析出和相变、形变诱导析出和等温析出的关系研究；低碳 Ti/Ti-Mo 钢的物理冶金特征研究，等等。

钢铁生产中的物理冶金学问题就是工艺、组织和性能的关系问题。正是对组织地深入研究揭示了各种表象背后的机理，并推动着工艺技术的进步和先进材料的发展。钛微合金高强钢的物理冶金研究是逐渐深入、知行合一的过程，是把握本质和规律、实事求是的过程，是"知其然，更知其所以然"的过程。这本书是我们针对"李约瑟难题"给出的答案。

参 考 文 献

［1］毛新平，霍向东，康永林，等.TSCR 流程生产钛微合金化高强耐候钢中的析出物［J］.北京科技大学学报，2006（11）：1023-1028.

［2］毛新平，陈麒琳，朱达炎.薄板坯连铸连轧微合金化技术发展现状［J］.钢铁，2008（4）：1-9.

［3］蔡珍，韩斌，谭文，等.钛微合金化技术发展现状［J］.中国冶金，2015，25（2）：1-5.

［4］宋扬，刘丽华，张中武.钛微合金化低碳钢的研究进展［J］.材料导报，2021，35（15）：15175-15182.

［5］霍向东，李烈军.钢的物理冶金：思考、方法和实践［M］.北京：冶金工业出版社，2017：259.

［6］Xu G，Gan X，Ma G，et al. The development of Ti-alloyed high strength microalloy steel［J］. Materials & Design，2010，31（6）：2891-2896.

［7］Chen C Y，Chen C C，Yang J R. Microstructure characterization of nanometer carbides heterogeneous precipitation in Ti-Nb and Ti-Nb-Mo steel［J］. Materials Characterization，2014，88：69-79.

［8］Chen C Y，Yang J R，Chen C C，et al. Microstructural characterization and strengthening behavior of nanometer sized carbides in Ti-Mo microalloyed steels during continuous cooling process［J］. Materials Characterization，2016，114：18-29.

［9］毛新平，等.钛微合金钢［M］.北京：冶金工业出版社，2016.

［10］Peng Z，Li L，Chen S，et al. Isothermal precipitation kinetics of carbides in undercooled austenite and ferrite of a titanium microalloyed steel［J］. Materials & Design，2016，108：289-297.

［11］Peng Z，Li L，Gao J，et al. Precipitation strengthening of titanium microalloyed high-strength steel plates with isothermal treatment［J］. Materials Science and Engineering：A，2016，657：413-421.

［12］Chen X，Huang Y，Lei Y. Microstructure and properties of 700MPa grade HSLA steel during high temperature deformation［J］. Journal of Alloys and Compounds，2015，631：225-231.

［13］Kim Y W，Kim J H，Hong S G，et al. Effects of rolling temperature on the microstructure and mechanical properties of Ti-Mo microalloyed hot-rolled high strength steel［J］. Materials Science and Engineering：A，2014，605：244-252.

［14］Cheng L，Chen Y，Cai Q，et al. Precipitation enhanced ultragrain refinement of Ti-Mo microalloyed ferritic steel during warm rolling［J］. Materials Science and Engineering：A，2017，698：117-125.

［15］Chen S，Li L，Peng Z，et al. Strain-induced precipitation in Ti microalloyed steel by two-stage controlled rolling process［J］. Journal of Materials Research and Technology，2020，9（6）：15759-15770.

［16］陈麒琳，李春艳，高吉祥，等.珠钢 EAF—CSP 流程 700MPa 级钛微合金化高强钢的开发［J］.钢铁研究，2009，37（5）：1-3.

［17］ Mao X，Chen Q，Sun X. Metallurgical interpretation on grain refinement and synergistic effect of Mn and Ti in Ti-microalloyed strip produced by TSCR［J］. Journal of Iron and Steel Research International，2014，21（1）：30-40.

［18］ 毛新平，孙新军，汪水泽. 薄板坯连铸连轧流程钛微合金钢控制轧制技术［J］. 钢铁，2016，51（1）：52-59.

［19］ Mukherjee S，Timokhina I，Zhu C，et al. Clustering and precipitation processes in a ferritic titanium-molybdenum microalloyed steel［J］. Journal of Alloys and Compounds，2017，690：621-632.

［20］ 田建英，宁榛，周晓翠. Ti-Mo 铁素体基微合金钢第二相粒子演化规律［J］. 金属热处理，2018，43（8）：45-49.

［21］ Gong P，Liu X G，Rijkenberg A，et al. The effect of molybdenum on interphase precipitation and microstructures in microalloyed steels containing titanium and vanadium［J］. Acta Materialia，2018，161：374-387.

［22］ Jang J H，Lee C H，Heo Y U，et al. Stability of（Ti，M）C（M＝Nb，V，Mo and W）carbide in steels using first-principles calculations［J］. Acta Materialia，2012，60（1）：208-217.

［23］ Liu S，Challa V S A，Natarajan V V，et al. Significant influence of carbon and niobium on the precipitation behavior and microstructural evolution and their consequent impact on mechanical properties in microalloyed steels［J］. Materials Science and Engineering：A，2017，683：70-82.

［24］ Gong P，Palmiere E J，Rainforth W M. Dissolution and precipitation behaviour in steels microalloyed with niobium during thermomechanical processing［J］. Acta Materialia，2015，97：392-403.

［25］ Ma X，Miao C，Langelier B，et al. Suppression of strain-induced precipitation of NbC by epitaxial growth of NbC on pre-existing TiN in Nb-Ti microalloyed steel［J］. Materials & Design，2017，132：244-249.

［26］ Funakawa Y，Shiozaki T，Tomita K，et al. Development of high strength hot-rolled sheet steel consisting of ferrite and nanometer-sized carbides［J］. ISIJ International，2004，44（11）：1945-1951.

［27］ Funakawa Y，Fujita T，Yamada K. Metallurgical features of Nanohiten™ and application to warm stamping［J］. JFE Technical Report，2013，18：74-79.

［28］ Hoile S. Processing and properties of mild interstitial free steels［J］. Materials Science and Technology，2000，16（10）：1079-1093.

［29］ Ghosh P，Ray R K，Bhattacharya B，et al. Precipitation and texture formation in two cold rolled and batch annealed interstitial-free high strength steels［J］. Scripta Materialia，2006，55（3）：271-274.

［30］ Bhagat A N，Singh A，Gope N，et al. Development of cold-rolled high-strength formable steel for automotive applications［J］. Materials and Manufacturing Processes，2010，25（1-3）：202-205.

[31] 潘振东, 项利, 张晨, 等. 高强度无取向电工钢的研究进展 [J]. 机械工程材料, 2014, 38 (4): 7-14.

[32] 岳重祥, 江毅, 倪卫锋, 等. 国内无取向硅钢未来十五年需求预测与发展建议 [J]. 电工钢, 2021, 3 (5): 37-41.

[33] 龚坚, 罗海文. 新能源汽车驱动电机用高强度无取向硅钢片的研究与进展 [J]. 材料工程, 2015, 43 (6): 102-112.

[34] 樊立峰, 秦美美, 岳尔斌, 等. 新能源汽车对无取向硅钢的技术挑战 [J]. 材料导报, 2021, 35 (15): 15183-15188.

[35] 朱诚意, 鲍远凯, 汪勇, 等. 新能源汽车驱动电机用无取向硅钢应用现状和性能调控研究进展 [J]. 材料导报, 2021, 35 (23): 23089-23096.

[36] 李雨霖, 李建伟, 田宝志, 等. 新一代新能源车驱动电机的高强硅钢应用技术研发 [J]. 电工钢, 2021, 3 (6): 8-12.

[37] 毛卫民, 杨平. 电工钢的材料学原理 [M]. 北京: 高等教育出版社, 2013: 83-90.

[38] 何忠冶, 赵宇, 罗海文. 电工钢 [M]. 北京: 冶金工业出版社, 2012: 43-53.

[39] 王有铭, 等. 钢材的控制轧制与控制冷却 [M]. 北京: 冶金工业出版社, 1995: 26.

[40] 霍向东, 柳得橹, 陈南京, 等. CSP 连轧过程中低碳钢的组织变化规律 [J]. 钢铁, 2002, 37 (7): 45-50.

[41] Biegus C, Lotter U, Kasper R. Influence of thermomechanical treatment on the modification of austenite structure [J]. Steel Research, 1994, 65 (5): 173-177.

[42] Yoshte A, Morikawa H. Formulation of strain recrystallization of austenite in hot rolling process of steel plate [J]. Transactions ISIJ, 1987, 27 (6): 425-431.

[43] Cuddy L J. Microstructure developed during thermomechanical treatment of HSLA steels [J]. Metall. Trans. A, 1981, 12A (7): 1313-1320.

[44] 霍向东, 柳得橹, 孙贤文, 等. CSP 层流冷却工艺对低碳钢组织和性能的影响 [J]. 钢铁, 2003, 38 (8): 30-35.

[45] 张向军, 方实年, 卢勇, 等. 新国标下螺纹钢筋的生产实践及问题分析 [J]. 钢铁钒钛, 2020, 41 (1): 165-172.

[46] 郭跃华. 钒氮微合金化 HRB500E 热轧带肋钢筋开发 [J]. 钢铁钒钛, 2019, 40 (6): 113-117.

[47] 张彦辉, 战东平, 杨永坤, 等. Ti 微合金化技术在热轧带肋钢筋中的应用 [J]. 材料与冶金学报, 2020, 19 (1): 51-56.

钛微合金钢（"十二五"国家重点图书）

毛新平　等著

超细晶粒、高洁净度、高均匀度、微合金化已成为钢铁材料的发展趋势，而钛微合金钢的生产与应用对我国钢铁工业的发展具有重要的现实意义。本书系统归纳了钛微合金化基础理论、钛微合金钢强化机理、钛微合金钢生产技术、高性能钛微合金钢应用技术。本书理论联系实际，反映出中国钢厂生产钛微合金钢的工艺特色和产品水平，有助于我国低成本、高性能先进钢铁材料的研究开发与应用。

2016 年 6 月出版，定价 108 元

钢的物理冶金：思考、方法和实践

霍向东　李烈军　著

物理冶金学是广义冶金学的重要分支学科，研究的主要内容是化学冶金的产品经再加工和热处理产生的金属及合金的组织、结构的变化，以及由此而造成的金属材料的力学性能、物理性能、化学性能、工艺性能的变化。本书从对物理冶金学的思考、物理冶金学的研究方法和先进钢铁材料研发实践三个方面，分 9 章介绍了钢的物理冶金理论进展与工业应用。

2017 年 12 月出版，定价 78 元

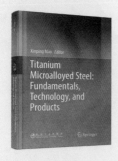

Titanium Microalloyed Steel: Fundamentals, Technology, and Products

Xinping Mao Editor

本书为《钛微合金钢》英文版，在翻译过程中增补了钛微合金钢生产、应用新进展。本书获得"中国图书对外推广计划"资助出版，由冶金工业出版社和 Springer 出版社共同出版。

2019 年 8 月出版，定价 199 元